高等院校听力学专业系列教材

助听器学

（第二版）

主　编　胡旭君

ZHEJIANG UNIVERSITY PRESS
浙江大学出版社

图书在版编目（CIP）数据

助听器学／胡旭君主编. —杭州：浙江大学出版社，2010.3(2025.6 重印)

ISBN 978-7-308-07390-5

Ⅰ.①助… Ⅱ.①胡… Ⅲ.①助听器—基本知识 Ⅳ.①TH789

中国版本图书馆 CIP 数据核字（2010）第 023765 号

助听器学(第二版)

主编　胡旭君

责任编辑　阮海潮
封面设计　刘依群
出版发行　浙江大学出版社
（杭州市天目山路 148 号　邮政编码 310007）
（网址：http://www.zjupress.com）
排　　版　杭州青翊图文设计有限公司
印　　刷　浙江新华数码印务有限公司
开　　本　787mm×1092mm　1/16
印　　张　15
字　　数　334 千
版 印 次　2011 年 1 月第 2 版　2025 年 6 月第 9 次印刷
书　　号　ISBN 978-7-308-07390-5
定　　价　39.00 元

前 言

随着我国经济的发展和新生儿听力筛查工作的普及，助听器作为听力损失的一种康复工具，在听力临床中已经越来越多地被使用。从世界六大著名助听器公司相继进入我国市场来看就可见一斑。

相对于大量听力临床的工作需求来说，我国听力学教育的开展时间却还不到10年！这种矛盾最突出的体现是：我国紧缺既着重于助听器基础知识和技术更新，又能结合助听器临床使用经验的专业书籍。本书正是基于此对助听器的基本理论知识和临床实践应用作了详尽的阐述，并对助听器中最为复杂的各大技术作了详细介绍，极其适用于从事本行业学习研究者使用参考。

近些年来，各大助听器公司为了保持其在助听行业中的领军位置，不惜重力研发各种新型数字芯片平台。而正是由于该技术的应用，使得新型助听技术研发周期越来越短，应用和推广越来越便捷，进而为从业者越来越容易地接受。但如何客观、正确、及时地认识和应用这种不断涌现的新技术，成为临床听力学工作者新的挑战。几乎所有从事助听器临床研究的学者均认为如何确保新型助听技术最大限度地在临床中科学地应用一直是一个最为复杂的问题，换句话说，对于临床听力学工作者而言，系统、全面的助听器知识（包括理论基础、助听器的发展、物理组成、工作原理，助听器的临床应用等），既是掌握一门学科的必备要求，也是日后灵活应用于临床的必需条件。

本书共13章，从助听器的发展简史，到助听器的物理组成、工作原理、技术性能、助听器的分类、助听器的电声性能指标及测量方法、助听器的辅助设备等方面介绍了助听器的基本结构及性能特点。同时，在此基础上还着重介绍了助听器的临床应用经验、不同人群的助听器选配方法，以及如何遵循选配步骤，为听障人士选择符合其听力损失的最优助听器等内容。

本书可作为听力学专业的学习教材、各大助听器公司的培训手册、助听器从业人员的参考用书，也可提供给对助听器感兴趣的各界人士（包括有听力损失的成人和听力损失儿童的家长），使他们能够对助听器有更科学、系统、专业的认识！

本书旨在提供助听器的基本理论知识和临床的实践应用，必定有许多方面的内容是本书所不能涵盖的，比如儿童详细的听力康复、助听器佩戴人群的心理特征等内容，欢迎需要的读者通过查阅相关的文献来补充这方面的知识，也欢迎登陆 www.my－ear.org 了解更多的内容。听力学是一门在不停进步的学科，助听器研究进展、临床使用经验都是在不停地丰富中。在本书的写作过程中，作者们尽可能地提供正确的信息，但由于知识水平有限，在文字和图片上也难免存在错误，恳请大家批评指正！

此次修订，除了对第一版进行仔细校对外，还针对近年来在专业领域中出现的处理高频助听损失的新技术——开放耳选配，进行了实用性和可行性探讨。

最后，感谢本书副主编张国军老师在书籍编写过程中作出的努力，感谢浙江中医药大学听力与言语科学院对本书出版的大力支持，尤其感谢我的导师王永华教授对本书内容的悉心指导，同时也感谢唯听助听器（上海）有限公司对技术专利知识的无偿提供！

胡旭君

2011年1月　杭州

前 言

目　录

第 1 章　助听器的发展史 …… 1

1.1　国外助听器的发展史 …… 1

1.1.1　原始集声助听器时代 …… 1

1.1.2　碳元素助听器时代 …… 2

1.1.3　真空电子管助听器时代 …… 3

1.1.4　晶体管和整合电路助听器时代 …… 4

1.1.5　数字助听器时代 …… 5

1.2　中国助听器的发展史 …… 6

1.2.1　助听器发展与验配水平的初级阶段 …… 6

1.2.2　助听器发展与验配水平的迅速提高阶段 …… 6

1.2.3　助听器的数字化与助听器验配的逐渐专业化与法制化阶段 …… 6

第 2 章　助听器的基本结构 …… 8

2.1　麦克风 …… 8

2.1.1　麦克风的种类 …… 8

2.1.2　麦克风的性能 …… 11

2.2　放大器 …… 15

2.2.1　放大器的作用 …… 15

2.2.2　放大器的构造 …… 15

2.2.3　放大器中的滤波器 …… 15

2.2.4　放大器的失真 …… 16

2.3　受话器 …… 17

2.3.1　受话器的工作原理 …… 17

2.3.2　受话器的频率响应 …… 17

2.3.3　受话器的种类 …… 18

2.3.4　受话器特性的类别 …… 19

2.3.5　受话器使用中应注意的问题 …… 20

2.4　助听器电池 …… 20

2.4.1　电池的发展过程及种类 …… 20

2.4.2　电池特性 …… 20

2.4.3　电池选用 …… 21

2.4.4　电池存储 …… 21

2.5 助听器配件…… 22
2.5.1 感应拾音线圈…… 22
2.5.2 音量控制及音调微调…… 22
2.5.3 音频输入…… 23
2.5.4 遥控器…… 24
2.5.5 骨传导器…… 24

第3章 助听器的类型及其基本特征 …… 25

3.1 盒式助听器…… 25
3.1.1 盒式助听器的基本构造…… 25
3.1.2 盒式助听器的优点…… 27
3.1.3 盒式助听器的缺点…… 27
3.1.4 盒式助听器的适配范围…… 28
3.2 耳背式助听器…… 28
3.2.1 耳背式助听器的基本构造…… 28
3.2.2 耳背式助听器的声学特性…… 31
3.2.3 耳背式助听器的优点…… 31
3.2.4 耳背式助听器的缺点…… 32
3.2.5 耳背式助听器的适配范围…… 32
3.3 开放耳选配…… 33
3.3.1 开放耳选配的历史…… 33
3.3.2 开放耳选配的实现…… 34
3.3.3 耳道式受话器技术(RIC/RITE) …… 35
3.3.4 开放耳选配的标准…… 36
3.4 耳内式助听器…… 37
3.4.1 耳内式助听器的分类…… 37
3.4.2 耳内式助听器与耳道式助听器的基本构造…… 37
3.4.3 耳内式助听器的声学特性…… 38
3.4.4 耳内式助听器的优点…… 38
3.4.5 耳内式助听器的缺点…… 38
3.4.6 耳内式助听器的适配范围…… 39
3.5 耳道式助听器…… 39
3.5.1 耳道式助听器的分类…… 39
3.5.2 耳道式助听器的声学特性…… 39
3.5.3 耳道式助听器的优点…… 40
3.5.4 耳道式助听器的缺点…… 40
3.5.5 耳道式助听器的适配范围…… 40
3.6 完全耳道式助听器…… 41
3.6.1 完全耳道式助听器的声学特性…… 41

3.6.2 完全耳道式助听器的优点 …… 42
3.6.3 完全耳道式助听器的缺点 …… 43
3.6.4 完全耳道式助听器的适配范围 …… 43
3.7 其他类型的助听器 …… 43
3.7.1 信号对传路径助听器 …… 43
3.7.2 骨导助听器 …… 44
3.7.3 植入式助听器 …… 44
3.7.4 软体助听器 …… 46

第 4 章 助听器的耳模 …… 48

4.1 概 述 …… 48
4.1.1 使用耳模的原因 …… 48
4.1.2 耳模的概念 …… 48
4.1.3 耳模的样式 …… 49
4.1.4 耳模材料 …… 50
4.1.5 耳模的耦合系统 …… 50
4.2 取耳印模的方法 …… 53
4.2.1 取耳印模的准备工作 …… 53
4.2.2 取耳印模的步骤 …… 53

第 5 章 助听器的声学处理技术 …… 55

5.1 模拟助听器线路 …… 55
5.1.1 线性模拟助听器 …… 55
5.1.2 非线性模拟助听器 …… 56
5.2 数字助听器线路 …… 57
5.2.1 数字助听器的结构与原理 …… 57
5.2.2 数字助听器的优点与展望 …… 58
5.3 助听器压缩技术 …… 59
5.3.1 压缩限幅 …… 59
5.3.2 宽动态压缩(WDRC) …… 61
5.3.3 压缩技术特性 …… 62
5.3.4 多通道压缩 …… 65
5.3.5 压缩电路中的滤波器 …… 65
5.3.6 压缩技术放大助听器的优缺点与适用性 …… 66
5.4 移频助听技术 …… 66
5.4.1 传统助听器的缺陷及产生原因 …… 66
5.4.2 移频技术 …… 67
5.5 助听器声反馈技术 …… 72
5.5.1 助听器声反馈技术的原理 …… 73

5.5.2 助听器声反馈产生的原因 …… 73
5.5.3 助听器声反馈所造成的影响 …… 74
5.5.4 助听器声反馈的消除方法 …… 74
5.6 方向性麦克风技术 …… 77
5.6.1 方向性麦克风系统的类型 …… 78
5.6.2 麦克风方向性指数和极性图 …… 81
5.6.3 自适应方向性模式 …… 83
5.6.4 麦克风相关技术要素 …… 85
5.7 助听器降噪技术 …… 88
5.7.1 语音与噪声 …… 89
5.7.2 语音信号处理的分析工具 …… 89
5.7.3 降噪方法 …… 90
5.7.4 助听器中使用的降噪技术 …… 95
5.7.5 降噪的量 …… 96

第 6 章 助听器电声性能 …… 98

6.1 助听器的校准装置 …… 98
6.1.1 IEC126 2CC 耦合腔 …… 98
6.1.2 IEC711 标准堵耳模拟器 …… 99
6.1.3 IEC959 标准助听器声场测量用模拟人体装置 …… 99
6.2 助听器的测试标准 …… 100
6.2.1 助听器测试标准的种类 …… 100
6.2.2 测试设备及测试条件 …… 101
6.3 助听器主要电声特性指标和测试方法 …… 102

第 7 章 助听器选配 …… 106

7.1 助听器的选配公式 …… 106
7.1.1 以听阈为基础的选配公式 …… 106
7.1.2 以响度为基础的选配公式 …… 108
7.1.3 传导性听力损失的公式修正 …… 109
7.2 真耳分析 …… 109
7.2.1 术 语 …… 110
7.2.2 真耳测试 …… 111
7.3 助听器选配 …… 114
7.3.1 耳聋患者的症状描述 …… 114
7.3.2 影响助听器选配和使用效果的因素 …… 114
7.3.3 助听器类型的选择 …… 118
7.3.4 助听器性能的选择 …… 119
7.3.5 助听器处方公式的选择 …… 122

7.3.6　选配中的医学问题 …… 122
7.4　助听器选配的程序和步骤 …… 125
7.4.1　病史采集 …… 125
7.4.2　检　测 …… 125
7.4.3　预选配 …… 126
7.4.4　试　听 …… 130
7.4.5　选　配 …… 130
7.4.6　取耳样 …… 130
7.4.7　确　认 …… 130
7.4.8　验　配 …… 130
7.4.9　评　估 …… 130
7.4.10　使用指导 …… 131
7.4.11　随　访 …… 131
7.5　儿童助听器的选配 …… 131
7.5.1　早期佩戴助听器的重要性 …… 131
7.5.2　评估儿童听力损失程度的方法 …… 132
7.5.3　儿童助听器选配中的增益问题 …… 133
7.5.4　儿童助听器的选配种类 …… 134
7.5.5　FM 无线转换系统的作用及辅助听觉装置的使用 …… 134
7.5.6　助听器选配效果的评估 …… 135
7.5.7　佩戴助听器后应注意的事项 …… 136
7.5.8　定期复查和随访 …… 136
7.6　老年人助听器的选配 …… 137
7.6.1　老年性聋的听力特征 …… 137
7.6.2　言语识别率检查在老年人听力康复中的作用 …… 138
7.6.3　言语测听在老年人助听器选配中的应用 …… 139
7.6.4　老年人助听器选配后的辅导训练 …… 140
7.7　助听器选配中患者面临的问题与解决对策 …… 142
7.7.1　耳聋患者面临的问题及解决对策 …… 142
7.7.2　耳聋带来的心理问题及解决对策 …… 143

第 8 章　助听器的编程技术 …… 145

8.1　概　述 …… 145
8.1.1　可编程助听器的分类 …… 145
8.1.2　可编程助听器的优点及缺点 …… 146
8.1.3　可编程助听器的程序设置要点 …… 146
8.2　NOAH 系统的安装及使用 …… 147
8.2.1　NOAH 2 平台的安装及使用 …… 147
8.2.2　NOAH 3 平台的安装 …… 151

8.3 助听器选配软件的安装 …… 156
8.3.1 NOAH 2 平台助听器选配软件的安装(以斯达克 PFS 软件为例) …… 156
8.3.2 NOAH 3 平台助听器选配软件的安装(以斯达克 PFS 软件为例) …… 158
8.4 助听器选配软件的编程操作 …… 159
8.4.1 Compass 选配软件的编程操作 …… 159
8.4.2 PFS 选配软件的编程操作 …… 165
8.4.3 AVENTA 选配软件的编程操作 …… 168
8.4.4 GENIE 选配软件的编程操作 …… 171
8.4.5 Connexx 选配软件的编程操作 …… 175

第 9 章 佩戴助听器后的听觉训练 …… 184

9.1 聋儿佩戴助听器后的听觉言语康复训练 …… 184
9.1.1 听觉训练 …… 184
9.1.2 发音训练 …… 185
9.1.3 言语训练 …… 186
9.1.4 聋儿的智力开发和性格培养 …… 186
9.2 成人佩戴助听器后的适应及训练 …… 186

第 10 章 助听器康复效果评估 …… 189

10.1 初期评估 …… 189
10.1.1 助听前后阈值的比较 …… 189
10.1.2 言语测试 …… 189
10.1.3 调查表方法学 …… 190
10.1.4 自我测试报告 …… 190
10.1.5 全球通用的效果测定 …… 191
10.2 中期评估 …… 192
10.2.1 了解助听器的使用情况 …… 192
10.2.2 发现助听器的问题 …… 192
10.2.3 评估助听器的满意度 …… 193
10.3 定期随访 …… 194
10.4 助听器对健康和生活质量的影响 …… 195

第 11 章 助听器常见故障、解决方法及维护与保养 …… 196

11.1 助听器常见故障与解决方法 …… 196
11.1.1 常见故障 …… 196
11.1.2 耳道式助听器外壳不良引起的故障与解决方法 …… 198
11.2 助听器的维护与保养 …… 199
11.2.1 助听器电池的使用 …… 199
11.2.2 助听器的日常维护与保养 …… 199

第 12 章 辅助听觉装置 …… 201

12.1 感应线圈系统…… 201

12.1.1 感应线圈系统的原理…… 202

12.1.2 感应线圈系统的构造…… 203

12.1.3 感应线圈系统的安装…… 205

12.2 调频助听系统…… 206

12.2.1 无线调频助听系统的原理…… 208

12.2.2 调频系统与助听器的耦合…… 209

12.2.3 调频系统与方向性麦克风的结合…… 209

12.3 红外助听系统…… 210

12.4 教室声场放大…… 210

12.5 感应线圈、音频转换、红外线转换、教室声场放大系统的比较 …… 211

12.6 其他助听装置…… 212

第 13 章 人工耳蜗 …… 214

13.1 人工耳蜗的部件及工作原理…… 214

13.1.1 人工耳蜗的组成部件…… 214

13.1.2 人工耳蜗的工作原理…… 215

13.2 常用的人工耳蜗装置简介…… 216

13.2.1 几种常见的人工耳蜗装置…… 216

13.2.2 几种不同类型的人工耳蜗电极…… 216

13.3 人工耳蜗植入手术的适应证与禁忌证…… 217

13.3.1 人工耳蜗植入手术的适应证…… 217

13.3.2 人工耳蜗植入手术的禁忌证…… 218

13.4 人工耳蜗植入手术简介…… 219

13.4.1 人工耳蜗植入手术选择标准和评估…… 219

13.4.2 人工耳蜗植入手术…… 219

13.5 人工耳蜗植入手术后的听觉言语康复训练…… 219

参考文献…… 221

第 1 章　助听器的发展史

1.1　国外助听器的发展史

在人类历史发展的长河中，人们对耳聋、耳鸣的认识由来已久，中国古代的《左传》中就说："耳不听五声之和，为聋。"可以想象当时听觉障碍就已是一种较为常见的疾病，且被人们所认识。有了听力障碍后，人们首先是希望治愈它，但当经过反复努力，有些听力障碍治愈的希望变得很渺茫的时候，人们就希望寻找一条药物与其他治疗手段以外的听力补偿方法，来帮助听障者改善与提高听力。当然，在电声学没有形成以前，人们的这种渴望只有通过较原始的声学集声方法来完成。

1.1.1　原始集声助听器时代

在长期的生活与生产实践中，人们发现许多哺乳类动物的听觉较人类灵敏。首先发现的是这些动物的外耳较人类发达，它们都有喇叭状灵活转动的耳廓，当察觉细微声音的时候，它们能及时转动长大的耳廓对准声源以捕获信号。人们从此得到启示，第一次有人把手模拟成杯状放在耳后，这等于加大了耳廓的集音面积，可以提高 5～10 分贝(dB)的中高频增益，它同时也阻挡了来自耳后的声音，至少对于中高频声音来说像一个极有效的放大降噪系统，声学助听时代就此开始了。然而，这种扩音装置的作用是十分有限的，当人们需要进一步改善与提高收听效果的时候，仅用人自己的手掌来扩大耳廓是不够的，于是人们把动物的角或贝壳、螺号等置于耳后，可以起到比自己的手掌更好的扩音效果。当人们不再满足自然的助听装置时，就开始设计各种声学集声助听器，这些更有效的声学助听器出现在 17 世纪中叶，如可挂在帽子边缘的壶状、烟斗状、管状、喇叭状(见图 1-1)的集声器，甚至还有一种助听椅，其扶手上有多个声音收集器，并用一个

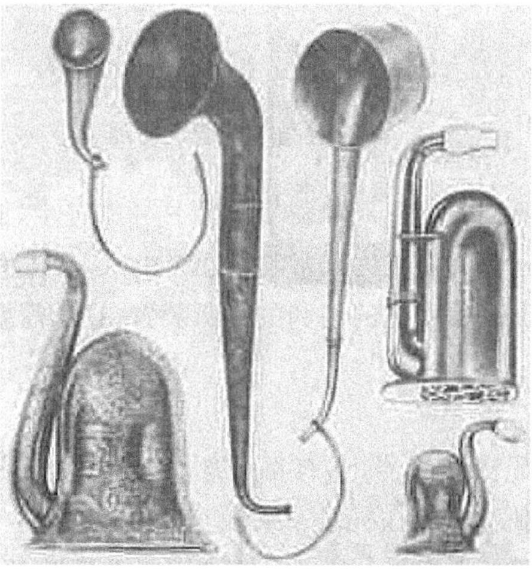

图 1-1　17 世纪中叶的声学集声助听装置

固定的管子来收听。这些助听装置的构造是由一个很大的终端来收集尽可能多的声音，声能沿着喇叭状或漏斗状集声器的拾音口进入，拾音口的面积随着传声管的长度逐渐减小，最终传递到耳道内(如果面积减小得太快，大多数的声音会被反射掉，而不是进入耳内，助听效果就会下降)。所以，有效的声学集声助听装置通常是宽长的。

这类助听装置的助听效果是肯定的，但问题是这类助听装置的体积都很大，因此，很多人长时间致力于使之小型化。从1692年开始就有把喇叭状助听装置卷起来变小的想法(见图1-2)，如将这类喇叭助听装置藏在高帽子里、椅子扶手中、扇子和胡须中等。

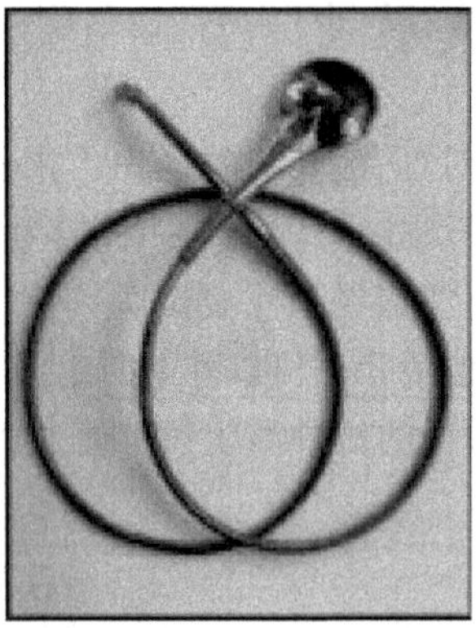

图1-2　1692年的小型喇叭状助听装置

这类原始声学助听器的另一个优点是拾音口靠近谈话者，可以拾取更强更多的声音。它是用集声器号角状的拾音口来搜集声音，同时与长管相连，长管的另一端是听筒(见图1-3)。如果谈话者对着号角讲话，信噪比就较原来有很大的增加，目前还没有哪个复杂的助听器可以有这种信噪比。

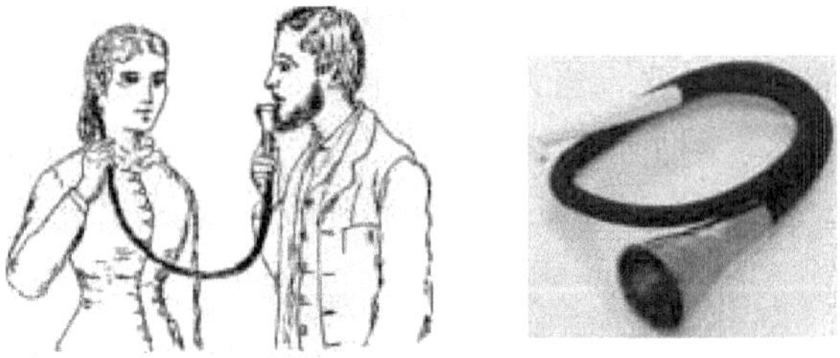

图1-3　号角状长管助听器

随着科学技术的发展，助听器技术已经取得了日新月异的进步，但是也不能说这种原始的集声助听器时代已经结束了，因为还有许多听力正常与不正常的人，在不利的环境中还会用手放在耳后来助听，它确实是一个有效地提高信噪比的便利的助听装置，它不需要能源，又不会发生故障。

1.1.2　碳元素助听器时代

1899年出现了第一个碳元素放大器，它有桌子那么大，称为Akoulallion。1902年有了第一个可佩戴的碳元素助听器模型，称为Akouphone和Acousticon，一直被使用到20世纪40年代，但主要的适听范围是轻中度的听力损失。也有人认为，这类助听器的出现与电话的发明密切相关，因为在1876年，苏格兰裔美籍电话发明者亚历山大·格雷姆·贝尔(Alexander Graham

Bell，1847—1922)，用他的装置第一次进行了电传导讲话声音的表演。他最初的本意是要制造电助听器，但最终却发明了电话。早期最简单的碳元素助听器包括碳精麦克风、3～6V 的电池和磁性耳机。碳精麦克风里有碳粉、颗粒或球形颗粒，当声音撞击麦克风的振动膜时，振动膜的运动使碳颗粒聚集或分开，从而改变麦克风的电阻抗，波动的阻抗引起电流的波动。运用电磁学原理放大后，当通过受话器上的线圈时，在受话器里产生了波动的磁场，波动的磁场对永久磁场的推拉作用，使受话器的振动膜振动发出了声音，这使受话器输出的声级比进入麦克风的高 20～30dB，起到了很好的助听放大效果。

早期的这类助听器，体积较大，无法随身携带。随着技术的进步，随身使用成了可能，但当人活动时，这种助听器的碳精与膜片很容易脱离接触状态，助听器就无法工作了。

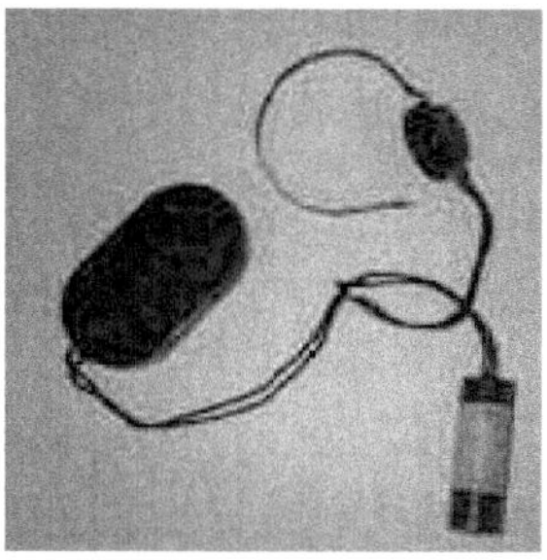

图 1-4　碳精麦克风助听器

采用碳精麦克风的助听器(见图 1-4)，增益较小。人们为了获得更多的增益，发明了另一种碳元素放大器。如果一个麦克风和受话器配对可以增加声级，那第二个配对(一般只有一个振动膜)也可以合理地增加声级。碳元素放大器包括线圈和线圈振动膜，振动膜使碳球移动来产生一个更大的波动电流。但是可以想象，在依靠增加麦克风的个数来增加音量的同时，助听器的噪声与失真也相应增加了，而且碳精易受湿度的影响。

在碳元素放大器时代，出现了在不同频率上放大不同量的设想，这可以通过不同的麦克风、放大器、受话器来实现。

1.1.3　真空电子管助听器时代

1907 年，人们发明了真空电子管放大器(见图 1-5)，1920 年应用于助听器。真空电子管需要两个电源供电：一个为低电压电源，用于加热电子管的灯丝，使之放出电子；另一个电源电压相对较高，用于驱动电子通过栅极到达阳极。通过几个真空管的相连，可以做出大功率的放大器(70dB 增益和 130dB SPL 输出)，这就增加了放大的增益。电子学的进步与技术的进一步改善，使得助听器输出的增益—频率响应形状比碳元素时代更容易控制。

真空电子管助听器最大的问题是它的体积，早期的真空电子管助听器体积较大，又由于必须配置较重的电池，做成体佩式几乎是不可能的，但其增益与清晰度较好。在军事要求的驱动下，助听器的体积迅速减小，但还是需要两个电池。A 电池的低电压预热管子的灯丝，B 电池的高电压为放大电流提供能量。真空电子管助听器在 1930 年开始尝试使用，是因为真空电子管的体积显著减小，使其制成体佩式成为可能，但其电池仍很大，必须与麦克风、放大器分开安装，且电池的携带仍很不方便，有的妇女不得不把电池绑在腿上，电源的连线接到胸前的真空电子管放大器上，放大器的输出通过另一根导线连到受话器上。

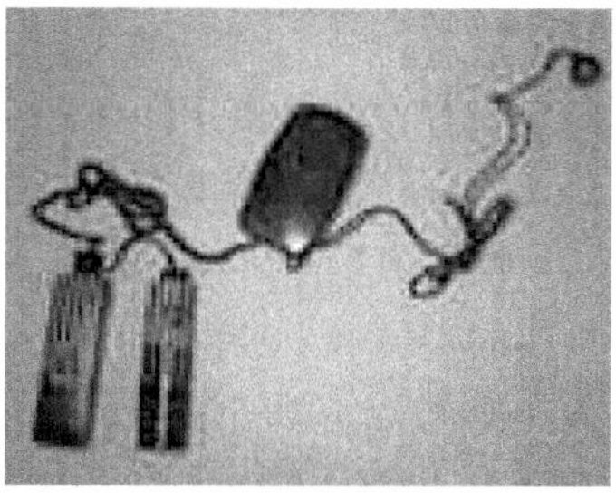

图 1-5　真空电子管放大器

在以后的 10 年间，电子管的 A 电源的工作电流消耗下降了 22%，B 电源的工作电流消耗下降了 12%，第一台真空电子管助听器终于在 20 世纪 30 年代后期在英国制成。此时，真空管和电池技术有了很大的进步，可以用在助听器上，使电池、麦克风、放大器都安装在一个单一的体佩式包装里，并通过电线与耳朵水平的受话器相连。在这个时代，隐匿助听器的努力还在进行，由于汞电池的出现，使得电池的体积显著减小，麦克风也被隐藏在饰针上、手表里，而受话器的导线装在珍珠串里。同时第二次世界大战中又涌现了许多新技术与新材料，如印刷电路和陶瓷电容，使得一体式助听器的体积又显著地缩小。耳模通气孔、磁性麦克风、压电麦克风和压缩放大都是在这个时代设计出来的。

1.1.4 晶体管和整合电路助听器时代

1952 年，晶体管进入商业性应用。到 1953 年，它应用时的耗电大大减小，所有新的助听器都使用晶体管而不使用真空管。相对于真空管，晶体管的体积变得非常小，这意味着从 1954 年起，一小部分助听器可以佩戴在头部。但是有人担心：体积的减小，使助听器麦克风和受话器的位置靠近，很容易产生声反馈，所以设计出的第一台戴在头部的助听器是眼镜式助听器，在眼镜架的一侧装有受话器，另一侧装有麦克风。这样做具备几个优点：助听器不会与衣服摩擦而产生噪音；由于助听器架在耳廓上，麦克风接收的声源不会因为躯体对低频的反射而在频响上产生负面效应，影响助听效果；由于不再需要连线，可以真正实现双耳佩戴。

头部助听器的类型有发夹式助听器、眼镜式助听器（见图 1-6）等。发夹式助听器有许多样式，可佩戴在头发上或头发下（或在领带上、衣领上），与盒式助听器一样有外置式受话器。有些则做得很像珠宝。眼镜式助听器把所有助听器元件安装在附着于颞部的眼镜框架上。随着元件体积的减小，它们可以被安装在耳后，或者作为眼镜框架弓处的一部分，或者作为独立部分与锯短了的标准眼镜框架相连，或者最后成为单机耳背式。

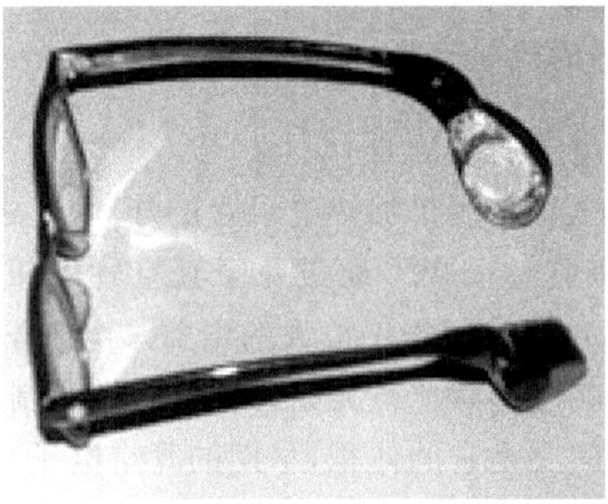

图 1-6　眼镜式助听器

接下去的 10 年中，耳背式助听器逐步替代了眼镜式助听器，并成为主流。20 世纪 80 年代中期的美国和 90 年代的欧洲，耳背式都是主流的助听器类型。随着元件体积的进一步减小，1950 年以后开始出现耳内式助听器。从今天的标准看，第一个耳内式助听器的体积是很大的，以致 Lybarger(1988)认为它们是耳外式助听器。

20 世纪 60 年代，助听器元件在性能上有两大显著进步：第一，1964 年，整合电路应用于助听器，这意味着多个晶体管和电阻器可以结合在单一的元件上，大小与它所替代的个体晶体管相似；第二，1968 年，压电式麦克风与相对较新的晶体管相连（场效应晶体管）安装在小的金属包装里，首次出现了一个宽频响、小体积的麦克风，可以被用在助听器里。几年以后，出现了使用相同技术的方向性麦克风。

在驻极体/场效应晶体管麦克风发展的时候，麦克风技术也在进一步发展过程中，出现了有更好响应和更小体积的麦克风。在晶体管年代，受话器体积从 1800mm^3 缩小到 39mm^3，同时麦克风的体积从 5000mm^3 缩小到 23mm^3。Egolf 等(1989)指出受话器体积变化最快的是在 1970 年前，此后受话器的体积变化不大。

20 世纪 80 年代早期，大部分元件能被安装在耳道中，耳内式助听器就足够小了。随着电池化学、放大器效应、麦克风技术的进步，到了 20 世纪 90 年代早期，整个助听器都可以安装在耳道内。完全耳道式(completely-in-the-canal，CIC)助听器的出现，使助听器终于可隐藏了，这种助听器的佩戴位置也带来了声学的进步。佩戴助听器时，耳廓仍能保持对声音的收集和屏蔽作用，同时减低了风噪声。

晶体管时代助听器的进步包括：

①更高性能的锌空纽扣式电池的使用，使得一半的容积量就有相同的电容量。

②滤过电路技术的发展，使助听器的频响曲线更能灵活地补偿不同听力损失的需要及多通道的声音处理。

③微型的电位器，使临床工作者可以在非常小的助听器上调整放大性能。

④无线传送助听器，包括无线接收器，可以接收到有一定距离谈话者的发射信号。

⑤class D 放大器，在给定的小失真的输出级时，降低了电池的消耗。

⑥对声学耳模和耳壳理解的进步，有了更多合适的增益—频率响应，使堵耳和反馈干扰减少，但还未被完全解决。

⑦在助听器中使用两个麦克风，使用者可以根据需要选择方向性或全向性麦克风。

1986 年，数字控制电路助听器和数字记忆助听器的应用，是一个非常重要的进步，这些电路替换了电位器，因为它们在助听器中占用的空间很小，许多控制可以包括在助听器中。助听器的放大性能可以被临床工作者调整，而且有很大的灵活性和精确性。数字控制电路可以让使用者方便地改变助听器的特性，也可以使用附带的遥控器，即使是耳道式、完全耳道式助听器，也可以通过遥控来进行灵活的控制。

1.1.5　数字助听器时代

对数字处理的研究开始于 1960 年的贝尔实验室，数字电路才第一次真正被运用到助听器上，因为当时电脑运行速度低，对输入声音信号的处理跟不上声音的输出。直到 1970 年，电脑速度的加快使得可以同步处理这两者；到 1980 年，能量消耗的大大减少和体积的减小，使得可佩戴的数字放大线路助听器就成为了可能，数字技术被运用到助听器上，带来了助听器真正的革命性时代。

第一个数字助听器是盒式助听器，但它对声音的处理与模拟助听器类似，所以很快就被淘汰了。几年前，数字反馈抑制系统已应用在模拟助听器上，到 1996 年，全数字的耳背式、耳内式、耳道式助听器才被生产出来。已经被认可的数字技术的进步有：①压缩控制的灵活性进一步增加，调整助听器压缩的拐点与压缩比变得更为方便。②助听器增益—频率响应的智能自动处理，同时可以根据听障者听力损失特点做到分通道来设置不同频段的增益与压缩特性。③对于来自不同方向声音增益的非线性自动控制，最小化噪声。④通过数字声反馈控制技术来有效增加可用增益。⑤相对于模拟助听器对声音作同样的处理，减少了电池的耗能。⑥数字双麦克风自动校正功能对来自不同方向声音增益的智能控制。⑦此外，数字助听器的低电压提示功能使更换电池更为方便，抗电磁干扰功能使拨打手机更清晰。

数字信号处理随着科技的发展有更多的优点，如对控制放大的进步、有效地降低背景噪音、更好的智能化等，数字处理技术定会在不远的将来为聋人的听力康复带来更多的变革。

1.2 中国助听器的发展史

1.2.1 助听器发展与验配水平的初级阶段

20 世纪 40 年代，我国著名耳科学家刘瑞华教授把国外先进的听力学相关知识引进到了中国，为中国创立了听力学的雏形。新中国成立后，在政府的支持下，天津助听器厂于 1960 年生产了我国第一台助听器，在这以后的 25 年内，国产助听器主要由天津助听器厂为主的少数几家国内助听器厂家来生产，且以盒式为主，少有耳背式与耳内式助听器。而且当时中国的助听器主要以商店销售为主，很少有通过专业人员来验配。在这期间，我国著名耳科学家何永照教授在 1964 年主编了《听力学概论》，此书是我国第一部听力学专著。1979 年邓元诚教授率先在医院内开设了第一个听力康复与助听器门诊，从事听力康复、助听器验配与聋儿康复工作，开创了助听器从简单的商品买卖向专业验配转变的新局面，虽然当时助听器在医院内验配，但助听器品种单一，验配水平、设备的局限性很大，远远不被科内与院内人士所重视，还常常被视为“不务正业”，所以该阶段可以被视为是中国助听器与听力学发展的初级阶段。

1.2.2 助听器发展与验配水平的迅速提高阶段

20 世纪 80 年代中期，随着中国残疾人联合会的成立，中国政府颁布了《中国残疾人事业五年工作纲要(1988—1992 年)》，纲要中明确规定：在此期间，我国要对 3 万名聋儿进行听觉与言语康复，康复的手段是“早期发现”、“早戴助听器”、“早期训练”。为了使我国大批的以耳鼻喉科医师为主的专业人士加入到临床听力学与康复听力学的队伍中来，1986—1996 年的 10 年间，随着中国的改革与开放，国外众多的知名助听器公司相继来我国建厂投资。其中最早的有丹麦的 GN DANAVOX 在厦门建厂，此后德国的 SIENEMS 听力集团和美国的 STARKEY 也均在苏州投资建厂。这些国外公司生产的品种虽各有侧重，但都包括了盒式、耳背式与耳内式全系列的助听器。此外，峰力(Phonax)与奥迪康(Oticon)等国外知名品牌助听器公司也积极来中国推广它们的产品。国外公司在推广其产品的同时也带来了先进听力学知识的普及，如耳模的声学特点与制作、耳道式助听器的制作与通气孔的作用等，都在这一时期被国内的专业人士所接受。在这一时期中国助听器的主要验配人员还是以医院耳鼻喉科医生与残联的聋儿康复中心的相关人员为主。

1.2.3 助听器的数字化与助听器验配的逐渐专业化与法制化阶段

20 世纪 90 年代后期，随着助听器的发展与编程数字助听器的渐渐推广，中国开始出现了专业的助听器验配店(中心)。1997 年以后，助听器专业验配中心不断出现，在一定程度上大大方便了听障人士，可以为听障人士提供更方便、更快捷的服务，但是绝大部分的从业人员没有经过专业的系统培训，所以离为助听器使用者提供更高水平的专业化与规范化的服务，还存在着一定距离。同时，这一时期大量国外新技术的涌现与巨大的市场需求，使听力学专业人才需求的紧迫感日显突出。在这样的背景下，我国的第一本听力学杂志——《听力学与言语疾病杂志》在 1995 年问世，它是我国首次发行的听力学专业刊物。同时，我国高等教育的一些有识之士，在 20 世纪

90 年代末开创了我国听力学教育；1998 年，我国的教育主管部门与澳大利亚政府合作在国内举办了为期两年的听力学学习班，旨在培养我国的听力学师资。此后，在北京、上海、成都与杭州都开设了听力学的本科与硕士教育，特别是到了 21 世纪初，教育部批准了听力学专业为我国高等教育的新增专业，使我国的听力学专业正式从耳鼻咽喉科学、教育学特教专业、生物医学工程等相关专业中分离出来，真正成为一门独立的新专业。相信随着更多受过专业训练的人走上工作岗位，我国助听器验配的专业人员将会越来越多，听障者也将得到越来越规范与专业的服务。

20 世纪末，我国政府主管药品与食品的国家食品与药品监督管理局正式出台了《中华人民共和国医疗器械管理条例》(以下简称《条例》)。《条例》明确规定对助听器作为二类医疗器械进行管理，对其生产与经营实行许可制度。助听器验配作为一个对人的健康与听力康复有直接影响的服务行业，《条例》明确规定了质量与安全及后续服务的最低要求与行业准入标准。部分省市根据《条例》总体要求与规定，分别制定了各地对助听器验配店(中心)的单项操作细则，其中详细规定了助听器验配店(中心)从业人员的数量、资质、基本设备配置、场地面积及各种规章制度。虽然以上的各项规定与行业要求与国外相比还是存在着较大的差距，但毕竟还是有了很大的进步，这标志着助听器验配这一项重要工作，开始从简单的自然职业向专业的行业准入、许可制度过渡。但是由于目前我国现有的听力学专业人员还十分稀少，所以还不能像执业医师或执业药师那样，做到从事听力康复与助听器验配人员持有听力师或听力学家或听力学专业人员职业资格证书上岗。所以，希望国家尽早出台本领域职业证书培训与考试的相关政策与法规。只有朝这一方向不断地努力，我国的听力学与助听器验配才能更快地缩短与发达国家的差距，为我国的听障人士带来更专业、更优质的服务，同时也能促进我国听力学快速健康地发展。

第 2 章　助听器的基本结构

助听器实质上是一个电声放大器。声信号经麦克风(传声器)转换为电信号,通过放大器放大后,由受话器将电信号还原为声信号传至人耳,如图 2-1 所示。助听器主要由麦克风、放大器、受话器、电池、各种音量音调控制旋钮等元件组成。

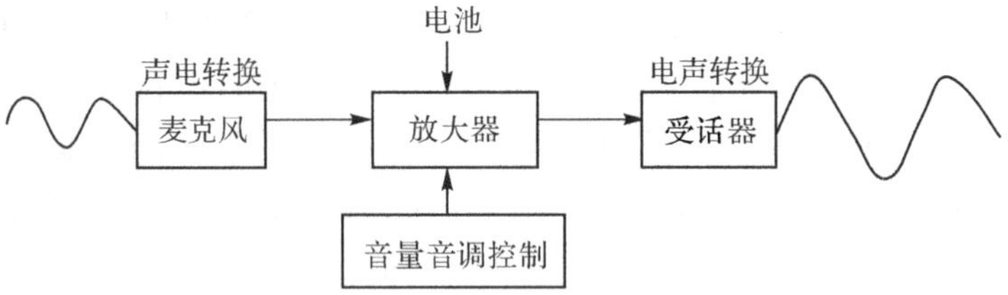

图 2-1　助听器基本结构

2.1　麦克风

麦克风是传声器的俗称。麦克风以线性方式工作,也就是说,每次输入信号的声压加倍,输出电压也会加倍。一个完美的麦克风,从麦克风出来的电流信号的波形与进入麦克风的声学信号波形是一致的。

2.1.1　麦克风的种类

麦克风按其工作原理,可分成动圈式、压电式、驻极体、硅胶式等类别。

1. 动圈式麦克风

动圈式麦克风主要是由一个在磁场内的电导体组成的,该导体运动时与磁力线相交。动圈式麦克风的基本结构如图 2-2 所示。

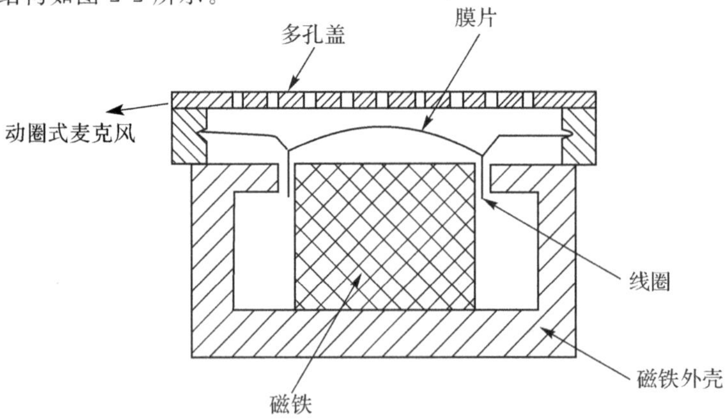

图 2-2　动圈式麦克风剖面

声波经多孔盖作用于膜片上，带动线圈运动。由于磁铁的作用产生感应电流，这样就把声信号转换成了电信号，完成了声电转换。动圈是铝制的，麦克风膜片是 25μm 厚等级，它可用铝材料或塑料制成。这种麦克风可以产生较高的输出级，谐波失真较低。20 世纪 50 年代至 60 年代中期，助听器多采用该种麦克风。但是由于它的结构复杂且依赖于永久磁铁，因此动圈式麦克风的稳定性和平滑频率特性不够优良。20 世纪 60 年代后期，新型麦克风问世。

2. 压电式麦克风

1880 年，科学家发现某些晶体在机械力的作用下会产生自发电极化的压电效应，压电式麦克风正是基于此原理制成的结构，如图 2-3 所示。

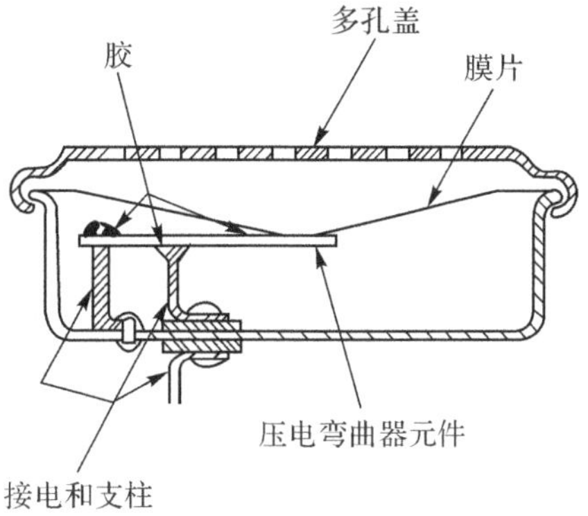

图 2-3　压电式麦克风剖面

声波经过多孔盖使膜片偏转，从而压电元件发生形变而产生输出电压。这种麦克风结构简单，体积小，频率响应宽而平，价格低廉。但是由于理想的压电物质未找到，陶瓷材料提供的特性会因老化效应和在某种情况下对温度的高灵敏度而遭到损害。另外，压电陶瓷麦克风对低频振动过于敏感，容易对风噪声、细小的振动产生响应。

如图 2-4 所示为压电陶瓷麦克风和动圈式麦克风的频响比较。

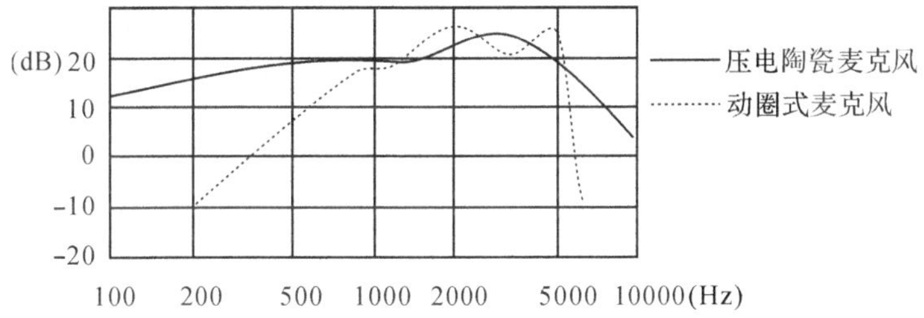

图 2-4　压电陶瓷麦克风和动圈式麦克风的频率响应

为了弥补压电陶瓷麦克风的缺点，20 世纪 70 年代初驻极体麦克风诞生了。

3. 驻极体麦克风

我们知道，将电介质放在电场中就会被极化，而许多电介质的极化是与外电场同时存在、同时消失的。但也有一些电介质，受强外电场作用后其极化现象不随外电场去除而完全消失，出现极化电荷“永久”存在于电介质表面和体内的现象。这种在强外电场等因素作用下，极化并能“永久”保持极化状态的电介质，称为驻极体。

驻极体具有体电荷特性，即它的电荷不同于摩擦起电，既出现在驻极体表面，又存在于其内部。若把驻极体表面去掉一层，新表面仍有电荷存在；若把它切成两半，就成为两块驻极体。这一点可与永久磁体相类比，因此，驻极体又称永电体。

驻极体不能像电池那样从中取出电流，然而却可以提供一个稳定的电压，因此是一个很好的直流电压源。这在制造电子器件和电工测量仪表等方面是大有用处的。高分子聚合物驻极体的发现和使用，是电声换能材料的一次巨大变革，利用它可以制成质量很高、具有很多优点的电声器件。另外，还可制成电机、高压发生器、引爆装置、空气过滤器以及电话拨号盘、逻辑电路中的寻址选择开关、声全息照相用换能器等。

能制成驻极体的材料有天然蜡、树脂、松香、磁化物、某些陶瓷、有机玻璃及许多高分子聚合物(如K-1聚碳酸酯、聚四氟乙烯、聚全氟乙烯丙烯、聚丙烯、聚乙烯、聚酯)等。根据驻极化时所采用的物理方法,驻极体可分为热驻极体、光驻极体、电驻极体和磁驻极体等。

驻极体麦克风实质上是一种静电式(电容式)麦克风,如图2-5所示,它的极化是由永久驻极体层提供的,这个驻极体层是由具有适当介质特性的塑料做成的。它的工作原理是:声波使绷紧的膜片交替地趋向和偏离背面板,因而在两个电极之间引起电容的交替变化,从而引起电压的改变。

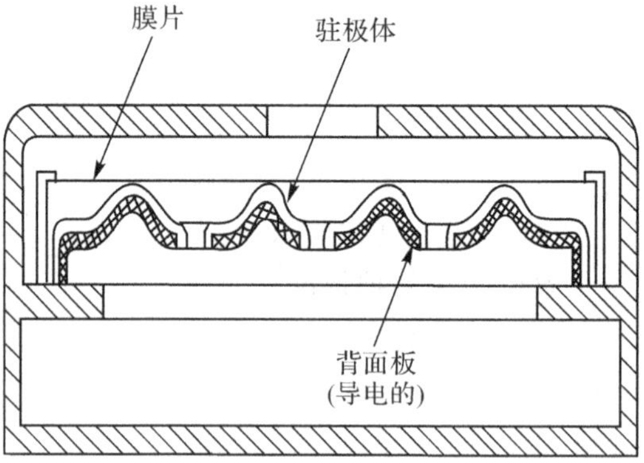

图2-5　驻极体麦克风剖面

驻极体麦克风不需要额外的直流电压作为极化电压,但驻极体麦克风的输出阻抗很高,因而对静电干扰十分敏感。其需要一个场效应管作为阻抗转换器,放置在麦克风内部,同时场效应管需要一个低压工作电源供能。因此,驻极体麦克风需要一个低压电源。

如图2-6所示为两个驻极体麦克风的频响特性。一个在很宽的频率范围内(100～10000Hz)频率响应曲线十分平坦;另一个在4000Hz附近有一个共振峰,是专为助听器应用而设计的,因为一般患者佩戴助听器后,改变了外耳道原来的长度和容积,使外耳道失去了原有的共振特性。这个设计正是为了补偿由此引起的高频部分的损失。

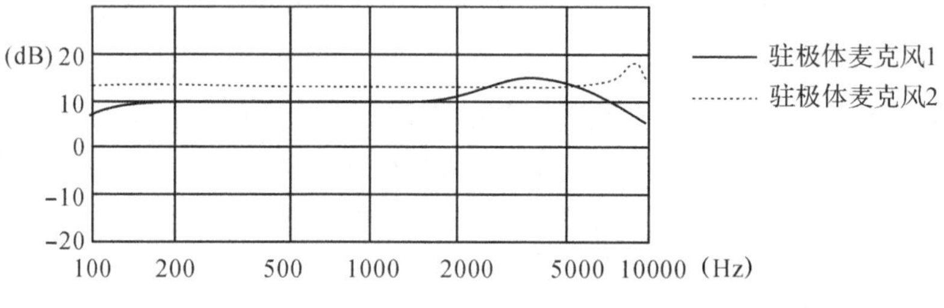

图2-6　两个不同驻极体麦克风的频响特性

4. 硅胶式麦克风

硅胶式麦克风(也称固体状态或整合麦克风)是发展中新的麦克风,先去掉硅胶块的一部分,用另外材料填充它,再使用与做整合电路相似的技术来生产。生产商希望能解决麦克风的低灵敏度和高内部噪音问题,这样的麦克风最终能代替驻极体麦克风,变得更小、更可靠、更容易生产,而且成本低。

5. 方向性麦克风

为了解决助听器在噪声环境下的低信噪比问题,方向性麦克风问世了。

关于方向性麦克风在本书§5.6详细讨论。

2.1.2　麦克风的性能

1. 麦克风的频率响应

要想获得低频衰减是很容易的：在前后振动膜之间留一条小的通道，让低频声音几乎同时撞击振动膜的两侧，这样就减少了它们对振动膜的移动效应。开口越大，衰减越多，衰减频率就越广。开口起到调节前后振动膜静态空气压的作用。不同程度低频衰减的麦克风经常使用在定制机上，可以获得我们希望的整体增益—频率响应。

2. 麦克风的缺陷

麦克风主要的缺陷包括以下几方面。

(1)易损坏性

麦克风往往暴露在化学成分(如汗水)中，因而易受损坏。

(2)麦克风噪声

所有元件都会随机产生少量的电噪声，麦克风也不例外。麦克风的总噪声一部分是由空气分子对振动膜的随机运动产生的，另一部分是由麦克风的内部噪声组成的。噪声如果被助听器的放大器放大，有时在安静环境下也可以被助听器使用者听到，尤其当使用者在该频率的听阈接近正常时。一般通过衰减麦克风的低频频率响应来降低噪声。

(3)对振动的灵敏度

首先，麦克风对振动很敏感，比如摩擦助听器的声音(盒式助听器与衣服相摩擦)、身体的直接振动(如在硬的平面上跑动)、撞击声等。这些振动放大后会成为一个较吵的声音。

其次，当助听器的受话器工作时，会产生声音和振动。麦克风拾取部分振动，转换成电信号，然后被助听器放大，传送到受话器，这又会产生进一步的振动，因而有可能在低频上产生一个听得到的振动。我们可以通过调整麦克风和受话器的位置来避免这个问题。

(4)频响范围易受影响

如果麦克风与进声孔之间的管子长且壁薄，由于赫尔姆霍茨共振，在输出的增益—频率响应上会产生一个很大的峰，而且超过峰频率的频率增益下降得很快，这样就减小了助听器的频响范围。

(5)易受风噪声的影响

当风撞击头部、耳廓或助听器时，会产生压力的波动。麦克风把这些振动转换成电的波动——佩戴者有可能会听得到低中频噪声。最好的解决方法是把进声孔放置在耳道深处，当然让麦克风的进声孔远离风的波动也可以减少风噪声的影响，或者在麦克风的开口上放置网筛，但这个效果差一点。简单有效的方法是直接让佩戴者使用薄的围巾，这可以阻止风对助听器和耳廓的撞击，减少空气波动。

3. 麦克风的灵敏度

麦克风灵敏度是其声输入的大小与电输出的关系。

灵敏度方程如下：

$$n=20\lg(E/P)$$

式中：n 为灵敏度，单位为 dB·V/Pa；E 为输出电压(均方根)；P 为声压级(均方根)。麦克风灵敏度与频率有关。

【例 2-1】 已知某麦克风 2000Hz 灵敏度为-54dB·V/0.1Pa。试计算，当输入声压级分别为 40dB SPL 及 80dB SPL 时的输出电压。

解 首先，根据灵敏度方程，$n=20\lg(E/P)=-54\text{dB}\cdot\text{V}/0.1\text{Pa}$

$$\lg(E/P)=-2.7\text{dB}\cdot\text{V}/0.1\text{Pa}$$

$$E/P\approx 2\times 10^{-3}\text{V}/0.1\text{Pa}$$

然后，将相对声压换算成绝对声压。

(1) $20\lg(P_1/P_0)=40$，$\lg(P_1/P_0)=2$，$P_1=10^2\quad P_0=2\times10^{-3}(\text{Pa})=2\times10^{-2}(0.1\text{Pa})$

(2) $20\lg(P_2/P_0)=80$，$\lg(P_2/P_0)=4$，$P_2=10^4\quad P_0=0.2(\text{Pa})=2(0.1\text{Pa})$

最后，算出输出电压。

$$E_1=2\times10^{-3}P_1=4\times10^{-5}(\text{V})=0.04(\text{mV})$$

$$E_2=2\times10^{-3}P_2=4\times10^{-3}(\text{V})=4(\text{mV})$$

式中：P_0 为声波在空气中的基准声压，$P_0=20\mu\text{Pa}$。

麦克风的灵敏度在各个频率上是不一样的。麦克风生产厂家一般根据麦克风的斜率分类，或者根据峰值频率偏移、峰值衰减等分类，以适应不同用户的听力曲线。例如，目前 Knowles 公司对麦克风分类大致如下：标准型，如图 2-7(a)所示；从峰值至低频每倍频程灵敏度衰减 6dB，如图 2-7(b)所示；从峰值至低频每倍频程灵敏度衰减 12dB，如图 2-7(c)所示；台阶状，1000Hz 以下低频灵敏度几乎为零，如图 2-7(d)所示；峰值频率偏移，如图 2-7(e)所示；峰值衰减，如图2-7(f)所示。

其中，图(a)型适用于平坦形听力曲线；图(b)型适用于下坡形、斜率不大的听力曲线；图(c)、图(d)型适用于陡降形听力曲线；图(e)型有利于助听器中频增益的提高，适用于中频听阈较差的用户；使用图(f)型的助听器，声音较柔和且不易啸叫。

由于助听器音调的调节可以在放大器中实现，所以图(b)、(c)、(d)三款一般较少使用。

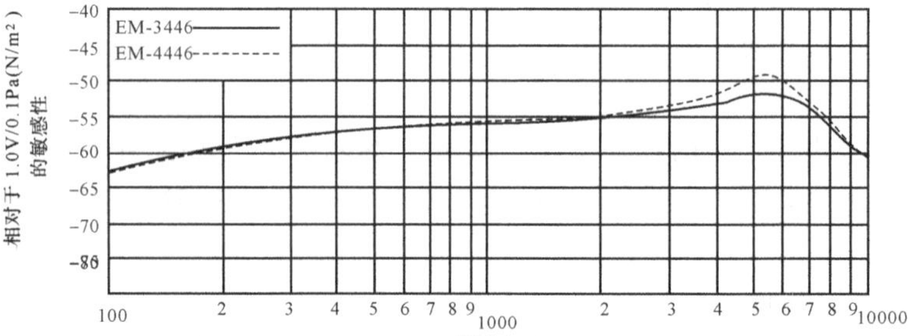

(a)标准型

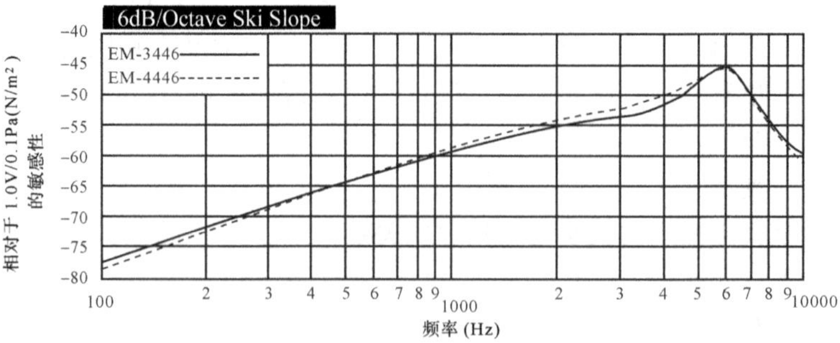

(b)从峰值至低频每倍频程灵敏度衰减 6dB

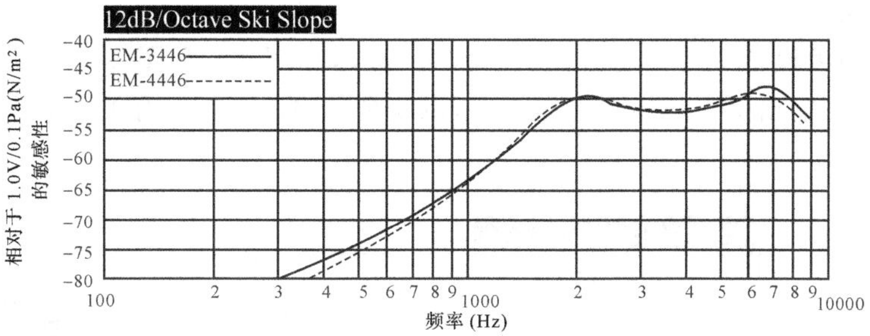

(c)从峰值至低频每倍频程灵敏度衰减 12dB

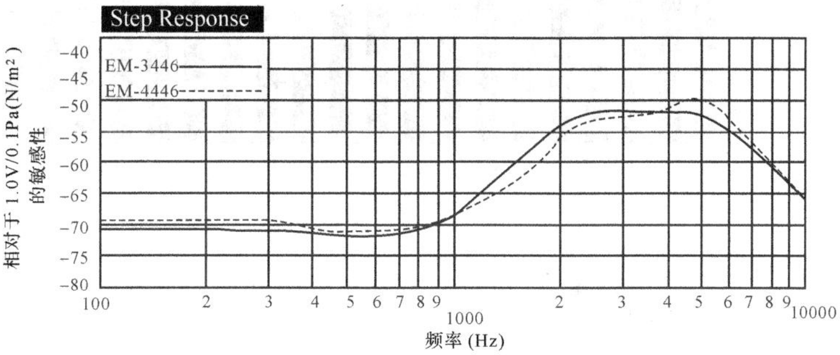

(d)台阶状，1000Hz 以下低频灵敏度几乎为零

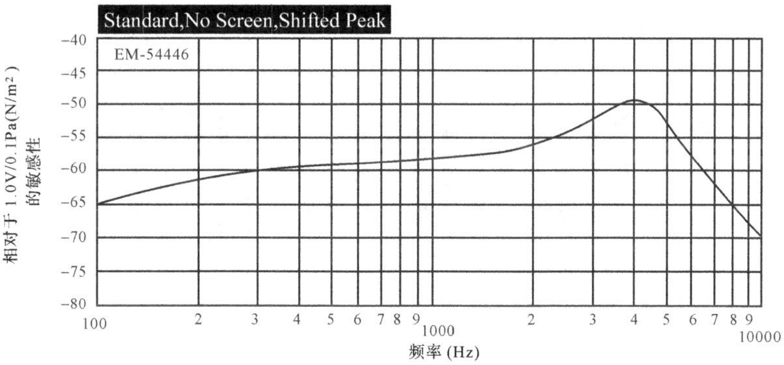

(e)峰值频率偏移

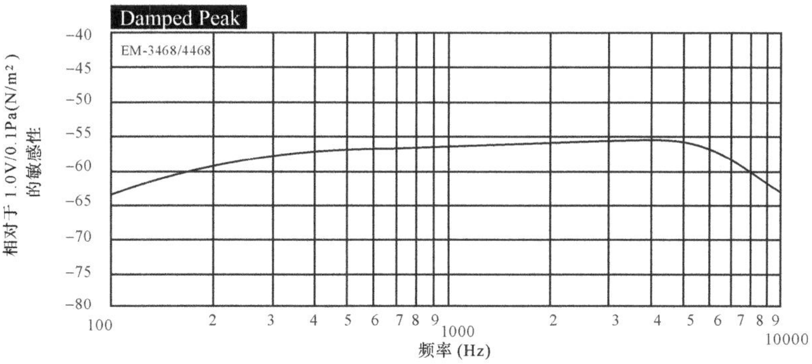

(f)峰值衰减

图 2-7　不同类型麦克风灵敏度—频率曲线

4. 麦克风的噪声

麦克风的噪声由设备噪声与输出噪声两部分组成，如图 2-8 和图 2-9 所示。设备噪声与输入声压级大小无关，输出噪声与输出电压有关，也就是与输入声压级有关。麦克风是产生助听器噪声的主要元件。

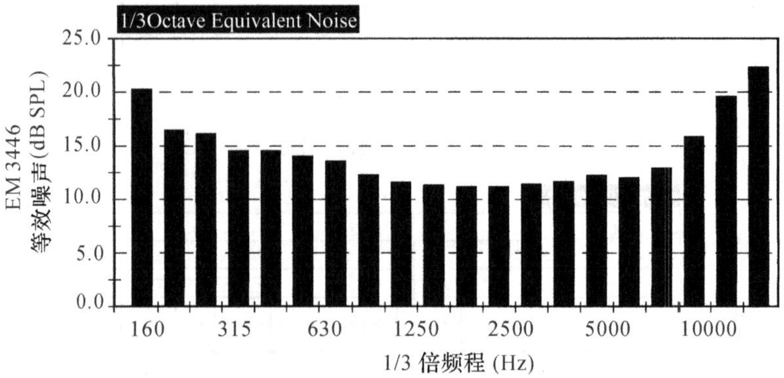

图 2-8　麦克风的设备噪声

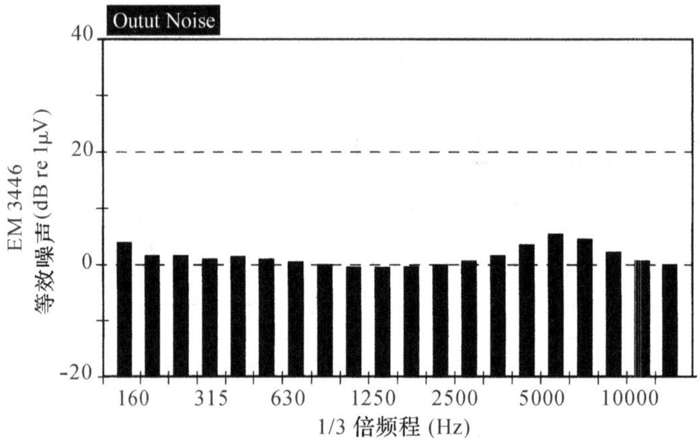

图 2-9　麦克风的输出噪声

5. 麦克风的外观

麦克风的外观如图 2-10 所示。图(a)为全向性麦克风，图(b)为具有两个进声孔的方向性麦克风。

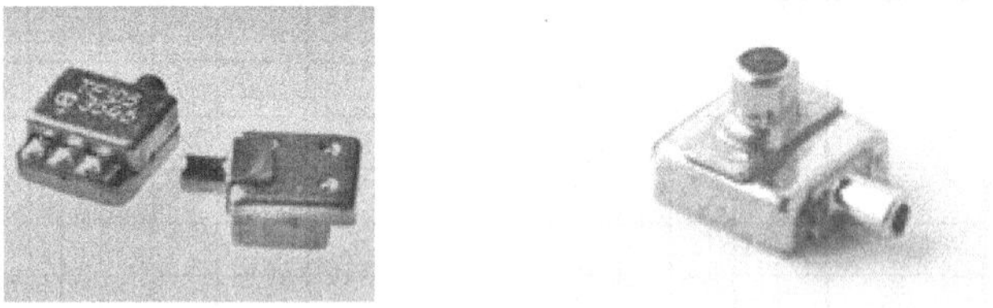

(a)全向性麦克风　　(b)具有两进声孔的方向性麦克风

图 2-10　麦克风的外观

2.2　放大器

放大器是助听器的心脏，信号处理的任务都在放大器中完成。助听器的性能优劣与放大器的设计性能紧密相关。

2.2.1　放大器的作用

由于麦克风已经把声音转换成电压和电流，所以放大器的主要作用是把小的电信号变成一个大的电信号。放大器有三种放大方式：第一种，电压放大，电流不变；第二种，电流放大，电压不变；第三种，电压和电流都放大。这三种方式都能将电信号的能量放大，放大供能是来自于助听器电池。放大器配合滤波器性能，可使其具有助听器所需的频率特性。

2.2.2　放大器的构造

用于放大的基本元件是晶体管。为了获得更好的放大性能，放大器采用多个晶体管、二极管、电阻、电容等组成的集成电路。

现在的助听器放大器已制成可直接焊接的芯片，芯片由焊盘、放大电路板、封装层组成，如图2-11所示。

图2-11　助听器芯片

部分放大器、滤波器电阻和电容的容量较大，无法制成集成元件，因此往往将离散元件焊接在芯片表面，这就要求有更高的芯片封装及焊接技术。由于电子元件易被静电击穿，所以芯片在设计时应具有去静电电路。

2.2.3　放大器中的滤波器

放大器中的滤波器是对改变助听器的频率响应起主要作用的元件。多数滤波器设置在麦克风与放大器之间。

滤波器用于改变助听器的频率响应，分为有源滤波器和无源滤波器两种。无源滤波器仅由电阻、电容组成；有源滤波器中除无源滤波器外还加入了放大器，它比无源滤波器具有更宽的频率控制范围和更灵活的调节功能。

滤波器按对频率的过滤功能，可分为低通滤波器、高通滤波器和带通滤波器。低通滤波器只允许低频信号通过，衰减高频；高通滤波器只允许高频信号通过，衰减低频；带通滤波器由低通滤波器和高通滤波器组合而成，衰减低频和高频，只允许特定频率的信号通过。

滤波器可通过截止频率和滤波斜率（阶数）来描述。如图2-12所示，纵坐标“0”起始的线表示低通滤波器的频响，另一条线表示高通滤波器的频响。截止频率由电阻、电容决定，一般通过调节音调电位器实现。滤波斜率由每倍频程下降的分贝数来表示。

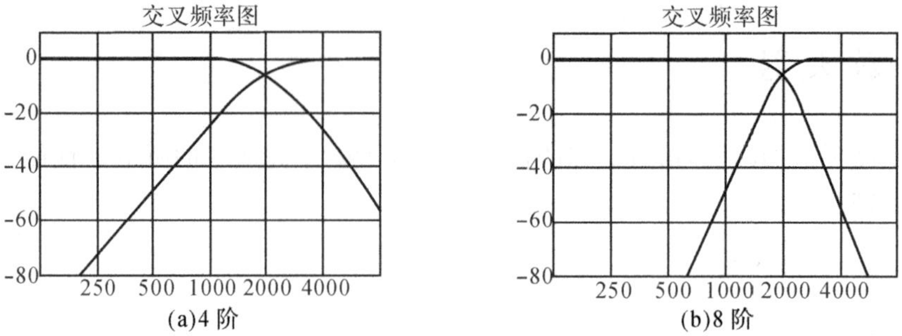

图 2-12 不同斜率的高、低通滤波器

多通道助听器一般每个通道分别有一个滤波器，通过调节各自滤波器以及相邻两个滤波器的交叉频率可改变助听器的频率响应。

对具有压缩线路的助听器，滤波器处于压缩反馈环路之前、之后、之中会对助听器的频率响应产生不同的影响，这将在本书§5.3.5中详细讨论。

2.2.4 放大器的失真

1. 失真分类

(1)谐波失真

削峰发生时，由于输出信号已不再是正弦波，它包含了输入信号中所没有的频谱成分，所以产生了失真。当输入信号是频率为 f 的正弦波时，它的频谱为一根单一垂线(基频)。当该信号被削峰时，输出信号中除基频成分外，还有 $2f$ 成分(二次谐波)、$3f$ 成分(三次谐波)、…、nf 成分(n 次谐波)。这种失真称为谐波失真，这些谐波成分称为失真产物。

如果削峰是对称的(输出的正反向峰值均被削去)，失真产物仅发生在输入频率的奇数谐波。如果削峰是不对称的(只削去输出的正向峰值)，失真产物还发生在偶数谐波。

所有谐波成分能量和与总能量之比的平方根乘以百分之百，称为总谐波失真。由于谐波成分的主要能量集中在二次谐波和三次谐波上，因此，常以二次谐波和三次谐波所产生的失真之和代替总谐波失真。

(2)互调失真

当一个更复杂的信号被削峰时，失真产物发生在所有输入信号频率的谐波上以及与输入信号相结合的频率上。如果输入两个音调：频率 f_1 和频率 f_2，失真成分会发生在 $2f_1$、$3f_1$、$2f_2$、$3f_2$、f_2-f_1、f_1+f_2、$2f_2-f_1$、$2f_1-f_2$ 等。由于失真产物来自所有输入成分的调制，所以这种失真称为互调失真，其引起失真的机制与谐波失真完全一样。

由于互调失真在助听器中表现不明显，因而一般不作测量。

虽然谐波失真和互调失真主要由削峰产生，但也会由压缩放大引起，只是产生的失真较小。

2. 失真对言语质量的影响

谐波失真降低了信噪比，会导致了言语可懂度的下降。

总谐波失真是衡量助听器音质的重要指标。助听器厂家一般规定总谐波失真不得大于15%，小于3%是助听器的理想目标。3%的失真相当于二次谐波分量的能量比基波小30dB，即使是听力正常的人也较难分辨；10%的失真相当于二次谐波分量比信号声压级小20dB，听力损失较重者就难以分辨。

由于规定的测量声压级为 70dB，如此时测得的失真数值较小，并不代表助听器在大输入声压级时失真也小。因为当输入信号在中等及中等以下时，放大器线性放大，这时无失真产生。当输入信号不太大时，信号被削峰较少，产生的谐波失真并不大，对言语的理解能力影响不大。但当输入信号较大时，由于削峰程度加大，谐波失真会很大，对言语的理解能力也大为下降。经常，有的助听器虽然测出的失真很小，但听起来却声音沙哑，就是这个原因。

最后，尽管削峰是在放大器的性能中讨论的，但助听器受话器也可以对信号产生削峰。这主要是由于受到受话器功率的限制。

2.3 受话器

受话器是一种将电能转换成声能的装置。用于助听器的受话器采用的是动圈式结构。它的工作原理是电流流过受话器内部线圈产生磁力，带动膜片振动而发声。受话器是把电信号转换成声信号的元件。受话器的频率响应情况对最后的音质有直接的影响。

2.3.1 受话器的工作原理

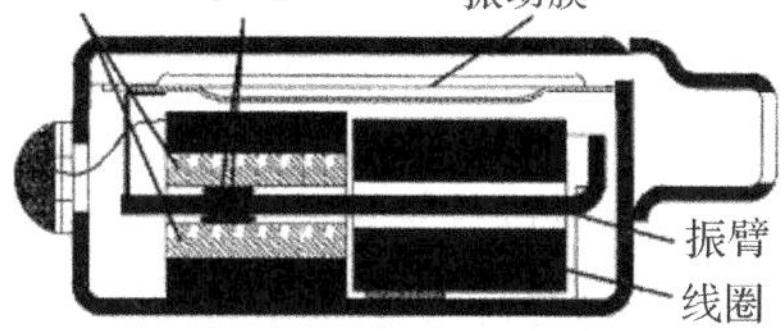

图 2-13　带阻尼的受话器剖面

带阻尼的受话器剖面如图 2-13 所示。电流通过围绕金属体的线圈把金属体转换成磁体。当电流改变方向时，金属电枢被两个永久的磁体交替地吸引和排斥。电枢很薄，可以被弯曲，所以电枢中弯曲臂的终端可以在磁体中自由地移动。电枢的自由终端与振动膜通过驱动针相连，这样振动膜也可以前后振动，就产生了声音。这种传感器看上去简单，但这样做可以获得一个宽的频率响应，能量消耗少，泄露磁场少，在主要技术上几乎不占空间。

这种结构，一旦电枢离它所触及的磁体太远，受话器会因输出过大而产生削峰。在受话器中使用大的振动膜就可以获得大的输出，但会增加受话器的尺寸，或者使磁体分得更开，这就要求有更多的电流提供给受话器。

2.3.2 受话器的频率响应

受话器也有共振频率，电共振、机械共振、声共振都会影响受话器的共振频率。受话器声管的材质、长度、直径的变化都会影响其共振频率；增加声管的长度、减小声管的直径也会使受话器的频响移向低频。因此，受话器频响特性曲线的测量必须规定声管的长度、直径等具体参数。

1. 耳背式助听器受话器的频率响应

耳背式助听器受话器的频率响应大约在 1000Hz、3000Hz、5000Hz 出现三个共振峰。这些共振峰主要是由于传声管引起的，包括在助听器中的短管、耳钩以及与耳模相连的灵活的管道。这些管道的总长度有 70 多毫米。

2. 耳道式助听器受话器的频率响应

耳道式助听器受话器的频率响应只有两个共振峰，一个在 2200～3000Hz，一个在 5000Hz。受话器在 2500～3000Hz 有共振峰是很理想的，它可以弥补由于助听器插入耳道后改变耳道的残余容积所产生的高频损失。助听器不同的共振频率可以通过使用不同型号的受话器来完成。

受话器与合适的传声管和阻尼耦合，可以获得整齐的、8000Hz 或更宽的频响，从而获得很好的音质。随着受话器制作工艺的改进，部分助听器能达到 10kHz 的频率响应。

3. 受话器频率响应与助听器频率响应的关系

由于目前助听器的放大器、麦克风的频率响应宽度均能满足 200～8000Hz 的要求，因而助听器的频率响应宽度主要取决于受话器的频率响应宽度。

2.3.3 受话器的种类

目前，助听器所用受话器可分为以下四类。

1. A 类受话器（甲类受话器）

A 类受话器一般使用 A 类放大器，放大器在芯片上有两个焊点。A 类受话器的电声转换效率较低，最大为 50%。A 类受话器的优点是失真小、体积小；缺点是耗电大（因为静态工作电流较大）、声功率小。工作原理如图 2-14 所示。

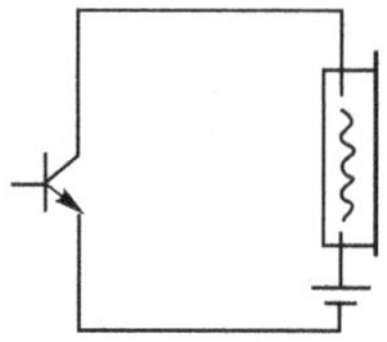

图 2-14 A 类受话器工作原理

2. 零偏置受话器

普通 A 类受话器一方面需要直流电流偏置，在空载时偏置电流引起的损耗大，费电；另一方面受话器阻抗值是随频率变化的，例如标称 200Ω 的受话器，在某些频率下阻抗可能低至 50Ω，这样负载电流过大，就很难保证放大器随时达到纯 A 类工作状态的设计目标，而有可能进入 B 类工作状态。

零偏置受话器是靠电压输出驱动的，静态时不需要直流电流偏置，因而省电；而且，将纯 A 类放大器的固定电流偏置改为随信号大小和负载阻抗变动而自动调节的自适应偏置，使输出功率管始终处于导通状态，实现了扬声器阻抗大幅度降低时，继续保持成比例增长的、超乎寻常的 A 类输出功率，同时还有效改善了纯 A 类电路效率低下的问题。零偏置受话器的另一个显著特点是低频丰富、适用性广。

由于零偏置受话器具有上述优点，故目前被广泛应用于全数字助听器和部分非线性可编程助听器。

3. B 类受话器（乙类受话器）

B 类受话器使用乙类推挽放大器，放大器在芯片上；静态工作电流小，有三个焊点，其中两个为信号输入端，一个为电源正极。工作原理如图 2-15 所示。

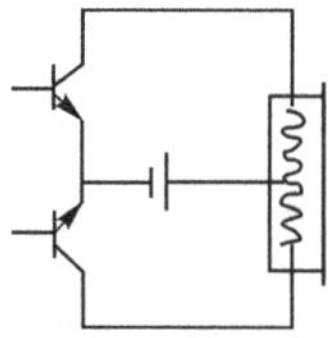

图 2-15 B 类受话器工作原理

B 类受话器相当于两个 A 类受话器，B 类受话器的电声转换效率较 A 类受话器大，最大为 79%，比同型号 A 类受话器增益高 6dB，广泛应用于大功率助听器。该类受话器的缺点是在信号过零点处易产生交越失真，且体积较大。优点是功率大。

4. D 类受话器

D 类受话器在助听器上的使用始于 20 世纪 80 年代，与 A 类、B 类受话器不同的是，D 类受话器在其内部有一个 D 类放大器——数字/模拟转换器。D 类受话器采用脉宽调制技术及 100000Hz 的高频载波信号将模拟信号进行幅度调制转换为数字信号后，传至受话器的线圈。由于线圈平整了电流，同时振动膜不可能产生这么快的振动，受话器不能对这个高频起响应，而只能将脉宽信息（也就是声信号）解调出来，驱动膜片发声。D 类受话器有三个焊点，即电源正负极及信号输入端。D 类受话器的电声转换效率最大可达到 100%。

D 类受话器的优点在于：静态电流较小，总耗电量较小，失真较小，频响范围宽而平坦。主要缺点在于:由于受话器内部有放大器,易受静电损伤及热损伤,同时抗震性能不及 A、B 类。目前 D 类受话器使用寿命要明显短于 A、B 类受话器。

2.3.4　受话器特性的类别

同类受话器电声特性的类别一般按 1000Hz 灵敏度大小、高频部分阻尼的程度、高频峰值的频率位置来分。如图 2-16 所示为受话器高频阻尼类型图。

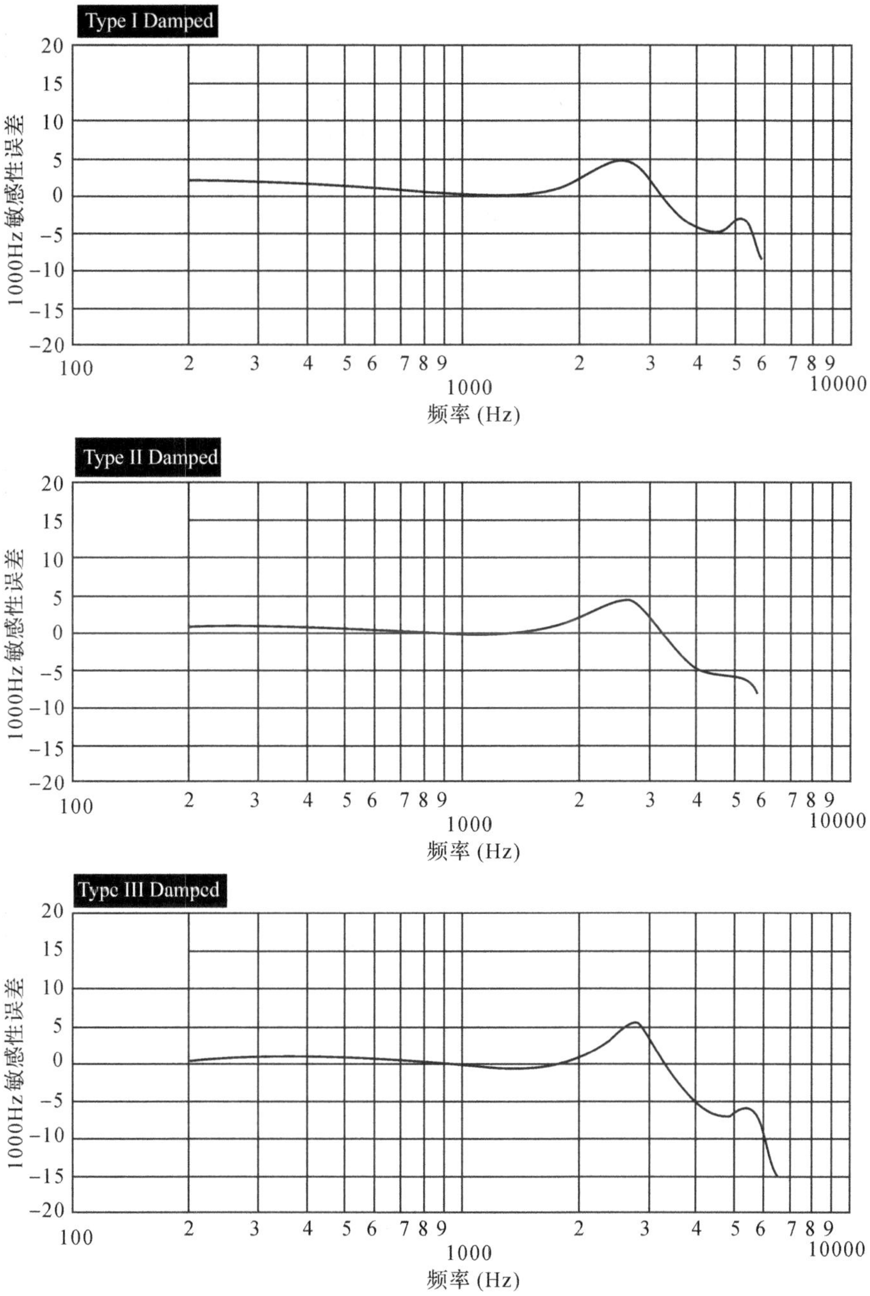

图 2-16　受话器高频阻尼类型

2.3.5 受话器使用中应注意的问题

受话器是产生助听器谐波失真的主要元件，它一般对助听器噪声影响较小。随着输出声压级的增大，失真也随之增大。由于受话器的机械结构精细、轻巧，因而受到冲击后，轻则寿命缩短，重则损坏。因此，应尽可能避免受话器受到冲击。

另外，对于耳内式尤其是耳道式、深耳道式助听器，由于受话器出声孔深入外耳道，易受耵聍及中耳炎分泌物的影响而损坏。耵聍对受话器的破坏主要是堵塞出声孔，耵聍进入振膜会产生失真，而油性耵聍的酸性物质对振膜及线圈中的漆皮线有腐蚀性。中耳炎分泌物具有腐蚀性，极易损坏振膜及线圈。实际使用中，个别用户助听器的受话器平均寿命不到 2 个月，正是上述原因引起的。由于戴耳内式助听器堵塞了外耳道，加大了外耳道的湿度，有可能加重中耳炎的程度。因此，除了使用助听耵聍装置外，还要求助听器用户保持耳道清洁与通气。对于严重的油性耳朵及化脓性中耳炎患者，选配耳道式及深耳道式助听器应非常慎重。对中重度以下听力损失（约 70dB 以下）的助听器用户，可在助听器上打一个通气孔以降低耳道湿度，减轻中耳炎的程度，从而延长受话器的使用寿命。

还有一点要注意：切勿用酒精清洗助听器表面，以防酒精进入受话器内部损坏振膜。

2.4 助听器电池

目前所有的助听器都是实现声—电—声转换的耗能产品，这个耗能转换需要外界提供相应的能量。在助听器的系列产品中提供这一能量的是助听器电池。

2.4.1 电池的发展过程及种类

在助听器性能不断发展的过程中，电池也经历着同样的发展。除了盒式助听器使用普通 5 号电池外，其他助听器均使用纽扣电池。纽扣电池因其外形像纽扣而得名，实际上严格意义上的纽扣电池是指直径为 4.8～11.4mm，高度为 1.05～5.4mm，电压为 1.2V、1.35V、1.4V、1.5V、1.55V 的电池。

助听器电池已从汞电池发展至碱锰电池和目前广泛使用的锌空电池。锌空电池的使用时间比汞电池长，而且对环境的污染小。相对于碱锰电池，虽然使用时间短，但锌空电池的成本远远低于碱锰电池，因而受到广大用户的喜爱。

助听器电池有不同的种类，但都有一个正极和负极。基本上助听器电池分为五类：

①A675。这是助听器电池型号中外型最大的一种。通常在耳背式助听器中使用。由于其体积相对最大，这类电池存储的能量也相对最多。

②A13。通常使用于耳背式、耳内式助听器中，它的存储能量小于 A675 电池。

③A312。通常使用于耳道式助听器，它比 A13 电池薄，使用时间也短于 A13 电池。

④A10。通常使用于完全耳道式助听器，这类电池的存储能量小于上述几种。

⑤A5。是目前最小型的助听器电池，如 A10 电池太大，可使用 A5 电池。

2.4.2 电池特性

电池是电能的一种。它的最小单位称为原电池，是组成电池的重要组件。一个电池通常包括几个有序连在一起、有独立结构的原电池。当电池终端连接到耗能器上时，存储在每一个原电池中的化学能直接转换成电能。习惯上把原电池所具有的特性作为电池的特性，如碱锰电池、锌碳电池。

电池可以被当作一个电化学能转换系统，与内燃机有相似点。内燃机把化学能转换成机械能，完成这个过程需要两大物质：燃料和氧气。一个直流电源电池也需要两大物质来完成能源转换：两个浸在电解液中的处于不同位置的电化学电极。其中，一个电极使用金属物质，如锌、锂，在电解质中产生了负电压，代表负电极；另一电极包括一个电子传导化合物，该物质富含氧，如二氧化锰、氧化银、镍氢或者结合在电极中的氧元素，在电解质中产生正电压，代表正电极。凭借着该电化学系统，原电池产生的电压在 1.2～4V。把本系统连接到一个负载上，电能就从本系统中外传，而化学能仍存在于原电池或电池中直至用完。

目前在助听器中广泛应用的锌空电池，阴极锌被氧化，空气中的氧通过电池壳体上的孔进入附着在阳极的碳上，发生持久的化学反应，产生 1.4V 的电压。

2.4.3　电池选用

电池是助听器正常工作的动力源泉。一般而言，助听器的增益和输出越大，所需要的电池能量也就越大，相应的电池体积也越大。如果一个电池的能量不足的话，将会限制助听器的输出声压。助听器在使用中应选用助听器专用的电池，如前所述，应根据助听器的型号选用相应的电池。使用时正负极要放置正确。撕开电池上的小标签，等待 60 秒左右，让足够的氧气进入以激活电化学系统，电池一旦被激活，就会慢慢地耗竭。不用时，把小标签贴回去可以减小消耗，但它不能完全阻止这一过程。

电池的实际使用时间与助听器型号、增益、听力损失程度、气候以及使用时调节的音量等因素有关，差别非常大。一般的，助听器所用电池越大，听力损伤越小，使用时间就越长。

目前，常用的耳背式助听器电池是 A675 和 A13，分别用于大功率和中大功率耳背式助听器，使用时间约在 10～15 天。常用的定制式助听器电池是 A13、A312 和 A10。A13 电池常用于耳内式和耳背式助听器，使用时间约 10～15 天。A312 电池常用于耳道式助听器，使用时间约 5～8 天。A10 电池常用于完全耳道式助听器，使用时间约 5～8 天。目前有少数定制式助听器采用 A5 电池，该电池可以有效减小助听器体积，增强患者佩戴的美观性，但由于体积和电量较小的原因，使用时间受到限制，在国内的应用不是非常广泛。耳道式助听器使用的电池要具备以下几个特点：体积小、电压恒定、质量可靠、使用寿命长、对环境无害等。

由于锌空电池内部含有高浓度的电解质，一旦发生漏液，将腐蚀电池附近部件，而且电池上有孔，容易发生漏液。建议每天晚上打开助听器电池仓，且较长时间不用时，需取出电池。

如果助听器的声音听上去有失真或者你需要使用比平常大的音量的时候，应该考虑更换助听器电池。一些助听器在电池将用尽时，会发出更换电池的提示音。

应该注意的是，不要把电池与硬币或其他金属物直接接触，以免短路，消耗电能。并请注意要放在儿童不易拿到的地方，以防止儿童吞食而发生意外。

2.4.4　电池存储

原则上，电池在存储过程中均会损耗能量。虽然有些电池的存储时间比其他电池要长，但电池本身内在固有的电化学系统还是会逐步损耗电池的能量，这个过程称为自放电现象(self-discharge)。该过程与电解液中正极的材料属性有关,与它的热动力不稳定性有关。自放电现象在可充电电池中的比率较在不可充电电池(primary battery)中要高。可充电电池在室温中的自放电一般是每个月15%~25%,太阳能电池的每月自放电率比较低,约为10%。该现象在不可充电电池中极低,室温中每年低于2%,但是这个值会受到许多因素的影响。

在所有环境因素中,温度是最大的影响因素。这与发生在电极/电解质界面的温度依赖的电化学反应有关,那里可以认为是电池的心脏。温度下降,电极的反应率也随之下降,电流减小。使用时,逐步恢复至室温需要耗费大量的能量。温度上升,电极的反应率也随之上升,电流增大,消耗能量。冰箱的一般温度为0℃~10℃,是放电池的好地方。其次的影响因素为湿度。锌空电池的特点是直接与周围大气相连,如果相对湿度太低,电池中的电解质会慢慢变干;相对湿度太高,系统会存储水分,这两者都与锌空电池的性能相背。如果把电池存储在冰箱里,不要忘了,冰箱同时也提供了一个低湿度的环境,这就像放在冰箱中没有加盖的食物一样,食物会逐渐失水,慢慢变干。所以,最好先把电池放入抗蒸发的包装里。

2.5 助听器配件

2.5.1 感应拾音线圈

感应拾音线圈即电感,是一个小的线圈,当变化的磁场经过感应拾音线圈时,会产生电势。感应拾音线圈拾取的磁场来自与原始声信号波形一致的电流。磁场主要来自一些设备的副产品,如来自扬声器、电话中的接收器,或由房间内的环路线圈产生。为了增加电感的效应,电线缠绕在磁棒上,磁棒为磁场提供了一条容易通过的路径。它吸引和集中了磁流量。如果有更多的磁流量通过线圈,线圈将会产生更大的电势,这正是我们所希望的,因为这样声信号就比助听器产生的内部噪声大得多,提高了信噪比。增加线圈的灵敏度的另一种方法是增加它的面积,如线圈环绕数,但这会加大线圈的体积。

感应拾音线圈主要用于耳背式与耳内、耳道式助听器,在用户接听电话时使用。

佩戴耳背式助听器的用户在接听电话时,一则因听筒靠近助听器容易引起声反馈,二则先由电话听筒的耳机将电信号转换为声信号,再由助听器麦克风将声信号转换成电信号,经这电—声及声—电共二次转换,信噪比下降了,失真增大。能否将听筒中的电信号直接传至助听器放大器呢?感应拾音线圈使之成为可能,从而提高了使用助听器接听电话时的音质。

目前耳背式助听器电源一般有三档:O档为关,M档为使用传声器,T档为使用感应拾音线圈。

2.5.2 音量控制及音调微调

助听器调节旋钮主要有音量控制(VC)、音调调节[低频衰减(NH)、高频衰减(NL)]、自动增益控制(AGC)、动态增益控制拐点等。VC微调体积稍大(见图2-17),耳内式助听器及耳道式助听器用VC微调,一般带有开关,可兼作电源开关用。音调微调体积很小,一般直径只有2.54mm,最小的直径只有1.9mm(见图2-18)。完全耳道式助听器中的VC绝大多数采用这种微调。

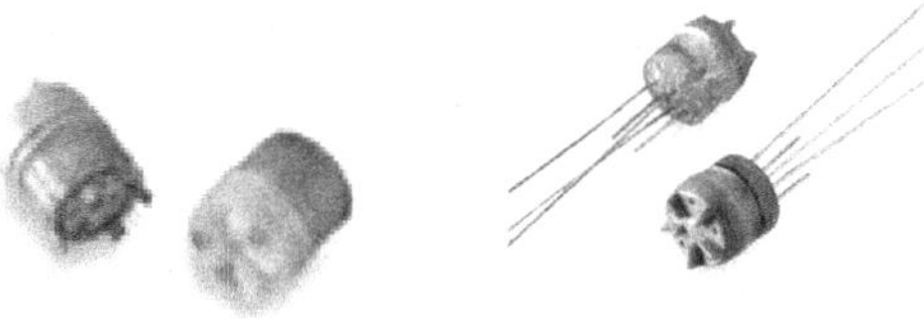

图 2-17　音量控制

图 2-18　音调微调

盒式及耳背式助听器体积较大，上述几种旋钮均可放入。耳内式助听器由于功率大，容易产生反馈，一般实际使用中只有 VC、NL、AGC 三种旋钮。耳道式助听器由于体积较小，一般只有 VC 及 NL 或 NH 微调。而完全耳道式助听器体积更小，一般只有 VC 微调，形状如同音调微调。

微调的电阻值一般在 100～10000Ω 之间，电阻率呈对数形态变化。

这是由于人耳对声音强度的主观判断（响度）是以声压的对数来计量的。当电阻率呈对数形态变化时，声音的响度呈线性变化，如图 2-19 所示。也就是说，声音的响度与微调的转动幅度同步增长或下降，这符合我们的希望。如果电阻率呈线性变化，那么随着微调的转动，响度呈指数形态变化，如图 2-20 所示。也就是开始变化很快，后来变化很慢。

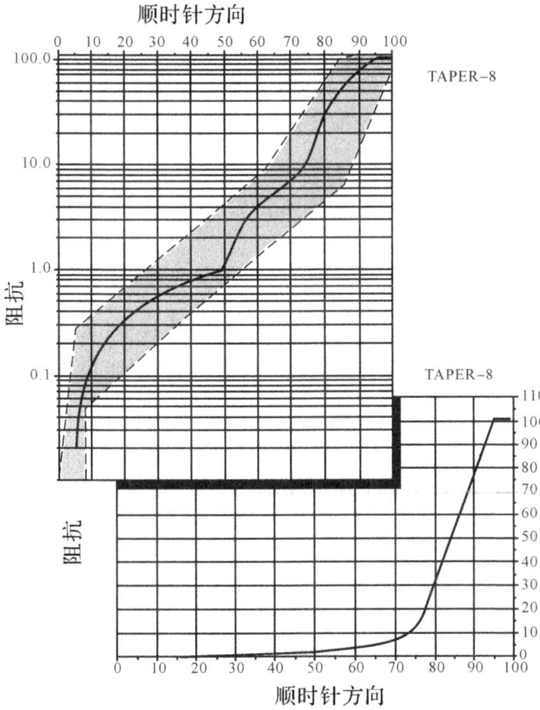

图 2-19　电阻率呈对数形变化，响度呈线性变化

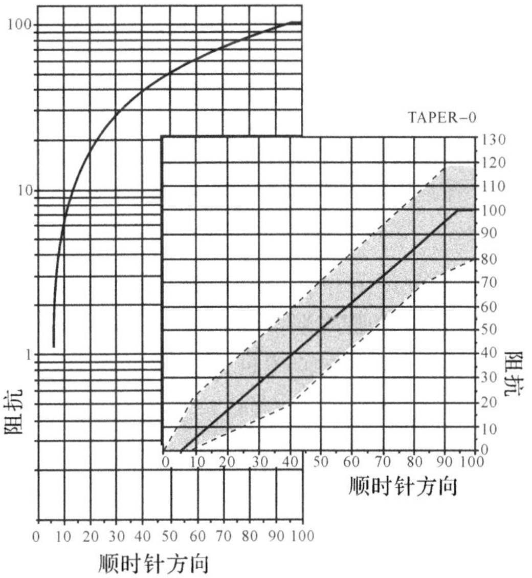

图 2-20　电阻率呈线性变化，响度呈指数形态变化

对电阻率变化快慢的衡量，可简单地看微调旋转至中间位置时，电阻值为最大值的百分之几。

2.5.3　音频输入

让音频信号进入助听器的其他方法包括有线音频输入（助听器与电缆直接相连）、无线音频输入等。音频信号的来源有磁带、麦克风,或频率调制(FM)无线接收器。如果这些装置能将清晰的信号大小适中地输入助听器中,那么助听器也能输出一个清晰的信号,而且助听器可以根据佩戴者的具体情况改变频率响应、最大输出等。这避免了助听器麦克风直接拾取信号时由于距离信号源过远所引起的高频损失和信噪比的下降。

目前最常用的形式是FM系统,这是一种无线发射、接收系统。声信号通过发射器,由一个极性可调的方向性麦克风换成电信号,再由调频转发器发送到与助听器相连的调频接收器上,电信号直接进入助听器的放大器,并通过受话器将声音还原出来。讲话者若将发射器的发射角调至全向性,具有接收器的助听器佩戴者可以在任意角度接受信号;若将发射器的发射角调至方向性,只有接收器的助听器佩戴者可在一定角度接受信号,可以有较高的信噪比。这对聋儿教育非常适合,因为调频系统的一大优点是说话者不需要总是面对听障儿童,说话者和聆听者都有一定程度的活动性。这就使小孩在有一定活动度的同时获得完整的言语信号,同时也方便了老师的教学。

详见本书§12.2调频助听系统。

2.5.4 遥控器

助听器遥控器的作用与电视机、录像机遥控器一样,通过它们听障者可以不接触装置,而改变装置的工作状态。使用助听器遥控器的原因主要在于:①助听器空间有限,不可能在其中装许多控制器。②助听器上的控制器体积很小,不便操纵。而遥控器上的按钮相对较大,可以直接看到,比助听器上的按钮容易操作。而且可以安装多个控制器及多套程序。③增强了患者对助听性能的可选性。

遥控器的工作可通过超声波、红外线、无线调频、电感等多种方式将信号传输给助听器。

2.5.5 骨传导器

骨传导器是另一种输出传感器,它适用于传导性听力损失及先天性外耳发育不全(如外耳道闭锁、耳部畸形)的患者及某些因患外耳、中耳疾病(如化脓性中耳炎)而不适合佩戴气导助听器的患者。

骨传导器直接振动颅骨,颅骨把振动传到耳蜗。骨传导器的工作原理与受话器一样,但它使用质量很大的振动膜,音频电流通过线圈来振动它。质量的惯性使得振动膜抵抗振动,所以振动器与其本身所具有的质量一起振动,把振动传给颅骨。在声音传导的效率方面,骨导远低于气导。为了能量的高效传递,传感器必须紧靠颅骨并垂直地压在颅骨表面。骨传导器一般使用大功率的助听器来驱动。助听器放大器输出通过电线与骨传导器相连来代替受话器。

骨传导助听器的输出是机械振动而不是声波,这些助听器的电声测试只能在测试振动的设备中进行(IEC 373,ANSI S3.13)。而且,振动能量与它们接触的表面特性有关。骨传导助听器通过人工乳突和加速计测试。

表述振动的单位是力(N或者μN),由对着人工乳突的振动器产生。相对于1μN的参考力,振动力级可以用dB表示:用实际力除以参考力对数的20倍。因为骨传导助听器的输入量(声压)与输出量(力)的单位不同,所以讨论骨传导助听器的增益并不适宜。一般不使用增益来描述骨传导助听器的放大能力。

骨传导助听器因其声输出小,频率范围窄,失真多,佩带不方便、不舒适等缺点,临床使用较少。

第 3 章　助听器的类型及其基本特征

3.1　盒式助听器

盒式助听器的主要部件麦克风、放大器和电池都放在一个盒里，由一条细小的电线把机身与耳机(或附加在耳模上的耳机)连接起来。

3.1.1　盒式助听器的基本构造

盒式助听器从外部构造来看，主要由耳机、导线和机身三个主要部分构成(以西门子盒式助听器为例，见图 3-1)。

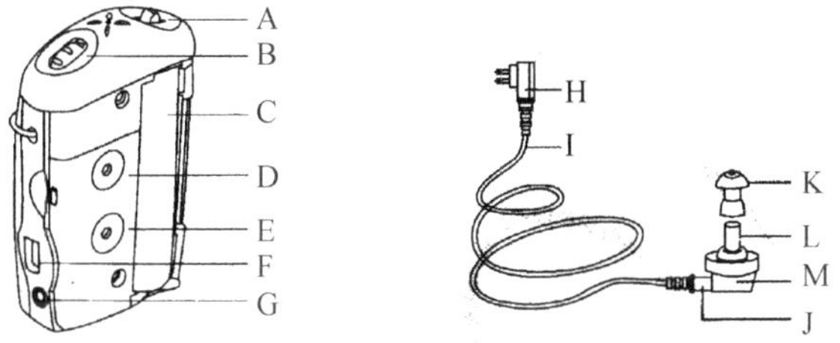

A—开关　B—音量调控旋钮　C—电池仓　D—NH 微调　E—MPO 调控　F—受话器连线插座
G—音频输入插座　H—L 形插头　I—受话器连线　K—耳塞　L—耳机连接器　M—受话器
J—耳机插头

图 3-1　盒式助听器的结构

1. 机身

盒式助听器机身的外部构造主要由开关、音量调控旋钮、电池仓、各种音频调控旋钮等组成。内部主要由麦克风与放大器以及各种助听微调部件组成。

(1)开关

盒式助听器常见的开关有以下几种：

①N-H-O 开关。指示旋钮指向“O”位置时，助听器关闭；指向“N”位置时，助听器正常开始工作；指向“H”位置时，启用低频衰减功能降低环境噪声，以提高噪声环境中的使用效果。

②M-T-O 开关。旋钮“O”位置相当于 N-H-O 开关的“O”位置的功能；旋钮“M”位置与 N-H-O 开关“N”位置的功能相同；有 T 档位开关的助听器表明该助听器装有电感应线圈，可以利用之接听具有电磁感应线圈的电话，但应注意当开关在 T 档位置时，接听电话需要把电话听筒部位放在助听器的机壳上，以增强接听效果。

(2)音量调控旋钮

一般助听器音量调控旋钮上均有数字标出声音的大小，西门子盒式助听器上用 1～9 不同数字表示，丹麦瑞声达盒式助听器一般用 3、6、9 或 2、4、6、8、10 几个数字表示，小的数字表示小音量，大的数字表示大音量。在调控中，一般理论上认为音量调控旋钮可以如标志所示调节到最大档位，但往往当助听器音量调控旋钮位置超过 2/3 的时候，其放大后的声音就会出现失真，导致言语可懂度下降，有时亦会出现啸叫现象，从而影响助听效果，因此在为患者选配时，如果当助听器音量调控旋钮超过 2/3 位置，仍然不能满足其助听要求时，通常应考虑更换选配更大功率的助听器，以改善助听效果。

(3)助听器微调

在盒式助听器中常见的微调有高频微调(NH 微调)、输出型自动增益压缩控制微调(AGC-O 微调)等。

NH 微调的主要功能是在助听器调节过程中削减低频，保留高频部分增益。因感音神经性耳聋患者多表现为高频听力损失，导致言语可懂度下降，这便要求在助听器对听障者进行听力补偿时能适当地增加高频段的增益，此时可利用此按钮进行调整。在调节时可根据听障者听力曲线所示进行。如为平坦形听力曲线可将调节位置置于 NH 中间，下坡形听力损失可将旋钮指向高频 H 端，上坡形听力损失则指向 N 部位；亦可按听障患者实际要求调试。若助听器的声音听起来感觉噪声多或空洞不清时，可调节此按钮。西门子盒式助听器(见图 3-2)176AO 和 178PP-AO 调节时逆时针为指向高频调节，瑞声达盒式助听器常用以下(见图 3-3)标志旋钮，逆时针至 H 位时，音频最高。

AGC-O 微调又称输出型自动增益压缩控制，是盒式助听器的自动调节助听器增益装置，可起到保护听力的作用。如果觉得助听器的声音太吵闹或需要经常调节助听器音量时，可慢慢转动调节助听器此旋钮(西门子盒式助听器逆时针调节时，输出由大变小，见图 3-4)直到感觉舒适的位置，此功能可自动调节盒式助听器输出的最大声压级。

图 3-2　西门子盒式助听器 NH 微调

图 3-3　瑞声达 107-6PP 助听器 NH 微调

图 3-4　西门子 176AO 助听器 AGC-O 微调

(4)音频输入插座

西门子 176AO 和 178PP-AO 助听器有音频输入插座，可通过导线同外界声源连接，如电视、收音机、录音机等，由于音频信号直接来自声源，没有经声—电、电—声转换，因此输入的信号比经过麦克风转换的信号质量要好，可直接听到较为清晰的声音，且不受背景噪声的干扰。

2. 导线

导线由机身插头、连线和耳机插头组成，是声音电信号经麦克风及放大器放大后的传输途径。一般机身插头呈 L 形，机身插头与耳机插头芯部呈不同大小直径，连接时应注意与助听器机身及耳机部位插孔大小相对应插入。目前盒式助听器导线常见有两芯和三芯两种，多数盒式助听器使用两芯导线，一些超大功率盒式助听器如西门子 178PP-AO 和瑞声达 107-6PP 使用三芯导线。盒式助听器导线本身较为柔细，加之其本身的使用特点，经常会与其他物体如衣服等产生摩擦甚至牵扯现象，而使之断裂或连接处接触不良，导致盒式助听器出现无声或声音时断时续现象，此时应到听力中心或指定地点进行更新调换。

3. 耳塞部

耳塞部是将声音电信号转化为声信号的关键部位，主要由耳塞、耳机连接器和受话器组成。

(1)耳塞

耳塞是为将耳机固定连接在外耳道的一种塞子，其形状一般呈蘑菇状，质地柔软，中有通声孔，常用硅胶材料制成。一般各个助听器生产厂家生产的耳塞颜色、形状可略有不同，但其直径基本可分为大号、中号、小号三种，以适合听力障碍者不同大小的耳道。

(2)耳机连接器

耳机连接器呈白色透明状，起连接耳塞与受话器作用，使用时应先将连接器固定于受话器端，再与耳塞连接。

(3)受话器

受话器是盒式助听器的一个电声转换部件，主要作用是使放大后的电信号转化为声信号，并通过耳塞传送。

以上主要介绍了盒式助听器的主要构造及简单使用方法，盒式助听器是到目前为止功率最大的助听器，因此在某些超大功率耳背式助听器不能满足听障患者听力补偿需求时，盒式助听器仍可发挥一定的作用。在选配盒式助听器时，为了进一步提高其助听效果，可在选配的听力中心定做耳模。

3.1.2　盒式助听器的优点

盒式助听器的优点包括：

①功率大。相对于其他类型的助听器而言，盒式助听器是功率最大的助听器，此种助听器因为体积较大，多适合于重度聋以上的患者和手部活动欠灵活的老人。

②反馈小。助听器的耳机与接收声音的麦克风距离较远，不易产生反馈。

③调节方便。它的开关/音量电位器旋钮体积大，使用方便，调节容易。

④电池省。它使用的电池通常是5号普通电池，使用时间长且价格便宜。

⑤价格低。盒式助听器本身造价低，因此价格低廉，维修费用也相应较低。

3.1.3　盒式助听器的缺点

盒式助听器的缺点包括：

1. 与衣物摩擦产生噪音

盒式助听器主要放在使用者口袋里或佩戴在衣服上，人在运动时，衣服就会与助听器相摩擦而产生噪音，这种噪音会影响聋人对声音的有效听取。

2. 增加不必要的低频增益

由于盒式助听器放在人体上，人体相当于屏障，外界声波传到躯体，低频部分的声音可反射到助听器的麦克风，从而增加助听器的低频放大。对于大部分的聋人来说，低频增益太多是无益的，其一是因为绝大多数聋人的残余听力，低频好于高频，故希望助听器在高频部分有较好的听力补偿，而低频部分需要的补偿相对较少。而且，盒式助听器的这种低频反射增益作用会对助听器的高频放大带来不利的掩蔽作用，从而降低了盒式助听器的适应性。其二，由于大部分的环境噪声属于低频范围，盒式助听器的这种躯体低频反射增益作用会将环境噪声明显放大，而使盒式助听器的信噪比变小，使用者的言语可懂度下降。

3. 不美观

大多数成年聋人，不愿让别人发现自己是聋人，因自尊心的原因不愿选配盒式助听器。聋儿随着年龄增长，其自尊心增强，戴了有导线的盒式助听器，使他们明显觉得自己与其他儿童不一样。有些康复情况良好的儿童，进入普通小学和中学后，情愿听不到也不愿戴助听器，这与盒式助听器的外观有损于他们的自尊心是分不开的。

4. 佩戴不方便

盒式助听器必须佩戴在衣服上，加上体积太大、在天热衣服单薄或参加运动时，就会给使用者带来很大的不便。

3.1.4 盒式助听器的适配范围

盒式助听器一般功率较大，约 120～140dB。因为它功率较大、价格低、体积较大等特点，一般用于重度或者极重度听力损失者、老年人、经济条件相对较差的听障者，对听力损失轻中度的听障者不建议使用。

3.2 耳背式助听器

耳背式(behind-the-ear, BTE)助听器是指助听器的主要配件安装在形如月牙的外壳内，佩戴在耳后的一类助听器，是儿童助听器选配的首选类型。

3.2.1 耳背式助听器的基本构造

耳背式助听器的机身形如香蕉，长约 3～4cm，麦克风、放大器、受话器、电池等均组装在机身内，档次较高的耳背式助听器内还有各种声音处理电路。助听器的上端为一个弯曲成半圆形的导声耳钩，这个导声耳钩将助听器连在耳模上，可以固定在耳廓的后面，即使剧烈活动也不易脱

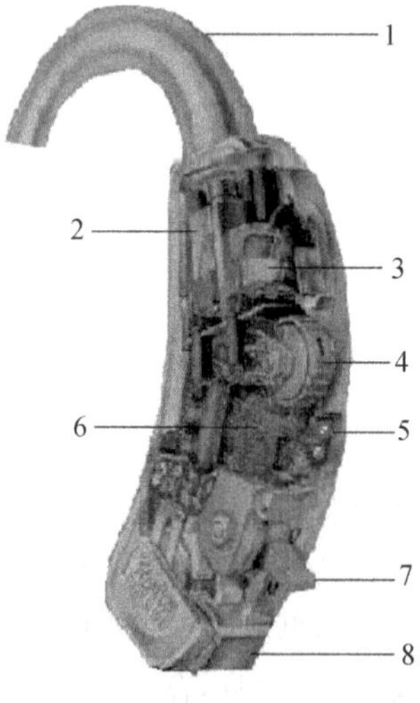

1—耳钩　2—受话器　3—麦克风　4—音量调控电位器
5—微调电位器　6—放大器　7—开关　8—电池仓
图 3-5　耳背式助听器的结构

落。放大后的声音经耳钩、塑胶管传入耳模的声孔中。有的模拟线路的耳背式助听器外壳上有开关、音量调控器、音调调节档、最大声输出调节档和 T 档等。很多耳背式助听器可与外部设备连接使用，如无线调频或红外线接受语训系统等。

1. 耳钩

助听器的耳钩都为月牙形状，主要的功能是做助听器传声系统的一部分，并与助听器耳模连接起固定助听器的作用。耳钩有普通型、儿童型、防风型、金属型、镜架型等。

(1)普通型耳钩

普通型耳钩多为长 25～35mm 的弧形中空塑料弯钩，粗的一头连接在助听器受话器的出声管上，而细的一头连接在助听器耳模系统上。耳钩近机身端常用一金属圈加以固定，但由于汗水的腐蚀，这种金属圈较易损坏；另外，耳钩的前端较细，如果经常从耳模上取下，较易折断。若耳钩损坏，可由专业人员或用户自己更换，但要注意的是更换的耳钩要尽可能与原来的耳钩型号一致，同时新耳钩在转接助听器受话器出声管的时候，要握紧助听器的外壳，以防外壳破裂。

(2)儿童型耳钩

儿童型耳钩的长度较普通型耳钩稍短，而耳钩的弯度较普通型的更为明显，儿童使用这种耳钩，助听器固定在耳廓上更为贴切。也有公司生产的助听器中，其有大小可选的儿童型耳钩，适合不同年龄阶段的儿童，增加佩戴的舒适度及美观性。

(3)防风型耳钩

防风型耳钩是较为常见的助听器耳钩，其主要的功能是起到降低风噪声的影响，它主要是通过加宽近出声管处的耳钩上部，同时在助听器的麦克风上，罩上一个防风装置，使该助听器的使用者在骑自行车或坐汽车时减轻风噪声对他的影响。特别针对有的用户从事户外工作受风噪声影响较大的环境，较为有效。

(4)金属型耳钩

金属型的耳钩也是近年来新出现的一种耳钩，它的主要作用是为适应近年来大功率助听器小体积的需要。这些大功率的助听器要设计得小巧玲珑，且功率又要足够大，这就要求助听器的受话器安放位置尽可能地远离上部麦克风，这样助听器受话器出声孔与耳钩连接的距离就延长了。以往助听器的这段距离都是用一管状的橡胶件来连接的，但是如果延长了距离，且助听器的放大功率又较大时，橡胶件就较易产生振动使助听器产生啸叫。所以，从助听器的受话器出声孔上连接一个金属的长耳钩，不但可以起到耳钩传声与连接耳模固定助听器的作用，而且更重要的是采用了金属耳钩的助听器体积可以做得更小，功率可以做得更大。

(5)镜架型耳钩

镜架型的耳钩是在普通耳钩上增加一个固定眼镜架上突槽的装置，使戴眼镜者使用助听器时可以更方便地固定助听器与眼镜，而不致脱落。

2. 外壳

助听器的外壳在近几年发展变化较大。首先是在形状上更加美观精巧，特别是中小功率以下的助听器，这种变化就更为明显。其次表现在机壳的颜色上，有两种不同的发展方向：一是机壳的颜色更趋隐蔽色，如采用黄种人的肤色或黑色外壳的耳背式助听器，更适合于黄种人或黑人使用，而黑头发的人使用黑色机壳的耳背式其隐蔽性更好；二是向个性化发展，艳丽夺目，引人注意，通常的颜色有橘黄、天蓝、大红等，这些艳丽颜色机壳的助听器是为了迎合一些具有个性与挑战精神的使用者，这样可以引起更多的人注意，提醒谈话的对方注意与眼前这位戴助听器人的谈话方式,以帮助他们更好地交流,同时也吸引了那些喜欢把艳丽颜色的助听器作为饰物的儿童。

耳背式助听器的外壳近年来还有一些变化,如采用双层外壳,这种双层外壳的好处是能有效地提高助听器的抗摔性,儿童使用较适宜。此外,有些助听器公司还致力于机壳密封性更好的防水耳背式助听器的研发,并在近年已推出上市。

有的耳背式助听器的外壳内壁层镀有银质的电磁波屏障防护涂层,能够屏蔽电磁波对助听器的干扰。现代生活中存在着各种电磁波,如家用电器、日光灯、手机等都会发射出各种电磁波,对助听器产生电磁信号干扰,有时会严重影响助听器的使用。

3. 麦克风

耳背式助听器的麦克风也是助听器上近年来发展与变化较大的一个零部件,时间较早的普通型耳背式助听器的麦克风,其安放的位置是在助听器的底部,这种麦克风的位置安放拉开了与助听器受话器间的距离,降低了助听器啸叫的发生,对助听器设计精密性的要求不是很高,所以这类助听器的价格比较便宜,但由于这类助听器的麦克风位置不位于助听器的前面,在接收声音的方向性与灵敏性方面效果就要差一些,所以在20世纪90年代后期已很少再有厂家生产这类助听器。

耳背式助听器麦克风的发展表现在麦克风外部设计上的变化,首先是在麦克风的外部加装了一个金属或塑料的网罩,以防止尘埃进入助听器的麦克风。

在20世纪90年代以后,麦克风的发展是以麦克风的方向性为主要的发展特点,这种方向性的麦克风会大大地便于耳背式助听器使用者在嘈杂环境中更好地聆听,排除周围噪声对要听取声音的干扰,这类助听器特别适用于使用者在会谈与会议时,需要听取主要发言者的言语声而同时要有效地排除周围不想听的声音信号。但是,这类方向性单麦克风助听器的不足在于使用者想要更清晰地听清讲话者的声音,就必须将助听器正对讲话的人。

在20世纪90年代的中后期,耳背式助听器的方向性麦克风向双进声孔方向发展,这种麦克风有两个声音入口,分别朝向前方和后方,麦克风内部的振动膜片分别感受两个方向的声音,将其作用之差转换成相应的电信号输出,在后部声音入口处设有一声学延迟滤波器,抑制来自人耳后面的声音信号的强度,并使来自前面有用的信号得以优化,这一点完全符合正常人耳的听觉效应。我们人耳的耳廓结构正好也是朝前收集声音,同时挡住(衰减)来自人耳后部的声音,这些声音通常是背景的噪声或无关的谈话声。

从图3-6中可以看到,方向性麦克风的收听范围集中在人的正面及两侧,来自后面的声音则被削减,这可以使佩戴者更集中注意力与人交谈。此外,国外的一些助听器研究调查表明,带有方向性麦克风的耳背式助听器在声音的定位能力上,也大大优于传统的耳背式助听器。这对于单侧使用助听器的用户较为有利;而在我国以单侧选配助听器占大多数的情况下,这种方向性麦克风优势就更为明显了。

方向性麦克风的这种设计思路,主要用来针对降低助听器的环境噪音。当用户佩戴方向性麦克风助听器时,方向性麦克风主要收集来自正面的声音,同时按相应比例降低背景噪声的强度。然而不久人们就发现,方向性麦克风的效果在很大的程度上受麦克风老化等因素的影响,从而降低了其降噪的功能。这是因为助听器使用一时间以后,一些小部件松动、潮湿、耳道皮肤的分泌物或其他异物等都会影响麦克风性能,带有双麦克风的助听器在刚刚购买或维修之后,通常有良好的定向功能,但随着使用时间的增长,其定向功能将逐渐地减弱。有研究表明,如果两个麦克风匹配相差1dB,助听器使用者对言语可懂度可下降10%。然而近年随着数字技术的发展,动态麦克风匹配技术的出现,使真正的双麦克风时代来到了。

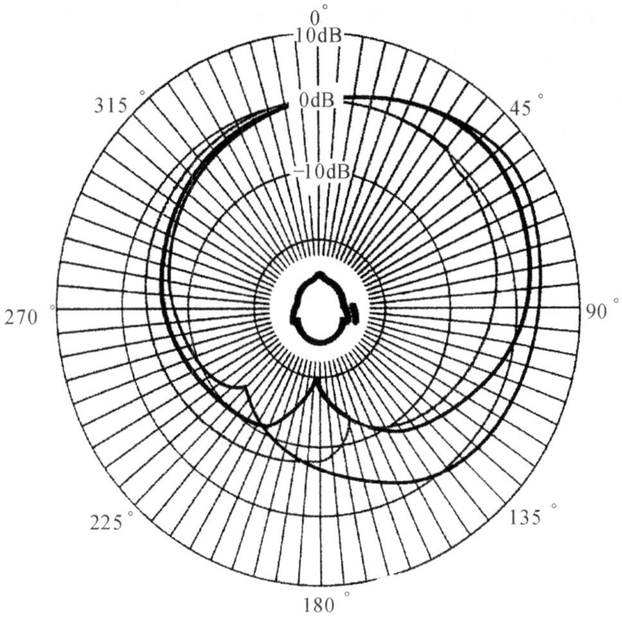

图 3-6　方向性麦克风的收听范围

4. 电池

中、大功率耳背式助听器通常使用 A13 电池，而特大功率的耳背机则多使用 A675 电池。

3.2.2　耳背式助听器的声学特性

耳背式助听器与盒式助听器相比，其麦克风置于耳廓的上方，因此能减弱人体躯干对低频反射增强的现象，同时能降低助听器受摩擦带来的噪音。但其耳模和导声管的存在会造成外耳道共振峰的前移，且幅度较耳内式助听器大。耳背式助听器最高峰值增益频率点多数在 1000Hz 处，峰值声增益较大。此外，通过对耳模的调整可改变耳背式助听器的声学特性，使其具有更宽的频响，与耳道机相比可容纳更大的通气孔，使声学补偿更灵活。

3.2.3　耳背式助听器的优点

1. 与盒式机相比

与盒式机相比，耳背式助听器的优点包括：

①耳背式助听器没有导线，且体积较小，容易隐蔽在头发里，有一定的美观性。

②由于不与衣服产生摩擦，降低了噪音。

③人体躯干低频反射增强现象明显减弱。因此，技术参数与盒式机相等的耳背式助听器使用效果更佳。

2. 与耳内机和耳道机相比

与耳内机和耳道机相比，耳背式助听器的优点包括：

①耳背式助听器功率较大，适合各种不同类型的听力损失。

②由于耳背式助听器体积较大，设计者可以较方便地安装一些复杂的线路及芯片以提高性

能和增强功能，如在耳背式助听器中装上感应线圈，可使聋儿打电话或在特殊的电化教室内收到清晰的声音；可以安装方向性麦克风等。

③电池、旋钮等较大，容易操作。

④易修理，耐久性好，便于调节。

⑤小儿的耳道处于生长期，不适合使用耳内式助听器，而用耳背机只需更换耳模即可，较为方便。

⑥不需要定做，可大量生产，有利于降低成本。

3.2.4 耳背式助听器的缺点

耳背式助听器的缺点包括：

①耳背式助听器的麦克风小孔位于耳廓上方，天热或运动后头上的汗易渗入此孔及助听器的其他部位内，引起助听器故障。有温差时导声管等处容易出现小水滴，使助听器无声。

②耳背式助听器位于耳后，开关和音量控制调节不便。

③对于外观要求较高的人而言，这种助听器还是太大、太显眼。

④与盒式助听器相比，耳背式助听器的麦克风与受话器出声口之间的距离更近，安装不当或增益大时容易引起受话器的声音溢出而再次进入麦克风，导致声音被二次放大，引起声反馈啸叫，所以较大功率的耳背式助听器必须定制耳模。

⑤容易产生堵耳效应。堵耳效应是指耳甲腔或外耳道入口被耳模闭塞后，患者感觉自己的发声似回声样或者听起来感觉沉闷而不自然。堵耳效应多由1000Hz以下的中低频声引起。其产生原理主要是患者发声时，由于佩戴了耳模，声音不能外泄而引起外耳道壁(软骨部)振动，产生的声波再次传入耳内，从而导致外耳道低频声压增强。堵耳效应常为低频听力正常者或接近正常者抱怨佩戴助听器后不适的主要原因。传统的解决方法是通过扩大耳模通气孔或使用开放性耳模，但容易引起声反馈及改变助听器频率响应范围。

3.2.5 耳背式助听器的适配范围

目前常用的耳背式助听器功率范围一般在40～120dB，中小功率范围约在40～90dB，大功率范围约在40～105dB，特大功率范围约在40～120dB。从其功率范围大小和特点可知，耳背式助听器基本适合轻、中、重度各级听力损失的患者佩戴。结合它的优缺点，耳背式助听器一般适合以下人群：

①因其体积较大、操作方便、选配灵活等特点，耳背式助听器是老年听力障碍患者的首选。

②儿童耳道处于生长期，如果选配定制式助听器需经常更换外壳，会增加患者额外的经济负担，且频繁更换外壳容易对助听器造成损坏。儿童选配耳背式助听器之后，只需定期更换耳模和及时调整助听器数据即可。

③有中耳疾病的患者，尤其是中耳炎处于发作期，耳内有分泌物的患者，如果选配定制式助听器，则分泌物对助听器损伤的几率增大，对助听器工作性能和整体寿命造成影响。中耳疾病的患者选配耳背式助听器，助听器受损的几率相对较低，对延长助听器寿命和获得最佳助听效果有益。

④有外耳畸形，或耳科手术后、中耳术后等患者，如无法佩戴定制式助听器，可以考虑选配耳背式助听器。

3.3　开放耳选配

开放耳选配是目前听力学领域一项有着新进长足发展的助听器技术。传统的开放耳助听器是指利用大孔径的通气孔，以此来解决堵耳效应的问题，然而事实上却无法做到真正的开放。开放耳技术的核心和挑战在于如何控制反馈并提供所需的增益，现在随着助听器数字信号处理技术的发展以及工业设计的不断创新，开放耳助听器已兼具了美观、舒适、有效并能够长时间稳定工作的良好特性，从而被越来越多的听障人士所接受。

3.3.1　开放耳选配的历史

1. 开放耳选配出现的原因

临床报告显示，听障人士在寻求助听器的帮助以获得听力补偿时，大约有超过 30% 的抱怨来自于耳道内的堵塞感和不舒适感，以及由此而带来的助听器佩戴者自觉自声过响或过闷，即通常所称的堵耳效应。尽管该问题在 20 世纪 60 年代至 70 年代初期就已经被部分临床听力学研究者所发现和认识，并提出了助听器开放耳选配的概念，但是开放耳选配技术在随后的几十年中并没有出现实质性的成果。即使在 2002 年，Kochkin 的调查数据仍显示，在原本可以从助听器获益的听障人群中只有不到 25% 的人拥有和佩戴助听器，而在未佩戴助听器者中约 75% 的人的年龄在 35～75 岁，其中所占比例最多也最为突出的是轻度听力障碍或低频听阈小于 40dB 的高频陡降型听力损失的听障人士，更为遗憾的是他们因为没有佩戴助听器而失去了原本助听器可以提供的帮助。

直至 21 世纪初期，开放耳选配技术的研究和实现出现了重大的突破，开始逐渐被听障人士所接受和欢迎。2007 年美国行业统计数据显示，在过去的几年内，耳背式助听器的市场占有率开始逐步提高，例如在 2007 年，耳背式助听器的销售数量占全部所出售助听器的 50% 以上，然而引发耳背式助听器开始风靡世界的主要原因则正是新型开放耳选配技术的注入。新型的开放耳选配技术不仅使助听器的体积和外观变得更为时尚小巧，满足了听障人士的心理美学期望，更重要的是开放耳选配能在某种程度上满足多数听障人士对声音信号可听度、言语可懂度以及佩戴舒适度的需求，而这是普通助听器原本无法切实提供的。

2. 开放耳助听器的发展

就开放耳助听器的构造而言，开放耳选配技术发展至今大约经历了三个阶段。

最初传统的开放耳助听器（standard open ear）仅是在定制式耳模或是外壳上制作内径较大的特殊通气孔，以此来实现耳道的开放和堵耳效应的缓解。

第二代开放耳助听器则是将传统 3～4mm 内径的号角管和定制式耳模替换成 0.8mm 内径的特殊材质的传声管以及不同类型的标准开放式耳塞，同时缩小助听器内部元件的体积，以求获得助听器的微型美观。

最新的开放耳技术被称为耳道式受话器技术（receiver in canal，RIC；receiver in the ear，RITE），即将原来位于助听器机身内的受话器移至开放式耳塞处，而机芯与外置耳道式受话器的连接则通过纤细的绝缘管内的金属导线实现，同时该部分也负责传统耳钩的任务。

3.3.2 开放耳选配的实现

1.通气孔的选择

开放耳选配的首要设计目标是帮助外耳道内的声音和压力寻找一个合适的流通途径、减轻堵塞感、增加空气流动、平衡内外气压、提升佩戴者的聆听舒适度，而通气孔至今仍是听力学领域缓解堵耳效应最直接、最有效的工具。理论显示，通气孔对因骨导引起的低频增强的改变量是取决于声扭(acoustic mass)的，且与之成反比，同时，声扭则与通气孔的长度成正比，与通气孔的孔径成反比。Kuk 曾在报告中提及，传统满耳甲腔的定制式耳模的堵耳效应大约为 20dB，而通气孔的内径每增加 1mm，堵耳效应大约可缓解 4dB。因此，这也意味着想要完全地消除堵耳效应，通气孔的内径必须达到 5mm 左右，但是在没有任何数字技术的支持和辅助下，单纯制作如此大小的通气孔在传统的满耳甲腔式耳模和定制式助听器外壳中是难以实现的。

现广泛应用于开放耳选配的通气孔类型和耳塞类型包括：阶梯状通气孔(step vent)，弹性通气孔耳模(flex vent earmold)，开放耳耳塞(open dome)，增强型耳塞(power dome)和郁金香耳塞(tulip dome)。其中，阶梯状通气孔的研发机构认为，阶梯状通气孔能够减少 30%的堵塞感，并同时改变频响曲线的共振峰，将可能产生反馈的共振峰转移到助听器的频响范围之外。

2.数字信号处理

(1)反馈控制

通气孔内径的增加尽管能够有效地缓解堵耳效应的发生，但是在通气孔内径增加的同时，耳道残余的共振作用也促使助听器在 2.0～3.0kHz 处的高频增益被增加，提高了反馈的发生率，影响了助听器的频响曲线，限制了助听器的适配范围。因此，真正单纯地通过扩大通气孔的内径来达到理想的开放耳选配效果是十分不易的，其最先需要挑战的就是反馈的抑制问题。

目前，反相位处理技术是助听器领域最为先进的反馈抑制技术。该技术是指当助听器麦克风探测到空间内存在的反馈信号后，即自动产生一个与反馈信号大小一样、极性相反的相位波进行叠加，从而精确有效地抵消原有的反馈信号，以确保将助听器产生啸叫的几率降到最低，保证了助听器的理论增益是能够被有效应用的，为助听器提供了 10～20dB 的净空增益。

(2)运算速率

通气孔的存在不仅威胁了助听器的反馈发生率，事实上，更多的环境声音信号也将非常容易地进出于开放耳选配中所使用的较大孔径的通气孔，而直接抵达鼓膜，形成一个独立的声音传导和共振系统。因此，只要开放耳助听器的声音信号运算处理速率同声音的自然传输速度所存在的速率差是能够被人类听觉系统所察觉的，那么同一个声音信号到达鼓膜的时间就会有前后，而人类听觉系统对这一声音信号的判断和认可也可能会出现差异。例如，经通气孔直接传入的声音信号低于经助听器处理后的信号输出强度 20dB，且同时低于助听器佩戴者的听阈水平时，直接传入的信号会因强度过低而被掩盖或忽略(安静或轻声的言语环境)。然而，一旦直接传入的声音信号强度同经助听器处理后的信号输出强度相接近，或高于助听器配戴者听阈水平的情况时，助听器配戴者就很有可能在同一时间轴的前后听到两个内容相同的声音，或是两个声音信号出现相位的抵消或增强。另外，若直接传入的声音信号高于经助听器处理后的信号输出强度，即在高强度噪声环境中，助听器对噪声产生抑制时，开放耳选配中的方向性降噪功能或其他降噪技术将失去原本的作用，实际的信噪比也会同理论值出现一定的差距。因此，就开放耳选配而言，其对助听器芯片的运算压缩速度也同样具有相当高的技术要求。

随着现代新型助听器数字芯片技术的发展，数字信号的处理速度也获得了质的飞跃。目前，助听器芯片不仅能够较好地满足开放耳选配对声音处理速度的要求，避免信号处理的延时不当，同时，其先进的压缩系统还能够自动调整分频点，有效地提高增益补偿的精度，减少失真信号的出现。

3.3.3　耳道式受话器技术

1. 传统开放耳选配的不足

在传统的开放耳选配，尤其是耳道式助听器的开放耳选配中，即使其结合了现代最新型的开放式数字信号处理技术，能在某种意义上解决堵耳效应的问题，但是由于大孔径通气孔的存在，开放耳助听器在处理信号的过程中仍会存在些许不足，仍无法切实地满足所有佩戴者的需求。其中，低频增益下滑和整体增益不足是两个最为主要的问题。

(1)低频增益下滑

通气孔的内径在被增加时，传统开放耳助听器 1.0kHz 以下频率处的输出强度会出现较大程度的下滑。如图 3-7 所示，将满耳甲腔式耳模的助听器输出曲线同制作有 3mm 内径通气孔耳模的助听器输出曲线相比较，在 0.25kHz 处两者的差距达到了－20dB，而对于设有大孔径空气孔的开放耳助听器而言，即使是在 1.0kHz 处，其与满耳甲腔式耳模的助听器的输出也存在－10dB的差值。因此，若需要选配助听器的听障人士的低频听力是应该被补偿的，则传统的开放耳助听器无法满足他的需求。

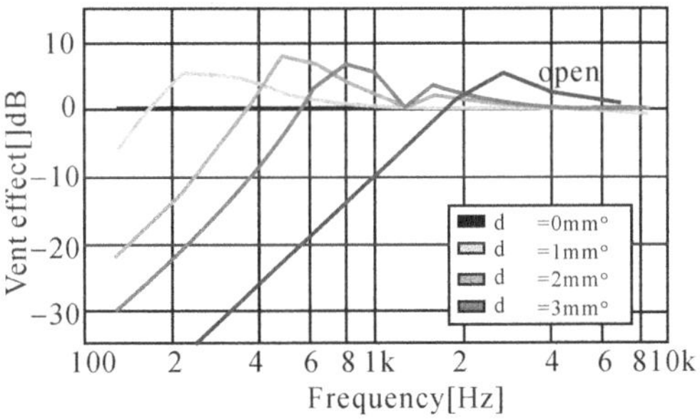

图 3-7　不同内径通气孔耳模的助听器输出

(2)整体增益不足

心理学研究显示，人们总是对美抱有渴望和追求，因此耳道式助听器也因其特殊的隐蔽性而被听障人士所推崇。然而由于体积的限制，耳道式助听器的麦克风和受话器的间距往往较小，再加上大孔径通气孔的因素，耳道式开放耳助听器的反馈发生风险就显得尤其突出。因此，往往耳道式开放耳助听器的理论增益无法被真正实现，耳道式开放耳助听器佩戴者所需的增益也无法得以满足。

2. 耳道式授话器技术(RIC/RITE)的诞生

正是因为上述问题的存在，开放耳助听器的功率往往略显不足，开放耳选配开始也仅能针对低频听力接近正常且高频存在轻度听力损失的听障人士。因此，听力学工作者为了更多地满足不同听力损失程度以及各类型听障人士的听力补偿需求，满足人们对助听器外观小巧、轻便，且隐蔽、舒适、美观的心理渴望，除了在数字处理技术领域对开放耳选配进行调整外，在硬件上也进行了相当程度的调整和修改，例如隐形的开放耳导声管和开放式耳塞的出现、助听器元件的微型化以及最新的耳道式受话器。

耳道式受话器的研发，拉开了传统耳道式开放耳助听器麦克风和受话器的距离，不仅有效地降低了反馈的发生几率，增加了助听器开放耳选配时的净空增益，同时，由于受话器已被外置于耳道内而离开了助听器机身，因此，受话器将更接近鼓膜，并在无形中又增加助听器的输出增益与适配范围，更重要的是受话器的外置节省了助听器的机身空间，无需元件微型化的帮助，助听器机身的体积即被大大地缩小，变得更具美观性和隐蔽性。另外，仅需将原有的开放式耳塞或开放式耳模替换成内置受话器的耳道式外壳，就能满足原来仅能选配大功率、大体积耳背机的重度听力损失人士的需求。

3. 耳道式受话器的结构

耳道式受话器前端采用插拔的方式连接开放耳耳塞，后端通过受话器固定装置、金属导线、0.8mm 内径的透明绝缘管以及金属接口同助听器机身相连接，若需要改装为大功率助听器，仅需使用带有固定装置的耳道式外壳替代原有的受话器固定装置即可，如图 3-8 所示。

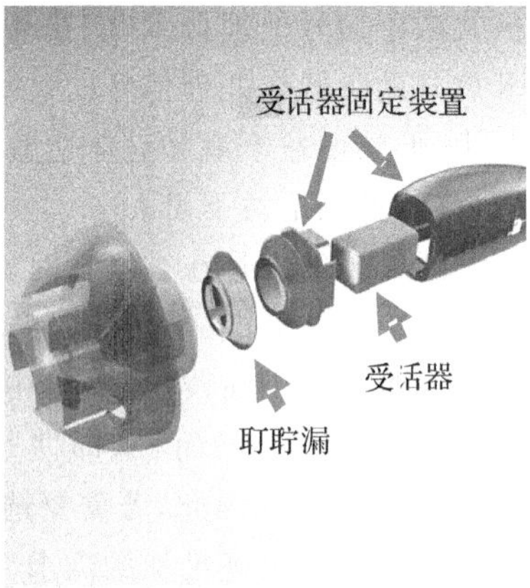

图 3-8　耳道式受话器的结构

耳道式受话器目前根据耳朵大小分为三种基本的长度和弯曲度规格，其同机身的金属接口目前主要分为环状插口（旋转锁扣）和探针状插口两类，装卸均十分方便，而隐形透明绝缘管则像收缩管一样将受话器与机身连接的金属导线紧紧包裹。另外，需要注意的是金属导线和透明绝缘管部分较易磨损，需要定时更换，而这样的更换是需要连同受话器一起被更换的，因为受话器同金属导线是被完全固定的。

3.3.4　开放耳选配的标准

目前的开放耳技术几乎能达到佩戴舒适、外形隐蔽美观的要求。因此，听力学临床工作者在为不同类型和程度的听障人士选择开放耳助听器时，仅需要注意选用何种耳塞或耳模来满足其对助听器输出功率的需求以及参数的最优化调节。通常而言，0.5～1.0mm 内径的通气孔适用于 0.5kHz 处存在 50～60dB 听力损失的人士，1.0～2.0mm 内径的通气孔适用于 0.5kHz 处存在 40～49dB 听力损失的人士，2.0～3.0mm 内径的通气孔适用于 0.5kHz 处存在 30～39dB 听力损失的人士，3.0～4.0mm 内径的通气孔适用于 0.5kHz 处存在 20～29dB 听力损失的人士，4.0mm 以上内径的通气孔适用于 0.5kHz 处<20dB 听力损失的人士。

综上所述，开放耳选配已通过声音传送系统和数字信号处理系统的不断革新满足了不同听力损失程度和类型的助听器佩戴的需求，他们能更清晰自然地感受自己与外界的声音，同时也因其精美而隐蔽的外观而越来越多地替代了传统的耳道式助听器的地位。因此，作为助听器家族的新成员，听力学研究者相信必将会有更多的听障人士享受到开放耳选配为他们带来的更实际的帮助。

3.4　耳内式助听器

3.4.1　耳内式助听器的分类

耳内式(in-the-ear, ITE)助听器(见图 3-9)根据其在耳内的位置,分为位于整个耳甲腔内的耳甲腔式(ITE-full shell)助听器、位于部分耳甲腔内的半耳甲腔式(ITE-half shell)助听器和小耳甲腔式(ITE-low profile)助听器三种类型。耳内式助听器属于目前使用最广泛的定制式助听器,这种助听器需要根据不同患者的耳朵模型定做不同的外壳。也有部分耳甲腔式助听器为成品助听器,这种助听器的外形大小是固定的,佩戴者要另做一个配套的耳模,再将助听器嵌在耳模里一起佩戴在耳内。

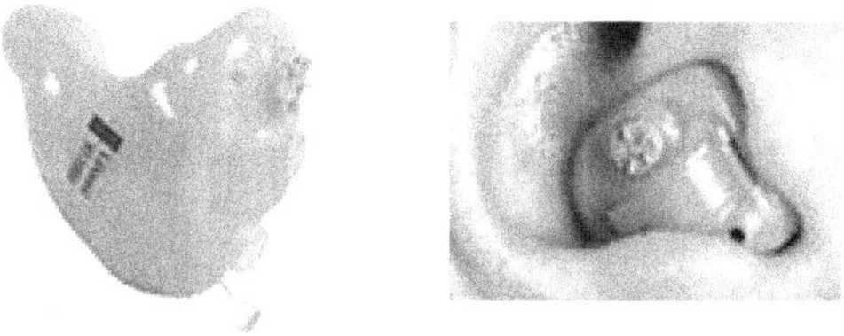

图 3-9　耳内式助听器

3.4.2　耳内式助听器与耳道式助听器的基本构造

耳内式与耳道式助听器的基本构造相似,都由外壳、麦克风、集成电路放大器、电位器、受话器等构成(见图 3-10)。

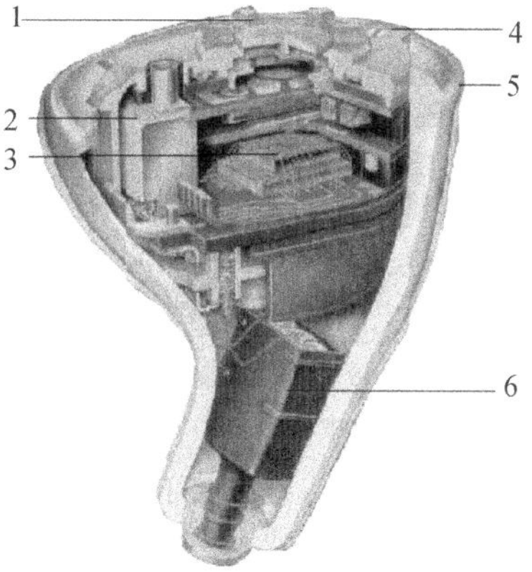

1—音量调控电位器　2—麦克风
3—放大器　4—微调电位器　5—外壳
6—受话器

图 3-10　耳内式与耳道式助听器的结构

1. 外壳

耳内式与耳道式助听器都是根据患者耳道(耳内式还包括耳甲腔)形状的大小定制的一个外壳,壳内装入助听器机芯。外壳的材料要求无毒,不会导致过敏反应,性质稳定,不易受温度等影响,不易老化,表面光滑无杂质。

模拟线路的耳道式助听器外壳上还安装了音量调控器、音调调节档、最大声输出调节档等,有的可编程耳内或耳道式助听器上还装有程序转换按钮。此外,有的助听器外侧面还装有拉线,出声孔上还装有耵聍挡板等。

2. 麦克风

由于耳内式和耳道式助听器的外形较大,因此可以安装双麦克风。而完全耳道式助听器则很难安装双麦克风。

3. 集成电路放大器

由于电子元件的微型化和电子集成化程度的提高,助听器的集成电路放大器日趋精巧。特别是应用了数字方式处理信号,可以增加很多功能而无需增加额外元件,占用助听器的有限空间。这为制作更小巧、更优良的完全耳道式助听器提供了条件。

4. 电池

耳内式助听器通常使用 A13 电池,耳道式助听器多使用 A312 电池,而完全耳道式助听器则多使用 A10 甚至 A5 电池。

3.4.3 耳内式助听器的声学特性

1. 外耳道共振峰频率的改变

成人外耳道的共振频率约为2000～4000Hz,理论上男性平均值为3359Hz,女性为3440Hz。卜行宽等测量的成人外耳共振频率为(2583±323)Hz,在2500Hz外耳道共振频率峰值增益效应可达11～12dB 。

患者佩戴耳内式助听器时,麦克风处声增益最高峰值的频率在5118～5638Hz处，说明耳内式助听器对耳道共振峰偏移的还是有一定影响,但基本维持在正常人外耳道共振峰值的频率位置,加之它们对高频的补偿能力较好。因此,佩戴此类助听器可提高患者的言语可懂度。

2. 耳内式助听器的频响曲线

耳内式助听器的频响曲线最高峰值大约是2500～2700Hz,接近正常人外耳道的共振峰值。高建林等认为,耳内式助听器的频响曲线的频率范围大约在200～7500Hz,频率范围较宽,几乎覆盖了人耳的语言区域,频响曲线上下波动较小,曲线比较圆滑,与人耳的听觉反应相类似，因此可以增强助听效果。

高建林的实验表明,耳内式助听器和耳道式助听器在1000Hz、2000Hz、4000Hz处的听力补偿在25～33dB,而在250～500Hz的听力补偿在20～24dB,前者的听力补偿能力大于后者。

3. 麦克风位置处声增益

人的耳廓外侧面有许多卷部，形同一组凹面镜,它们可使外界传来的声音发生反射和折射,从而使外界传来的声音在麦克风位置处的声压增大。与耳背式助听器相比,耳内式助听器的麦克风位于耳内,其助听效果就是因为这一原理而增强的。耳内式与耳道式助听器所占耳甲和(或）外耳道的解剖位置不同，且不同款式的耳内式助听器的麦克风位置不同,因此其声增益也有所不同。高建林在实验中还发现,耳内式助听器麦克风处的声增益为5.94～6.46dB SPL,平均为(6.29±1.09)dB SPL;耳道式助听器为6.90～9.25dB SPL,平均为(8.08±1.83)dB SPL;完全耳道式助听器为8.80～9.30dB SPL，平均为(9.01±1.73)dB SPL。三者有显著差异。这说明完全耳道式助听器麦克风位置处的声增益最大,其次为耳道式助听器,再者为耳内式助听器。由于此数值是在助听器无输出状态下得出的,故麦克风位置处的声增益与耳廓的解剖、生理特性和助听器的款式有关,而与助听器的功率无关。

3.4.4 耳内式助听器的优点

与耳道式和完全耳道式助听器相比,耳内式助听器的优点在于：

①适合听力损失的范围较宽,输出功率较大。

②可以方便地安装双麦克风、拾音线圈等附加元件。

③更换电池、调节音量等操作较耳道式助听器、完全耳道式助听器容易。

3.4.5 耳内式助听器的缺点

耳内式助听器的缺点包括：

①由于儿童的耳道未发育定形,需定期更换外壳,因此不适合使用。

②和耳背式助听器相比,其麦克风与受话器出声口的位置较近,容易产生声反馈。

③对于老人及双手欠灵活者来说,更换电池、调节音量还是不太方便。

④虽然位于耳内，其外形还是偏大，较容易被看到。

⑤耵聍易通过出声孔而进入助听器，导致内部机芯损坏。

⑥耳甲腔式助听器充满整个耳甲腔，有些患者会因为过多皮肤受封闭而感到不舒服。

⑦和前面提到的耳背式助听器一样，容易产生堵耳效应。

3.4.6　耳内式助听器的适配范围

耳内式助听器功率范围一般在 40～110dB。结合其声学特点和优缺点，耳内式助听器一般适宜听力损失在中重度但不愿佩戴耳背式助听器的患者；另外，因其可以方便安装更多的辅助零件，所以较适宜对助听器性能要求较高的患者；对于中老年人或双手灵活、听力损失较重的患者，也可考虑选配耳内式助听器。

3.5　耳道式助听器

耳道式助听器是指外形按照患者的外耳道定做，起于耳甲腔、止于第二弯道附近的一类助听器。

3.5.1　耳道式助听器的分类

耳道式(in-the-canal，ITC)助听器(见图 3-11)也属于定制式助听器。与耳内式助听器不同的是，耳道式助听器位于患者的耳道内。根据外形大小，耳道式助听器又可再分为耳道式(ITC)、小耳道式(small ITC 或 mini-canal)、完全耳道式(CIC)助听器三种类型。完全耳道式助听器有两个标准，只有符合这两个标准才能称为完全耳道式助听器，也才能获得最佳的增益和输出。第一，侧面部分至少应紧贴外耳道口或在耳道口内 1～2mm；第二，内侧部与鼓膜上部相距 5mm 以内。如果一个完全耳道式助听器没能达到上述两点，它只能获得部分完全耳道式的优点，也只能称为小耳道式助听器。耳道式助听器也位于耳道内，但外形比完全耳道式、小耳道式助听器略大。

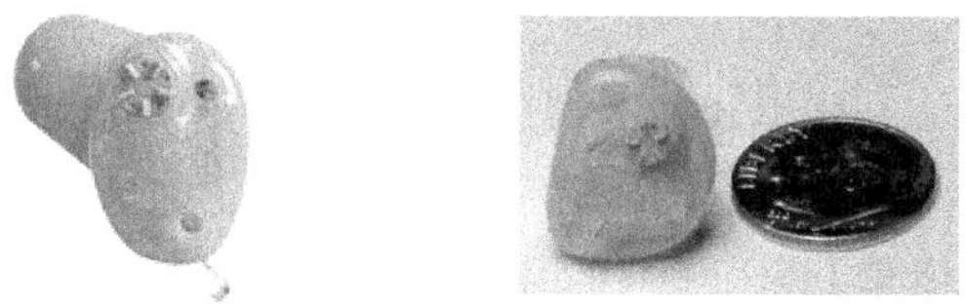

图 3-11　耳道式助听器

3.5.2　耳道式助听器的声学特性

耳道式助听器不仅具有前面提到的耳内式助听器的声学特性，而且更符合人耳的生理声学特性，其助听增强效果更佳。

1. 耳道口共振峰频率的改变

患者佩戴耳道式助听器时，麦克风处声增益最高峰值的频率在 4733～5179Hz 处，更接近正常人外耳道共振峰值的频率位置。

2. 耳道堵管后共振效应的改变

外耳道是一个中空盲管，按照声学理论，一段封闭的管道，对其管长 4 倍的声波具有共振放大作用，如管道的长度是 2.5cm，其共振频率的声波长就是 10cm，按声速 344m/s 计算，共振频率是 3440Hz。管中空气柱对这一频率的声波产生共振，使该频率的声音在该管盲端的声压增加。耳道式助听器使外耳道“堵管”，外耳道长度缩短，使其共振峰频率前移。这样，语音频率的声音信息被有效放大，使听觉分辨率明显提高。

3. 保留耳廓的共振效应与声源定位作用

耳廓的主要生理功能是对外界声音定向、定位、收集和放大。正常耳廓有集声的功能，耳廓表面凹凸不平的结构对来自不同的方位和高度的声源产生不同的反射和对一定频率的声音具有共振放大作用。耳廓的这种功能可产生一种滤波的效果，其被认为在声源定位中起着重要的作用。耳道式助听器位于耳道内，更多地保留了正常的耳廓结构外形，因此有助于对声音的自然放大和声源定位。

4. 出声孔接近鼓膜对声增益的影响

首先，由于助听器的出声孔与鼓膜之间的距离缩短，放大后的声音可直接作用在鼓膜上，因此失真较小。其次，耳道式助听器置于耳道内，致使外耳道容积减小。根据容积与压力呈反比关系，容积减小，而压力增强。因此，佩戴耳道式助听器时，其声压会有所增加。

3.5.3 耳道式助听器的优点

与耳背式及耳内式助听器相比，耳道式助听器的优点包括：

①外形较小，基本上能满足患者美观的要求，佩戴也较舒适。

②位于耳道内，保留了正常的耳廓结构外形，更符合人耳的生理声学特性，有助于提高声增益和声源定位。

3.5.4 耳道式助听器的缺点

耳道式助听器的缺点包括：

①与耳内式助听器一样，由于儿童的耳道未发育定形，需定期更换外壳，因此儿童使用时需慎重。

②耳道式助听器只适合轻度或中度听力损失的患者，目前最大功率的耳道式助听器只适合平均听阈在 90～95dB 的患者。

③耳道式助听器的电池、音量调节器等比耳内式助听器更小，因此更难操作。

④如前所述，耳道式助听器由于内部空间更小，更容易产生声反馈，也不能连接 FM 系统。

⑤与耳内式助听器一样，耳道式助听器位于耳道内，更容易受耵聍的影响。

⑥与耳内式助听器一样，也会产生堵耳效应。

3.5.5 耳道式助听器的适配范围

目前，常用的耳道式助听器功率普遍在 80dB 以下，也有一些品牌的部分型号大功率耳道式助听器功率能达到 90～100dB，但临床应用不广泛。耳道式助听器目前一般常用于以下人群：

①年纪较轻，听力损失轻中度，对助听器美观要求较高的患者。

②中老年人，听力损失轻中度，双手灵活，对助听器效果和外观要求较高者。

③平均听力损失在 80～85dB 以下，高频听力损失较低频多的下降形听力曲线患者，耳道式助听器能够给予更多的高频增益补偿。

3.6　完全耳道式助听器

完全耳道式助听器是指外形按照患者外耳道定做，起于外耳道入口，止于第二弯道附近的一类助听器。

3.6.1　完全耳道式助听器的声学特性

完全耳道式(complete-in-the-canal, CIC)助听器(见图 3-12)具有的声学特点和耳道式助听器相近，除了耳道式助听器具有的声学特点外，完全耳道式助听器还有其他的一些声学特点。

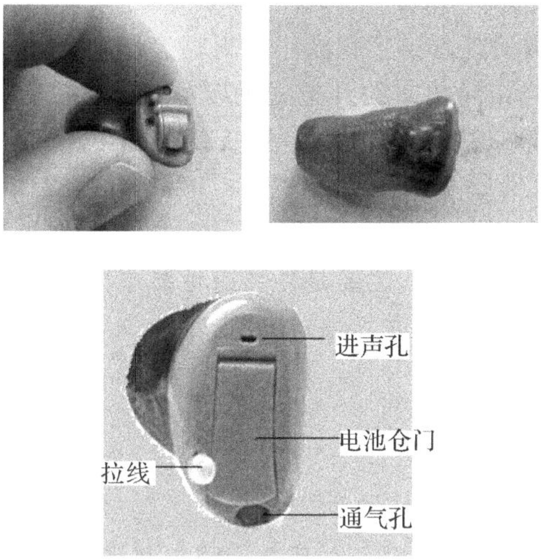

图 3-12　完全耳道式助听器

1. 赫尔姆霍茨共振效应

Marshall 认为，由于耳廓具有反射和折射声波的作用，声音在进入耳道时，在 4000～5000Hz 之间声压增大，有 6～8dB 的共振，也就是说，声音在 4000～5000Hz 范围，在进入麦克风之前就有了放大。完全耳道式助听器位于耳道深部，不影响耳甲腔的共振功能。由于耳甲腔的共振频率在 4000～5000Hz，完全耳道式助听器麦克风处声增益最高峰值的频率在 4700～5600Hz，因此可以增强高频助听效果。

2. 镜面效应

镜面效应即耳廓效应。高频声的波长较短，耳廓可以增加声音中高频部分的增益，而低频声的波长较长，耳廓作为一个反射面(镜面)衰减了低频声。耳廓对于大于 2000Hz 的声音，其随频率增加而增益增加。但耳廓效应与它的测量点有关，如果在耳内式助听器的麦克风处测，这种效应就很小；如果在完全耳道式助听器的麦克风位置测，这种效应就很明显，如图 3-13 所示。

除了耳廓与耳道对频率的影响，完全耳道式助听器高频信息还会受到与耳廓相关的赫尔姆霍茨共振效应的影响。耳道式助听器也略受其影响。

与赫尔姆霍茨共振效应不同，镜面效应首先与助听器的麦克风位置有关，且这一现象非常稳定。耳廓的大小只起着次要的作用。

3. 气球效应

气球效应即 Boyle's 定律，表明压力与容积的关系：容积的减少会导致压力的增加。完全耳

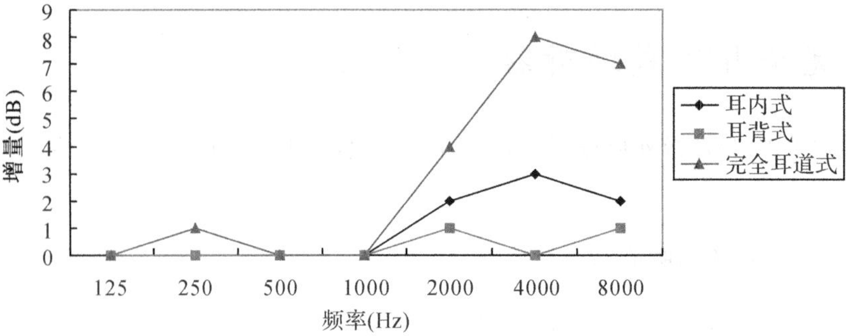

图 3-13　不同助听器麦克风位置对耳廓效应的影响

道式助听器位于耳道深部，致使外耳道容积减小。根据容积与压力呈反比关系可知，容积减小，压力增强。Marshall 认为，与相同功率的耳道式助听器相比，在鼓膜处完全耳道式助听器的低频输出要高 4dB，高频输出高 8～15dB。如果是硬壁腔，声压的增加与频率无关。如果鼓膜的阻抗很小，这一点也不适用。

4. 减少堵耳效应

完全耳道式助听器位于耳道深部，主要是外耳道骨部。当患者发声时，引起外耳道壁软骨部振动所产生的声波外泄，而骨部振动产生的声波较少，因此可以减少堵耳效应（occlusion effect）。

3.6.2　完全耳道式助听器的优点

1. 助听效果佳

完全耳道式助听器的声学特性决定了它具有不同于其他类型助听器的声学效果，主要表现在以下五个方面：

①提高声增益，尤其是高频声增益。首先，由于耳道式助听器位于耳道深部，不会影响耳甲腔的共振功能。外界的声音在麦克风位置处的声压有一个预先的放大，特别是可以增强高频声的助听效果。其次，完全耳道式助听器位于耳道深部，外耳道容积减小，鼓膜处声压增加，尤其是高频输出增加。再次，完全耳道式助听器使外耳道长度缩短更明显，使其共振峰频率前移，2000Hz 左右的声音被放大约 10dB，作用于鼓膜，使听觉分辨率明显提高。最后，增加净空（head room）。所谓净空，是指助听器的实际增益与最大增益之差。由于完全耳道式助听器位于深耳道内，出声孔接近鼓膜，因此，可以相对减小完全耳道式助听器的实际增益，从而导致净空增大，可提高助听器的音质。

②减少堵耳效应。如前所述。

③改善声源定位。正常耳廓在声源定位中起着重要的作用。完全耳道式助听器位于耳道深部，保留了正常的耳廓结构外形，因此有助于声源定位。

④保真性高。由于助听器的出声孔与鼓膜之间的距离缩短，放大后的声音较直接地作用在鼓膜上，因此可以较好地控制噪音和失真。

⑤降低对增益的要求。完全耳道式助听器可以提高声增益、增加输出、增加净空、减少堵耳效应等，因此其对增益的要求就会降低。

2. 体积小、隐蔽性强

耳道式、耳内式助听器分别位于外耳道外约 1/3 段和耳甲腔；而完全耳道式助听器位于耳道深部，只有小指甲大小，隐蔽且不易被发现，可以最大限度地满足聋人的美学和心理需求。

3. 舒适性、固定性好

完全耳道式助听器可以根据患者的耳道(耳内式还包括耳甲腔)形状大小定制外壳，由于助听器外形与患者外耳道解剖结构相吻合，且外形小，佩戴舒适且不易脱落。

4. 损伤机会少

因助听器的位置较深，受汗水、灰尘的影响小，因此受到意外损伤的机会更少。

3.6.3 完全耳道式助听器的缺点

完全耳道式助听器的缺点包括：

①完全耳道式助听器的体积及电池均小，老年人或双手灵活度欠佳者操作不便，且容易遗失。

②输出功率有限，不适用于重度听障的患者。

③耳道内的皮肤有水分及油脂蒸发，当完全耳道式助听器放置在耳道内，阻塞了耳道，耳道蒸发的水分及油脂有可能损坏助听器内部的零件。

④麦克风与声孔距离较近，容易引起声反馈。

⑤目前无法配置方向性及多麦克风系统，无法安装拾音线圈，也无法连接 FM 系统。

⑥需专门定做，不能大批量生产，因此价格较贵。

⑦和耳道式助听器一样，不适合耳道未发育成形的未成年人。

⑧中耳不断有分泌物排出者、接受过根治性耳科手术或外耳道畸形者应谨慎选用。

⑨与其他几种助听器相比，完全耳道式助听器的价格较高。

3.6.4 完全耳道式助听器的适配范围

完全耳道式助听器的适用听力损失小于 80dB 的患者，它的适配范围与耳道式助听器基本相同(见本书 § 3.4.5 耳道式助听器的适配范围)。

3.7 其他类型的助听器

除了上述提到的助听器类型外，还有其他类型的助听器，这些助听器适用于一些特殊情况的听力损失。相对于气导助听器，它们通过其他的途径对听力进行补偿。本节简单地对这些类型的助听器进行介绍。

3.7.1 信号对传路径助听器

信号对传路径(contralateral routing of signals, CROS)助听器根据麦克风、受话器的位置和个数，可以分为单一信号对传路径助听器、双侧信号对传助听器、双侧信号交叉对传助听器(见图 3-14)。所有类型的 CROS 助听器的主要缺点就是在头的两侧必须有一种连接，如果通过连线相接就比较麻烦，最好是使用无线信号传递的电连接。

单一信号对传助听器是指麦克风和受话器分别放置在左右耳中，适用于单耳听力损失的患者。这种听力损失一般指一耳听力损失较重，另一耳的听力正常或者有轻中度的听力损失。本类助听器把麦克风安装在差耳中，受话器安装在好耳中。这样使到达差耳的信号通过放大都能被好耳听到，同时由于麦克风和受话器距离较远，不容易产生反馈啸叫。当言语在较差耳一侧时，单一信号对传助听器比较有用。但是当言语来自于较好耳方向时，反而不利于患者对言语的理解。所以，有学者认为较好耳的听力损失程度为中度的患者，会比较容易获得满意的效果。

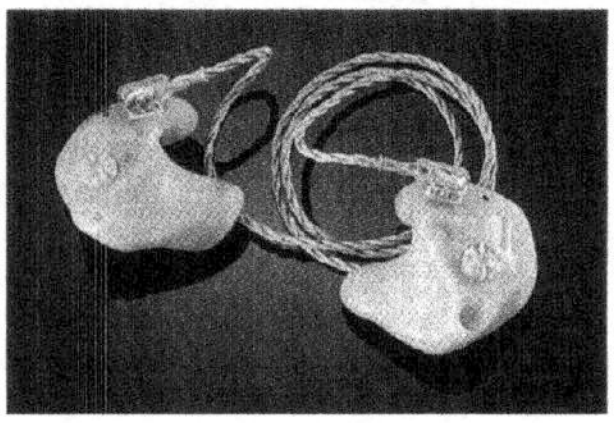

图 3-14 信号对传路径助听器

双侧信号对传助听器是指左右耳各放置一个麦克风，而把一个受话器放置在好耳中，适用于双耳听力损失不对称的患者，一耳的听力损失较重，另一耳的听力损失一般为中重度。左右耳中的麦克风就像方向性麦克风一样工作，麦克风收集到声音信号后，传送给较好耳的受话器。

双侧信号交叉对传助听器是指在左右耳中各有一麦克风和受话器，但它们不是彼此相连，而是左耳中的麦克风与右耳中的受话器相连，右耳中的麦克风与左耳中的受话器相连，是交叉连接，适用于双耳低频听力接近正常、高频听力损失较重的患者，因为这样不容易产生反馈啸叫。

虽然信号对传助听器有上述的优点及相应的适用对象，但实际上 CROS 助听器的使用并不多。对我们有帮助的是 CROS 概念，可能随着技术的进步，可以把这个概念应用到其他信号处理方法的助听器中，体现新的价值。

内置 CROS 助听器是通过骨传导将声音信号从一侧传到另一侧，它适用于一耳无有用听力的患者。助听器安装在无功能耳上，头部的一侧振动通过头骨传到对侧耳蜗上，在较好耳可达到较高感觉级，在此类选择上可以用大功率助听器。振动是通过两种途径传入头骨的。一种是助听器的受话器在无用耳的耳道容积中产生了一个相对较大增益的声音，并且这种振动的空气引起了颞骨的振动。另一种是助听器的受话器振动了耳道壁。助听器应尽可能放得深一点，与耳道骨壁充分接触。

3.7.2 骨导助听器

一般的气导助听器，它们把放大的电信号转换成声信号后传入耳道；而骨导助听器则是将放大的电信号转换成机械能后，通过振动耳蜗内部结构来传递声音。通常将骨传导器上的振动器放置在乳突部位。

骨导助听器一般的类型有眼镜式和头夹式（见图 3-15），适用于外耳道闭锁、狭窄等患者，或者适合于中耳有先天畸形、慢性化脓性中耳炎反复化脓、传导性听力损失程度比较大、一般气导助听器无效的患者。但是骨导助听器佩戴舒适度低，长期使用会使皮肤变硬、疼痛，且输出有一定的局限性，对声音的方向性有影响，而且对 3000～4000Hz 以上的声音能提供的放大作用很小。

图 3-15 骨导助听器

3.7.3 植入式助听器

1. 骨固定助听器

骨固定助听器（bone-anchored hearing aid，BAHA）是骨导助听器的一种特殊类型（见图 3-16），它克服了许多骨导助听器的缺点。与骨导助听器相同，BAHA 的输出原理也是运用振动原理，在乳突部用钛螺锭固定传送振动至颅骨。钛把螺锭与骨组织整合。声能经电磁转换装置直接通过植入乳突内钛螺锭传递，由骨导进入内耳。有些国家，对骨振动助听器有永久需要的患者，BAHA 已经很大程度上替代了骨导助听器。比如对 BAHA300 型而言，可以使用头戴式助听器患者的 500Hz、1000Hz、2000Hz、3000Hz 的平均骨导听阈不应大于 45dB HL，如果听阈在 65dB HL 以内，可以使用佩戴于身上的骨固定助听器。这些判断标准由 Tjellstrm，Hakansson 提出，他们建议对病例进行严格的选择，术前用测试杆连接 BAHA 传感器调试，对可疑病例建议先试戴几周骨导助听器，以此来估计植入后的效果。研究表明，相对于一个 BAHA，双侧的植入可以提供更好的定位，在噪声和安静环境下有更好的言语可懂度。这些优点多由双侧麦克风产生，而不是因为双侧的输出振动。

图 3-16　骨固定助听器

2. 中耳植入式助听器

传统的助听器是将声音放大，通过放在外耳道的耳模或机壳，将声音顺着中耳、内耳的路径传入。中耳植入式助听器是通过手术，将一些装置植入中耳，这些装置在接收到声音信号后，便会驱动中耳听小骨振动，而将声音直接传入内耳，或直接把声音传到内耳。如图 3-17 所示是一种例子，我们以它来说明中耳植入式助听器。它的优点是不会有堵耳效应和声音反馈效应，对能量的传送比传统的更为有效，如果是完全植入式助听器，那在外观上就更美观。但是它需要手术植入，有部分手术需要破坏听小骨，使复原困难；而且如果助听器产生问题，需要再次手术才能更换和维修。

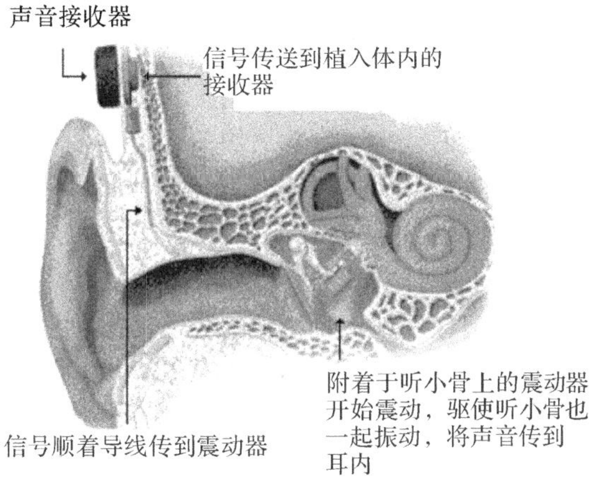

图 3-17　中耳植入式助听器

中耳植入式助听器使用压电的或者电磁的输出传感器，放大电信号进入传感器的方式有许多种。压电传感器使用陶瓷材料，当电压改变时它会改变形状。传感器的一端固定在颅骨上，自由端(另一端)与听骨链相连，把声音传送至耳蜗。有些植入系统的自由端放在砧骨和镫骨之间的连接处。有些系统,压电传感器固定在乳突腔中,通过耦合链把振动传送到砧骨。该链通过激光在砧骨上打了一个洞。电磁传感器包括永久磁体,放置在由线圈产生的磁场中。有电流通过线圈时,产生磁体移动。这与使用在扬声器和助听器中的受话器的原理相同。大多数的中耳植入系统,磁体被紧紧地固定在听骨链上,可以使振动直接从磁体传送至中耳系统。磁体的安装位置可以是鼓膜、砧骨、砧镫连接或圆窗。驱动磁体的线圈可以在耳外部的助听器中,或者在定制外壳中,或者在中耳腔中。

以相同原理工作的另一种电磁传感器是骨导器。线圈与砧骨相连,磁体松松地悬挂在线圈中,当波动的磁场振动磁体时,磁体的惯性使之保持运动。因此,在线圈和传感器上产生惯性力量,使它们产生运动,把振动传送到砧骨。

植入或者部分植入助听器的麦克风可以放在皮肤外,或者置于皮下(比如耳道壁的后壁),以及置于中耳腔中。它们主要需要克服的问题是由于皮肤引起的衰减,以及由此增加的助听器内部噪声,该噪声由麦克风内部噪声和自体噪声的感觉引起。

电池可以作为外部组件,也可以植入。如果植入,每3～5年需要进行小手术来更换电池。

如果麦克风和电池不植入,需要外部系统把信号传送到振动的传感器,大多数使用耳蜗植入相似的两个组件。外部线圈传送磁场或者电磁发射,可以通过植入线圈或者天线来感应。植入的感应线圈拾取的信号通过植入的导线被压电传感器或者植入的驱动线圈获得。有些系统直接传送信号,如外部线圈产生磁场直接驱动植入的磁体。

相对于骨导和气导助听器,完全植入助听器的优点是可视性小、方便、反馈少、堵耳少,可能信号质量好一些。

3.7.4 软体助听器

定制式助听器从20世纪60年代出现以来都是采用传统的齿科材料丙烯酸作为机壳原料。这种机壳硬而中空,可为助听器元件提供适当的安放空间,但同时也具有许多局限性。它的最大弱点就是硬,因而很难舒适地应对人体耳道的动态变化。因此,这种助听器初戴时感觉还好,一旦佩戴者说话、咀嚼或移动下颌时就会出现问题。最常见的是反馈啸叫和不舒适,从而导致验配失败或满意度降低。

为了解决上述问题,多年来人们一直在寻找更好的替代材料。早期试用过乙烯聚合物、软丙烯酸等,均因较快变硬、断裂和褪色等原因宣告失败。然而,新近研发的软体技术可成功地解决这些问题。这种软体材料是一种硬度仅为12(丙烯酸机壳的硬度为90)的具有弹性的可植入医用硅胶。这种新材料具有许多优点。首先,它不会像以前的软体材料那样随着时间而变硬;其次,新材料的柔韧弹性可很好地适应下颌运动所致的耳道动态变化,改善声学密封;最后,软体机壳为实体而非中空,助听器元件被包埋其中而无空气包围,消除了内部振动和啸叫,同时也保护了元件受震荡和潮湿的损坏,从而延长了助听器的使用寿命。软体助听器的诞生标志着一项划时代的助听器技术革命。这种材料已通过了舒适度、耐用性和安全可靠性等一系列测试,并已开发成“软体”系列助听器。

作为新型的助听器,软体助听器有以下特点:

①创造了新的舒适标准,提高了患者的满意度。相关研究显示,患者对“软体”满意率为87%,对软体加硬体(丙烯酸)的满意率为11%,而对硬体(丙烯酸)的满意率为2%。

②降低了返修率。助听器故障的主要原因是因电子元件受潮、振动或跌落引起的损坏。由

于软体助听器内的电子元件因软体材料的铺垫而避免了冲击，也减少了受潮湿的影响，从而明显降低了机芯损坏的风险。

③减少了啸叫。由于软体助听器可灵活地适应下颌关节运动引起的耳道变化，改善了声学密封，减少了反馈和失真，同时也几乎消除了硬机壳反射引起的回响和内啸叫，所以，往返调试的费用和抱怨明显减少。

④方便了维修。修理这种助听器更容易、更快捷，因为不需要将机壳与面板分开，只需像外科手术一样把实心软体切开更换被损件，然后将切口融合即可，几乎看不到被切开的痕迹。

因为软体源于低变应原性的医用植入硅胶，不会像以前所用的那些材料那样容易褪色、变硬和破碎，所以，软体助听器适合绝大多数的听力损失和耳道形状，特别适合那些直耳道、多皱褶耳道、硬化耳道和术后耳道的患者。软体定制助听器涵盖所有的型号——从全耳甲腔式到完全耳道式。在定制软体助听器前应考虑两个因素：第一，检查耳样，如果耳道很窄小或第二弯曲很锐（很弯），则不可能将喇叭放入优化的位置；第二，考虑听力图，如果患者的听力损失超过重度，需要 55dB 以上的增益，则软体助听器不是目前最好的选择，此时应该考虑选择耳背机或更大功率助听器。

第4章 助听器的耳模

4.1 概 述

一般认为助听器由麦克风、放大电路和受话器三大部分组成。事实上，助听器还有一个重要的部件——耳模(earmold)。耳模是将输出声从助听器的受话器传递到外耳道或鼓膜处的一个声学插件，是完整助听系统中的一部分。

4.1.1 使用耳模的原因

在耳模出现以前，助听器与耳道相连的是一些尺寸不同的耳塞，不同大小的耳道使用不同尺寸的耳塞。可是，由于耳塞与耳道配合得不够紧密，当助听器音量较大时，助听器的输出声会通过外耳道泄漏至麦克风，出现声反馈。这样，助听器就无法满足重度及极重度耳聋患者的需求。另外，由于耳塞容易脱落，对助听器固定不利，特别是耳背式助听器。基于此产生了耳模，同时这也是耳模的两个作用。

4.1.2 耳模的概念

耳模是根据助听器使用者的耳甲腔、外耳道形状制作而成的声学插件。它放置于耳甲腔或耳道内，利用耳轮与对耳轮、耳屏与对耳屏、外耳道等解剖结构得以固定于耳内，如图 4-1、4-2、4-3 所示。耳模是一个声学插件，它是助听系统的一部分，它将助听器放大后的声音从助听器的受话器传递到外耳道或鼓膜处。对于耳内式、耳道式等定制式助听器来说，助听器的外壳就相当于耳模。

如图 4-1 所示的是标准耳模。这种耳模属于堵耳式耳模，声孔直径 2mm，没有通气孔。由于其在耳内密封性较好，适用于重度和极重度耳聋。耳模声孔外侧端有一个金属小环或热塑料橡胶小环。盒式助听器的耳机，扣在这个小环上，声音即可经声孔传入外耳道。因此，标准耳模适用于大功率的盒式助听器。

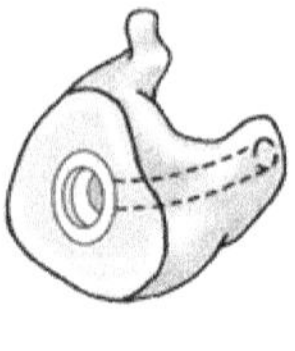

图 4-1 标准耳模

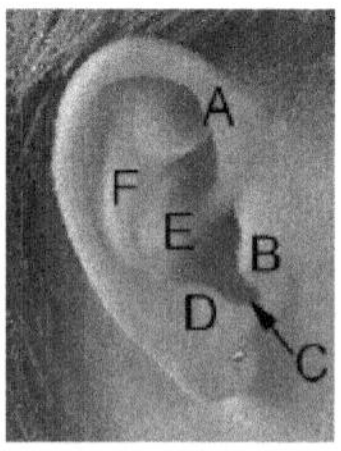

A— 耳轮 B— 耳屏
C—耳屏间切迹 D—对耳屏
E—外耳 F—对耳轮

图 4-2 耳廓解剖结构

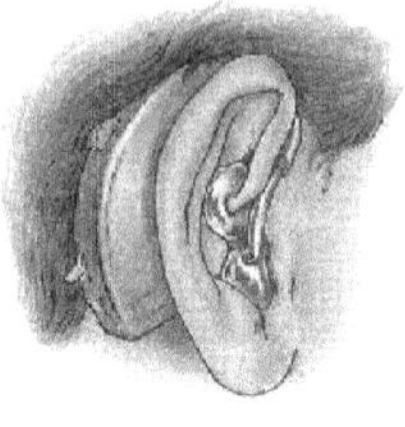

图 4-3 耳模位置

随着助听器技术的发展，耳模的形状、材料、制作工艺都发生了很大变化，人们对耳模声学特性的认识逐渐深化，耳模不单是一个传声部件，而且在一定程度上还可以改善助听后的音质，这也是耳模的第三个作用。

另外，标准耳模由于密封性很好，戴在耳内会因堵耳效应引起不适，因而产生了各种式样的耳模。由于耳内式、耳道式助听器的外壳形状不会有大的变化，耳模外形变化主要是用于耳背式助听器的耳模。

4.1.3　耳模的样式

耳模有各种样式，我们需要根据患者的听力情况和耳形选择耳模样式。

1. 堵耳式

堵耳式耳模可分为标准式、壳式和骨架式三种。

(1)标准式

标准式适用于大功率的盒式助听器，声孔直径 2mm，没有气孔，由于其外耳封闭性好，适用于重度和极重度聋的使用，如图 4-1 所示。

(2)壳式

壳式是耳背式助听器耳模中的“标准型”。耳模占据整个耳甲腔，与外耳道密封良好，主要适用于重度和极重度聋患者，可减少啸叫。

(3)骨架式

对于重度聋患者，如果希望佩戴舒适，可使用骨架式耳模。

因壳式耳模佩戴不舒适以及从美观角度出发，对于轻中度患者，还可使用半壳式、耳道式、耳道钩式等形状的耳模，如图 4-5 所示。

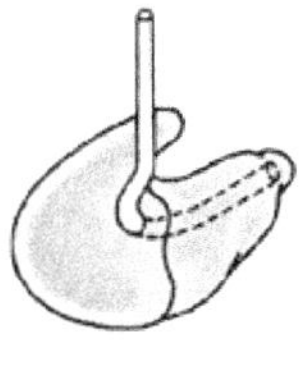

图 4-4　壳式耳模

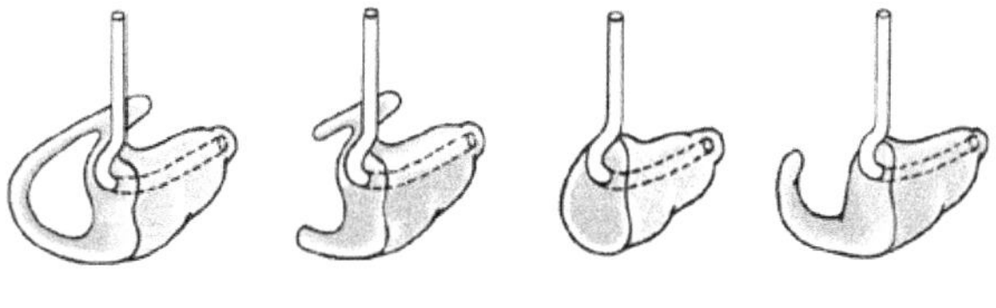

(a)骨架式　(b) 半壳式　(c) 耳道式　(d)耳道钩式

图 4-5　各种骨架式耳模

2. 非堵耳式

对于轻度耳聋患者，还可以使用非堵耳式耳模，如信号对传式(CROS 式)、自由场式(free-field 式)、Janssen 式等，如图 4-6 所示。这类耳模在国内使用较少，第一，因为中国人较注重美观，轻度耳聋患者在耳道允许的情况下，基本上都使用耳道式助听器；第二，其在制作上比堵耳式复杂。

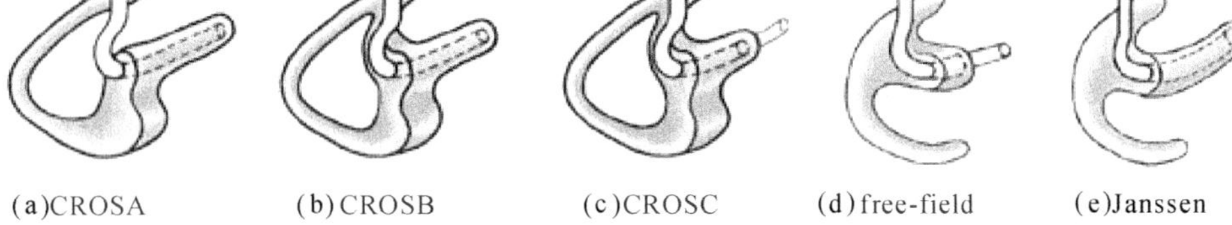

(a)CROSA　(b)CROSB　(c)CROSC　(d)free-field　(e)Janssen

图 4-6　各种堵耳式耳模

3. 特殊耳模

特殊类型的耳塞有游泳耳塞、防噪声耳塞等，一般均采用软耳模材料制作，如图 4-7 所示。

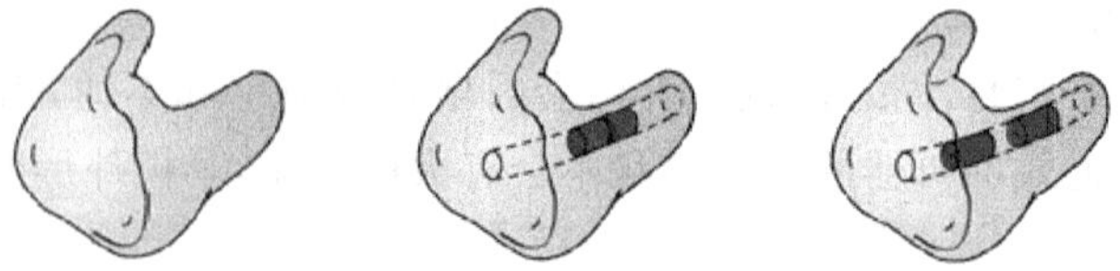

(a)防噪声耳塞

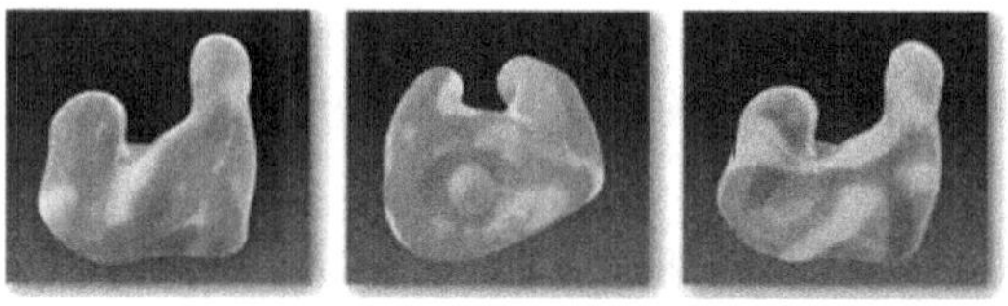

(b) 游泳耳塞

图 4-7　特殊类型耳模

4.1.4　耳模材料

制作耳模的材料必须具有牢固、无毒、抗过敏等特性。耳模材料主要有硬材料和软材料两种。用软材料制作的耳模，佩戴舒适，与耳道的密封性好，不易产生啸叫。但是软耳模容易老化，使用期短，透气性差；另外，在制作及修理上也较硬耳模困难；主要适用于儿童、重度和极重度耳聋患者。导声管与软耳模的连接需用金属环固定，以免黏结不牢。

硬耳模的使用较为普遍。用硬材料制作的耳模耐久性与可塑性好，容易制作成各种形状，声学特性较易发挥，使用寿命长。但与耳道的密封性较差，佩戴的舒适性不如软耳模。

耳道前部分用硬材料，后部分用软材料合成的耳模可兼顾两者的优点，但由于软硬材料的连接处较易断裂，使用较少。

耳模的颜色多为无色和粉色，也有各种彩色耳模，如图 4-8 所示。

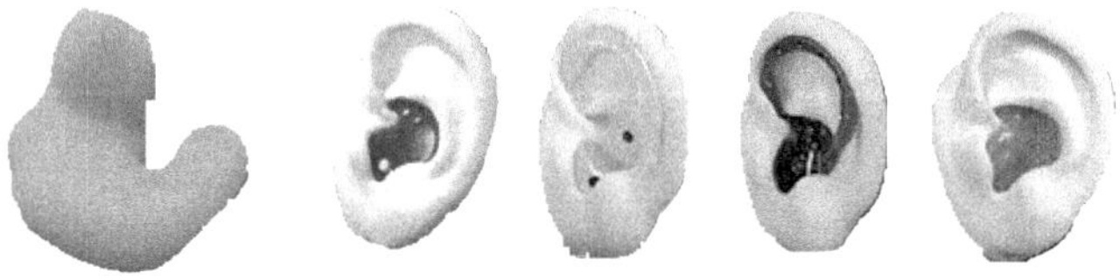

图 4-8　各种彩色耳模

4.1.5　耳模的耦合系统

耳模要成为助听系统的插件，必须有耳钩、导声管和声孔。如果要改善助听器的声学效果，则要依靠通气孔、阻尼子、号角声孔的协同作用。

声信号进入开放的外耳道会产生约 2000～4000Hz 的共振峰，从而会使中频产生 10～15dB 的增益。婴幼儿共振峰的频率会更高。然而耳模插入到外耳道内后，将会减弱中频增益提升的现象，称为插入损失。

这就需要通过助听器改变声学特性或耳模来改善由此带来的额外的听力损失。

1. 耳钩

耳钩是连接受话器与导声管的器件。耳背式助听器产品本身已包含了耳钩，如图4-9所示。耳钩有软的和硬的两种，呈月牙状，与助听器的连接多数是固定不可转动的。但这种结构当助听器佩戴与摘取时易损坏耳钩，因此有的助听器厂家采用可360°旋转的耳钩。

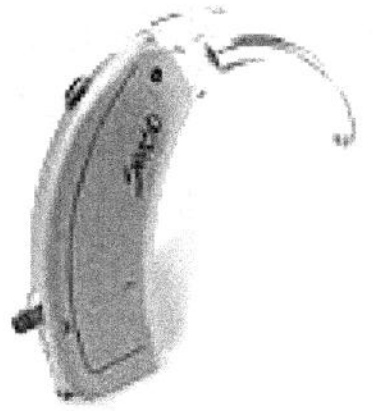

图4-9 耳背式助听器已包含了耳钩

耳钩可分为成人耳钩和儿童耳钩两种，另外耳钩内的阻尼子类型决定着耳钩的声学特性。

2. 导声管

导声管起着连接耳模与耳钩的作用，声音从耳钩通过导声管传入耳模。

导声管的长短、孔径及壁厚会影响其声学特性。长的导声管会增加低频增益，减小高频增益；孔径减小会增加低频增益，减小高频增益；薄的管壁容易引起啸叫。

导声管可以直接与耳模连接，起着声孔的作用，软耳模一般采用这种连接方法；也可以通过号角状转接器与耳模连接，这种方法导声管与耳模的连接较为牢固，硬耳模一般采用此法（见图4-10）。

直接连接法　　**号角状转接器**

图4-10 导声管的连接方式

3. 声孔

声孔是耳模耳道部分的传声孔，声孔的直径与形状会影响声学特性，包括以下几个方面：

（1）耳模声孔口径对声学特性的影响

耳模的口径不同对聋儿高频、低频听力补偿有显著差异。声孔直径小于2.0mm的耳模有利于放大低频声音，而不利于高频声音的放大。声孔直径大于或等于2.5mm的耳模则有利于放大高频声音，两者差值约15dB。

（2）耳模声孔形状对声学特性的影响

耳模声孔形状对声学特性的影响包括：①平行声孔，对高频、中频、低频有等同的放大作用；②喇叭声孔，呈号角效应，对高频放大效果好。

4. 通气孔

通气孔即在耳模顶端或耳模出声孔处通向外界的细小通道，前者为平行通气孔，后者由于与声道成一锐角被称为V形通气孔（见图4-11）。耳模佩戴者，由于其外耳道被封闭，从而改变了外耳道的声学结构，会产生一些副作用，这些副作用又被分为感觉阻塞和声学阻塞。感觉阻塞是由于外耳道被封闭后产生的，如胀、异物感、不适等感觉。而声学阻塞主要是佩戴者的纯音骨导听阈发生改变，包括自己的声音感受异常，咀嚼声、吞咽声被过分放大等。具体为：250Hz提高约15～25dB；500Hz提高约10～20dB；1000Hz提高约5～10dB；2000dB为0dB。由此，我们发现骨导的改变主要在低频。以上两种双重阻塞的结果就使得耳模佩戴者感到聆听声音的“音质”发生了明显的改变。如果增加了通气孔，就使外耳道内的压力与外界相等，改善了通气不畅及阻塞堵闷感，减轻了封闭耳模所致的骨导听阈改变的现象，因此患者自觉有改善。因为当气孔直径为1mm时就可以对助听器的频响产生明显影响，另外，经过助听器放大后到达鼓膜处的声压有一部分可以泄露出来，因为气孔对低频声音的声阻尼小，高频的阻尼大，所以泄露出来的声音主要是低频部分，这样就降低了低频对高频音的掩蔽。

因此，耳模气孔多用于轻度、中度及部分中重度听力损失者，尤其是低频听力损失较轻的下坡形听力损失患者。耳模气孔依听力损失不同及患者外耳道的实际情况，可设计为平行通气孔、V形通气孔、外部通气孔及开放式耳模。通气孔的直径还可以改变。

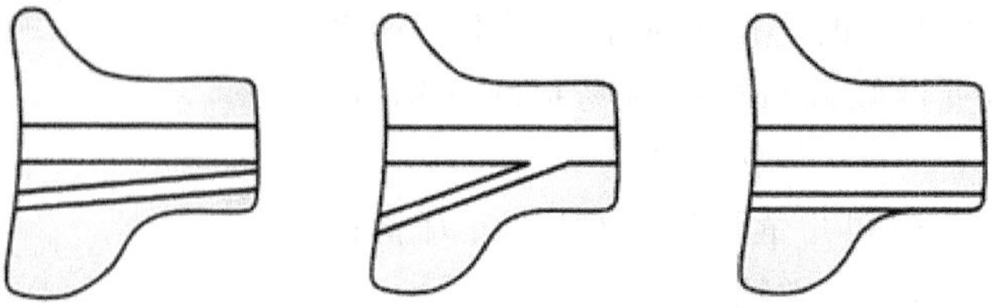

(a)平行通气孔　　(b)V形通气孔　　(c)外部通气孔

图 4-11　各种形状的耳模通气孔

5. 阻尼子

听力损失不同，音频补偿的范围、程度各异，尤其对于有重振现象的耳聋患者，听觉区域较窄，选配适合的助听器难度较大。这类患者常常觉得不戴助听器听不到声音，戴了助听器又觉得声音“刺耳”、“震耳”，尤其对于重度听力损失者，因受声反馈的影响，有时不能按理想加工气孔形状，且依靠助听器本身的 AGC 或 PC 调节又不能实现。那该怎么办呢？我们可以借助阻尼来调整。阻尼主要用于平滑 1000～3000Hz 频率范围内的共振峰，而对其他频率基本无影响，且谐波失真较小。它是为有重振现象的耳聋患者选配助听器的一种调试手段。阻尼子可以在声孔内也可以在耳钩或导声管内，越靠近鼓膜，阻尼的效果越明显。

6. 耳模长度对声学特性的影响

耳聋程度不同对耳模长度有不同的要求。长型耳模一般适用于重度聋和极重度聋，它使外耳道容积变小，深达外耳道峡部，外耳道封闭性能好，可以使助听器接收到的声音有效地传入外耳道内。短型耳模在声孔均为直径 2.5mm 的情况下，对高频有较好的放大效应。若把短耳模的声孔扩大为直径 3.0mm 的喇叭形，高频放大更为明显，以 3000～4000Hz 频响曲线上移为显著，由于短型耳模对外耳道的封闭性较长耳模差，适用于中度聋、中重度聋及部分重度聋。

7. 耳模各声学部件的组合对声学的影响

①平行声孔＋短型耳模。此型能衰减低频，高频特性好，且通气，佩戴舒适。适用于轻、中度听力损失。

②Y 形声孔＋短型耳模。此型多用于加工平行声孔困难的情况，与平行声孔耳模相比，其高频频响欠佳。

③开放式声孔＋长型耳模。此型具有声孔和耳模外耳道部分稍长的特点，1000Hz 以下几乎不能放大。适用于轻度高频听力损失患者。

④开放式声孔＋短型耳模。与上述长型耳模相比，声孔直径大，外耳道部分也短。因此，此型用于轻度高频听力损失患者。

随着助听器功率的增大以及可调节项目的增多和自适应功能的增加，耳模的声学作用已逐渐减弱。

4.2 取耳印模的方法

4.2.1 取耳印模的准备工作

1. 取耳印模的工具、材料

取耳印模的工具包括检耳镜、耳灯、镊子、注射器等。在取耳印模前，应将这些工具消毒干净。

取耳印模的材料主要有印模A、印模B，使用时将两种材料等量混合即可成为耳印模材料；耳障即堵耳器，一般为拴着细线的棉球，用于防止耳印模材料损伤鼓膜。

2. 询问病史

了解患者最近三个月内耳部是否有感染、是否动过手术等。

3. 检查耳道

先清洁耳道内耵聍，然后用电耳镜、耳灯等检查耳道。查看耳道内：①是否有流脓、发炎等情况。②是否有鼓膜扩大或者鼓膜穿孔。③是否有畸形。④耳道的大小、弯曲度和方向如何，以确定耳障放置的位置。⑤是否做过乳突根治术。做过乳突根治术的患者，耳道内部会很宽，因此，不要取很深的耳印，并应放置适当的耳障，以免取出时会有困难。

对于耳部流脓、发炎，耳内手术后未满三个月，以及突发性耳聋者，不要取耳印模，而应建议患者去医院治疗，待其病情稳定后方可选配助听器。

4.2.2 取耳印模的步骤

耳模需要根据患者的耳道形状来制作，因此我们必须取患者耳道的模型，取印模是制作耳模的第一步。印模的好坏，直接影响到耳模制作的效果。

在取印模前，应预备好工具和材料，用消毒棉球将电耳镜、耳灯、注射器头部全部清洁一遍。取印模的步骤如下：

①安置患者。患者应坐在高度适中的椅子上。

②取得患者配合。向患者或其家人解释你将进行的操作程序，告诉患者取印模时大致的感受，以及需要他们哪些方面的配合，以消除他们的紧张感。

③检查耳道。坐在患者侧面，调试好灯光，使光线照进耳朵和耳道，牵拉耳廓（成人向上、向外拉；儿童向后、向下拉），使耳道变直，检查时注意观察耳道内是否有耵聍，如影响取印模则应将其取出后再观察。

④放置带线棉球或其他类型的堵耳器。取医用棉花剪成棉片，用一根20cm长的棉线，在棉片中央扎紧后对折，修剪棉片的边角使之呈圆形，将棉片分解使之蓬松成球形。棉球大小应与耳道第二弯的大小相似。

⑤填塞耳道。站在患者身旁，用手将棉球放在耳道口，像用电耳镜检查耳道那样，将耳廓向上、向外和向后拉，使耳道变直，用耳灯轻轻地将棉球推入耳道，一直推到耳道第二弯，并且使棉球所在的位置与耳道壁成90°。不要用耳灯直接将棉球笔直地推入耳道，必须上、下、左、右以滚动的方式推到第二弯。

如果你不知道棉球位置是否正确，在放棉球之前，先用耳灯测量一下到第二弯的距离，并在耳灯上做好标记，在放棉球时，只要将棉球推到耳灯的标记深度即可。

有时有些患者会有轻微的不舒适感，有些可能有反射性咳嗽。

另外，不论棉球太大或太小，都应该拿出修剪或重做。必要时，需重复多次，直至它能较好地放入耳道为止。

⑥混合印模材料。应根据要求来量取和混合印模材料。混合的方法如下：取一平匙印模膏A，放在手上。取一段与白色印模膏相等量的印模膏B，立即将两者在最短的时间内揉匀，搓成条状，尽快放入注射器，用注射器的插芯将其推到注射器嘴头，以消除气泡，如果还有空气的，将注射器平握，挤出前面约0.5cm长的印模膏，弃之不用，再开始注射。

⑦填充耳道。将耳廓再次向上、向外和向后拉，使耳道变直。将注射器的尖端约0.5cm放进耳道，注意将其嘴端与耳道留小一点空隙，防止因压力传递引起鼓膜的损伤，小心将印模膏挤向棉球，迅速将耳道完全填满，然后退出到外耳道口，但注射器的尖端仍埋在印模膏里并继续以一定角度注射，这样可避免耳轮边缘产生气泡。轻轻地向后下方注射印模膏到耳甲腔、对耳轮边缘、耳屏间切迹和耳屏。填满耳廓，再向上至三角窝部分。注意不能让印模膏里有气泡。填满至耳轮外缘，印取耳朵的外结构。注射完毕后，不需要在外面用力按压，以免模型过大。制作时到达某些部位时会使患者胀痛不适，可让患者做几下张口、闭口动作，前后、左右转动一下头部，这样可使耳道组织得以正常活动，印模材料充分填充，从而避免患者将来在做某个动作时，助听器发生啸叫。

⑧等待。一般约5～6分钟印模膏即可完全凝固，这时应测试印模的硬度。用手指按压材料后压痕能重新恢复时就可将印模取出。不要在很软时取，那样印模膏未定型很容易变形；也不要到很硬时再取，那样耳道部分很容易断裂。

⑨取出。通常印模膏会紧贴在患者耳朵的皮肤上，因此在取出印模之前，需要先将印模轻轻地拉离耳廓使空气进入耳内，让密封的情况松解一下。

用手指抓住印模边缘，将三角窝顶部的区域轻轻地分离开来，然后拉紧耳廓，将印模轻轻提高，前后活动一下印模，轻柔地向上、向后、向外转动，就能使印模的耳道部分顺利出来，取出时棉球应附着在印模的耳道末端。

⑩检查耳朵。确保没有在耳道中残留什么。

⑪检查耳印。合格印模应符合以下标准：一个完整的印模必须包括耳道、耳道口、耳轮、耳屏和耳甲腔几部分；耳道完整，有第二弯(深耳道式助听器，必须过第二弯3mm)；耳道口完整，无缺损；耳轮完整，包含所有曲线；耳屏清楚，耳甲腔完整，同时印模表面应自然光滑，无隆起、凹陷、裂痕或气泡。

第 5 章　助听器的声学处理技术

助听器线路从放大器输入输出特性上分，可分为线性助听器和非线性助听器；从调节方式上分，可分为不可编程助听器和可编程助听器；从放大器对信号处理方式上分，可分为模拟助听器和数字助听器。

5.1　模拟助听器线路

模拟助听器是指助听器放大器的信号处理器使用的是模拟元件，主要是由晶体管、电阻、电容等元件组成的集成运算放大器。

5.1.1　线性模拟助听器

1. 线性模拟不可编程助听器

线性助听器和非线性助听器的主要放大特性是前者 Δ 输入/Δ 输出固定，后者的变化比不固定。不可编程助听器是指助听器的调节（音量、音调等）是由外接电位器控制的。但是由于助听器很小，只能安装个别外接元件，因此，不可编程助听器可调节项少，助听器的频率响应较难完全符合听障者的听力补偿要求，而且外接元件也较容易损坏。

线性模拟不可编程助听器基本线路（见图 5-1）为：麦克风输出串联一个低频滤波器（使用阻容滤波器，通过改变电阻、电容值可调节低频衰减的程度），将电信号输入放大器，然后再输出到输出限幅控制器（输出限幅一般采用削峰方式，通过调节放大器与输出限幅控制器间的反馈电阻可改变最大输出）经高频滤波器，最后输入至受话器。高频滤波器的实现方法是，受话器输入端与电源负极间还可串联一个阻容滤波器，用于旁路高频，通过改变电阻、电容值可调节高频衰减的程度。

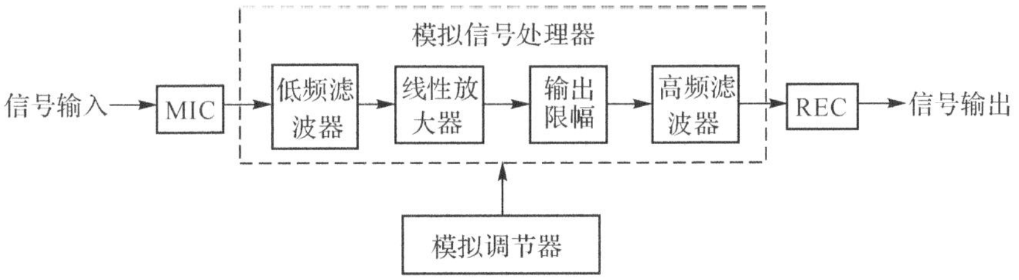

图 5-1　线性模拟不可编程助听器基本线路

2. 线性模拟可编程助听器

可编程助听器使用数字调节器[将调节电位器使用模拟/数字（A/D）转换器]，使助听器的调节可以通过电脑实现，因而可以有更多的调节项而不占体积，也可以使助听器的频率响应更好地适合听障者的听力补偿要求。它一般只有音量电位器，减小了损坏的几率。

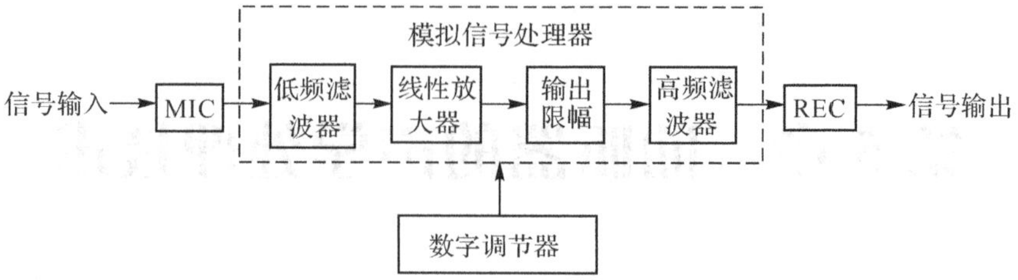

图 5-2　线性模拟可编程助听器基本线路

线性模拟可编程助听器的线路与线性模拟不可编程助听器基本相同，只是对调节采用了数字技术（见图 5-2）。部分助听器输出限幅采用了压缩技术。

这两种助听器属于低档助听器，线路较简单，对各种复杂环境的自适应能力差。但价格低廉，功率可做得较大，适用于对音质要求不高、受经济条件限制的听障者。

5.1.2　非线性模拟助听器

1. 非线性模拟不可编程助听器

与线性模拟不可编程助听器线路相比，差别在于输入输出特性，即前者的线路较复杂，除滤波、放大、限幅电路外，还有信号分析电路——监测信号的大小、时程的长短，以决定是否启用压缩、压缩的启动时间和释放时间等。

最典型的非线性模拟不可编程助听器线路是标准 K-AMP 线路，它是一种自适应放大线路，1990 年由 Etymotic 公司推向市场。设计者 Mead Killion, Ph. D 的意图是增加言语的清晰度，因为多数感音神经性听力损失的高频部分损失比较明显，K-AMP 线路具有 WDRC 和 TILL（低输入声强时增加高频增益）的输入压缩线路，TILL 线路具有在低声压级时增大高频的作用，WDRC 线路的频响特性可根据输入声压级的大小自动改变，它使用 Class D 放大器输出来提高言语清晰度。标准的 K-AMP 线路助听器有 VC（音量控制）、LFC（低频控制）及 CK（拐点阈值）三个基本调节旋钮。VC 控制助听器的总体增益，当 LFC 为最小值时，VC 起高频提升作用。CK 控制高频声音的放大量。其压缩拐点约为 40dB SPL，即对轻声给予充足放大，而对于 90dB SPL以上的强声，助听器几乎不做任何处理。K-AMP 线路在低频处的压缩比为 1.3∶1；在高频处的压缩比为 2.1∶1，发展后可编程的 K-AMP 线路在高频处的压缩比可以至 3∶1。因此，K-AMP线路助听器非常适合轻度和中度感音神经性听力损失的患者。K-AMP 线路的频带范围很宽，从 100～14000Hz，覆盖了我们日常言语中的高频语声，这些高频语声能量虽低，但对于语言分辨十分重要。K-AMP 电路的宽频特点，加上 WDRC 特征，能够较好地提高语言的分辨能力。

虽然该种线路已取得很大进步，在模拟助听器时代的应用较广，但随着数字信号处理的迅速发展，目前已很少使用。

2. 非线性模拟可编程助听器

非线性模拟可编程助听器是一种很好的助听器线路，它既有对输入信号的自适应功能，让患者听到舒适、低失真的声音；又具有可编程的优点，能够灵活调节，使助听器的频率响应更适合听障者的听力损失，因而应用广泛。但随着数字助听器技术的日益发展，该种助听器已趋于淘汰。

5.2　数字助听器线路

数字助听器线路是指一类对声音信号通过数学运算的方法来满足患者听力补偿要求的线路。

5.2.1　数字助听器的结构与原理

1. 数字助听器基本线路

从图 5-3 中可以看出，声信号经麦克风转换成电信号，经数字信号处理器放大后，由受话器将电信号转换成声信号，传入听障者耳内。

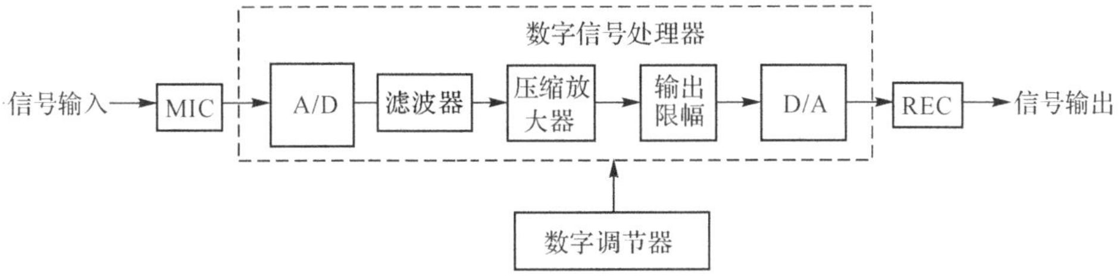

图 5-3　数字助听器基本线路

2. 数字信号处理器(DSP)工作原理

(1)模拟/数字转换器

它的作用就是把模拟电压转换成数字编码。先将模拟电压采样，采样频率越高，数据分得越细，信息就越不容易丢失。若助听器频响到 10000Hz，采样频率必须高于 20000Hz。

数字助听器必须有低通滤波器(反假信号滤波器)来防止采样频率与信号频率发生混淆。采样后的数据用二进制表示。三位(bit)可表示 8 个数据(0 到 7)，四位可表示 16 个数据，五位可表示 32 个数据，等等。家庭激光唱盘播放器使用 16 位来描述声音，这意味着电压可被等分成 65536 份。目前先进的数字助听器一般使用 16 位处理器。

由于数字技术的开关制，也就是说计算机判断信号的有无取决于门限值：低于门限值表示 0，无信号；门限值以上表示 1，有信号。这可以减小助听器内部噪声，而模拟助听器则没有此功能。

(2)滤波器、压缩放大器、限幅器

对数字信号的处理无需像模拟信号那样，需要很多元件，而只需要采用数学运算即可达到目的。比如，我们希望放大声音 6dB，即将声音放大一倍，可简单地通过每个数字乘以 2 就能做到。这样，可以减少许多元件，既减小了线路失真，又降低了处理器的故障率(元件越多，故障率越高)，最主要的是具有比模拟线路更强大的信号处理能力。

随着数字技术及计算机技术的日益发展，目前的数字助听器可具有下列功能：

①多通道宽动态压缩，压缩阈值可从 30dB 起；

②自动降噪功能；

③动态声反馈抑制；

④快慢时程探测器；

⑤输出自动增益控制(AGC-O)和软削峰;

⑥方向性麦克风,麦克风性能自动匹配;

⑦多存储器;

⑧宽范围高低频滤波器;

⑨低电压、存储器转换提示音。

由于数字助听器需要调节的内容多,所以基本上都是可编程的。如图 5-4 所示是一款数字信号处理器的线路图。

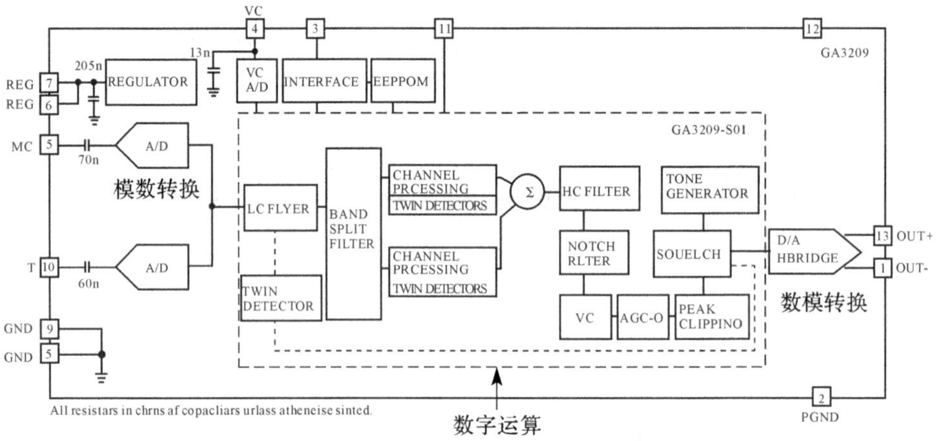

图 5-4 数字信号处理器线路

3. 数字/模拟转换器(D/A)

最终的信号必须将数字编码转变成声信号,这个工作由数字/模拟转换器结合助听器受话器完成。数字/模拟转换器将数字信号转变成电信号然后传送给不同类型的受话器,最终完成对声音的转换。

为了最大限度地减少能量消耗,增加电池的使用寿命,数字助听器一般使用另一种类似于 Class D 受话器的方案,即使用数字/模拟转换器。通过数字/模拟转换器直接驱动零偏置受话器。

5.2.2 数字助听器的优点与展望

数字技术的优点包括:比模拟助听器有更大的精确度、更小的内部噪声、更小的失真、更长的寿命,在耗电增加不大的前提下有能力进行更复杂的运算。这些优点使得数字助听器能在各种复杂环境下具有更强的自适应功能。

听障者对助听器最大的抱怨是无法在各种环境中都听得清楚、感觉舒适。线性线路对信号识别处理能力,自适应能力最差;非线性模拟可编程线路虽然具有信号自动识别处理能力,但无法在一个体积很小的助听器芯片内完成太复杂的运算;而强大的信号处理能力正是数字助听器的优点,因而自适应能力最强。不过,早期的数字助听器由于芯片内存小,运算速度慢,采用的线路简单,性能上还不如高档的非线性模拟可编程助听器。

随着听力学、数字技术和计算机技术的不断发展，数字助听器必将具有更强大的信号处理能力，自适应能力也将更强。数字助听器是助听器行业发展的方向。

但是数字助听器也有缺点，即复杂的调节项目需要调节者具有更高专业水平，调节得不好，不但无法体现数字助听器的优点，甚至还有可能比线性助听器的音质更差。因此，随着助听器技术的不断发展，从业人员的技术水平也需不断提高。

5.3　助听器压缩技术

5.3.1　压缩限幅

1. 听觉动态范围

听觉动态范围是指人耳从听阈到不适阈间的声强范围。

如图 5-5 所示，正常人的听阈为 10dB 左右，不适阈为 100dB 左右，动态范围为 90dB。一个听阈为 50dB 的感音神经性耳聋患者，他的不适阈若仍为 100dB 左右，则动态范围减小，只有 50dB，斜率较正常人为大。而一个听阈为 70dB 的感音神经性聋患者，他的不适阈仍为 100dB 左右，动态范围更小，只有 30dB，斜率则更大。

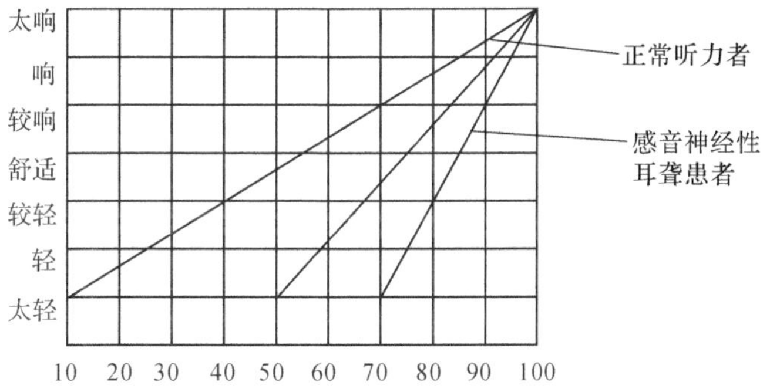

图 5-5　听觉动态范围

2. 最大输出控制

以前的助听器采用的是线形放大电路，Δ 输入/Δ 输出为 1，也就是说，输入声压级每增加 1dB，输出声压级相应增加 1dB，助听器增益是不变的。这种助听器对多数耳聋患者来讲，由于他们听觉动态范围变窄，而且往往伴有重振现象，助听器的最大声输出可能会超过患者的不适阈，引起患者不适，甚至听力损伤。这就需要对助听器的最大声输出加以限制。

削峰限幅是一种最早使用的声限幅技术，多使用于线性放大电路（见图 5-6、图 5-7）。由于削峰限幅存在谐波失真大的缺点，故诞生了另一种限幅方式——自动增益控制（AGC）。

（1）最大输出控制的原则

为了避免大声时助听器输出幅度过高超过听障者的不适阈，从而引起听障者的不适及听力损伤，对助听器的最大输出幅度必须加以控制。控制原则就是将最大输出控制在接近听障者的不适阈处。目前的助听器均有最大输出控制功能。

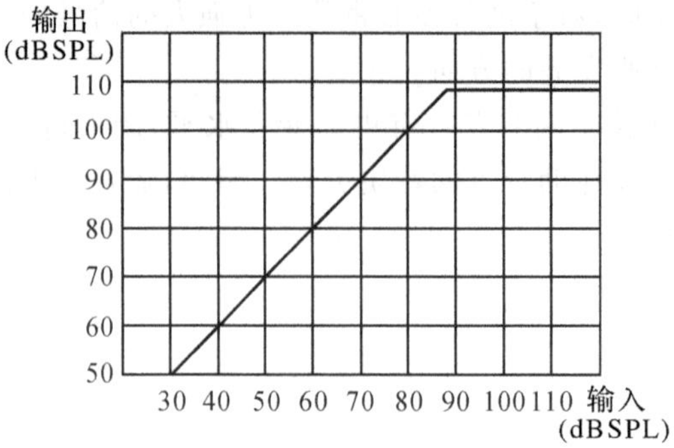

图 5-6 削峰限幅的输入—输出

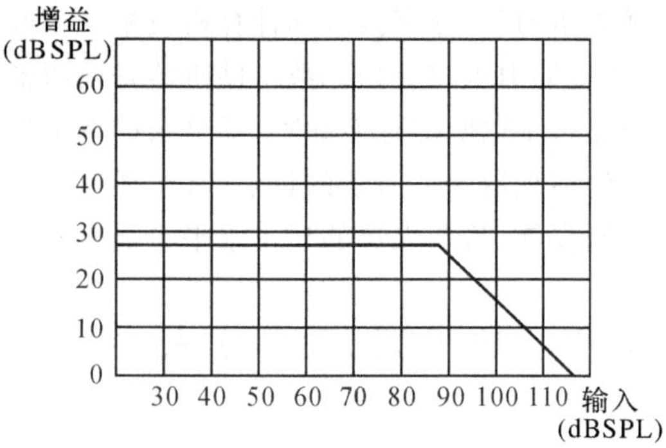

图 5-7 削峰限幅的输入—增益

(2)最大输出控制的类型

①削峰电路(PC)。在线性放大线路(即增益不随输入声压级的变化而变化)中,最大输出控制主要采用削峰电路。削峰电路是最简单的输出限幅方式,是指把输出信号中超过限度的峰值部分削去,如图 5-8 所示。

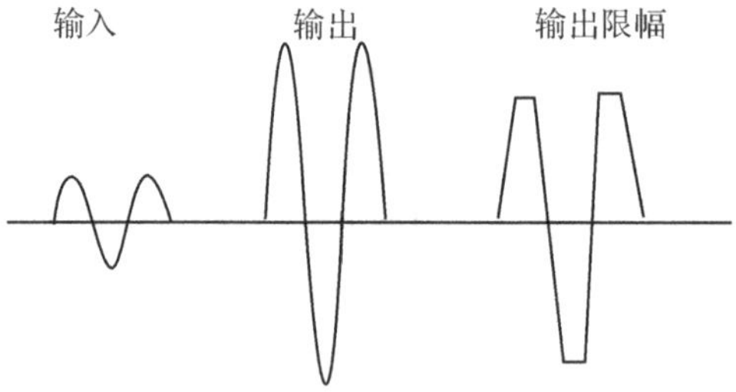

图 5-8 削峰输出限幅方式

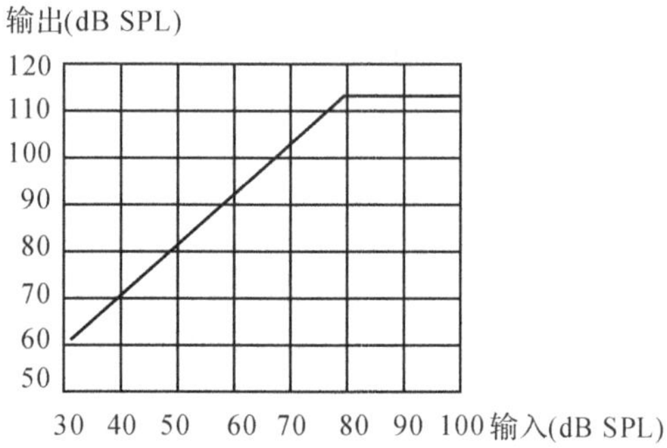

图 5-9 削峰电路的输入—输出

如图 5-9 所示的是削峰电路在不同输入声压级下对应的输出曲线图。从图中可以看出,在小输入声压级时,助听器为线性放大;在大输入声压级时,才产生削峰。削峰时输出幅度不变。现在部分助听器使用软削峰技术,它与以前的削峰技术(称为硬削峰)区别在于,硬削峰是完全去除超过预定输出强度信号的技术,而软削峰对这部分信号是逐步去除,后者失真小于前者。

②压缩放大电路。由于削峰电路不可避免地引起信号丢失,因此需要一种既能达到限幅目的又不丢失信号的限幅方式。压缩放大电路的处理方式是小输入声压级时,助听器为线性放大;在大输入声压级时,增益逐渐减小,最大输出不会超过某个限度,也就是将大范围的输入信号压缩至一个小范围的输出。它广泛应用于非线性放大线路(即增益随输入声压级的变化而变化)中。值得注意的是,这时的输出信号与输入信号形状上有所改变,如图 5-10 和图 5-11 所示。

最先采用、使用最广泛的压缩放大方式是自动增益控制(AGC),它对小声、中声采用线性放大,对 65dB SPL(中等)以上声音且音量开得较大时才采用压缩放大。压缩比较大,一般大于 5∶1,输出不会超过设定的限度,是一种高水平压缩,如图 5-12 和图 5-13 所示。

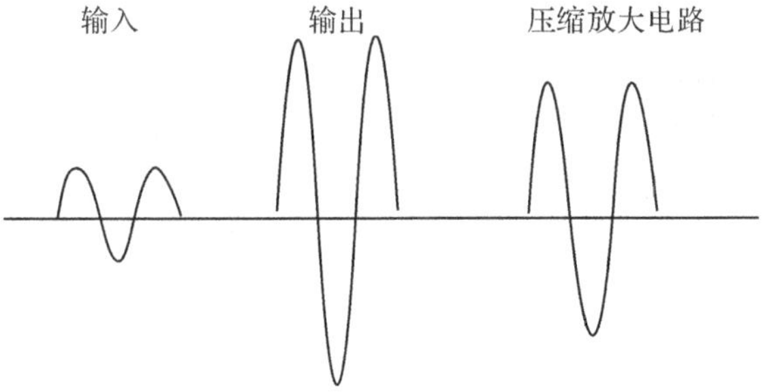

图 5-10　输出自动增益控制电路限幅方式

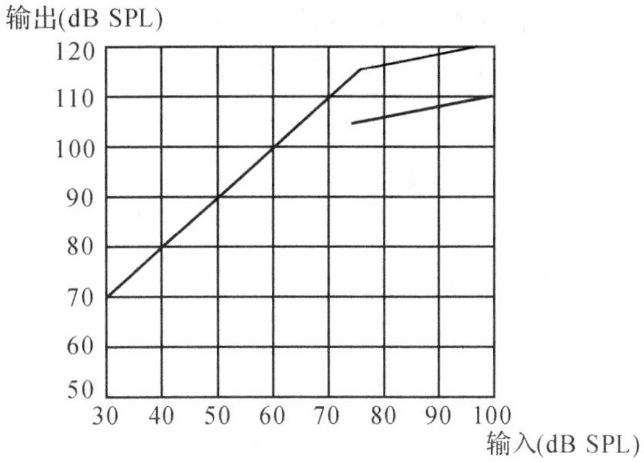

图 5-11　输出自动增益控制电路的输入—输出

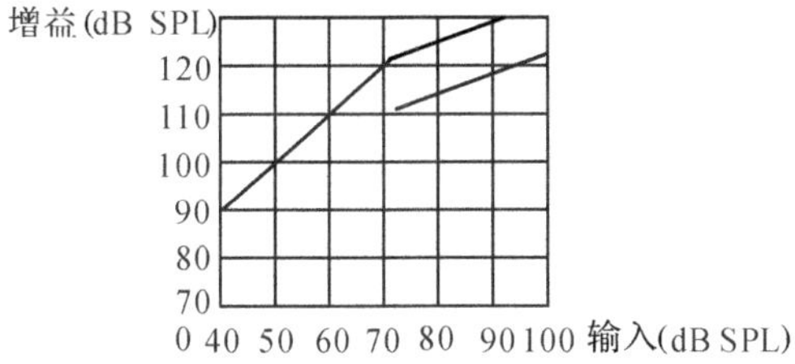

图 5-12　压缩限幅的输入—输出

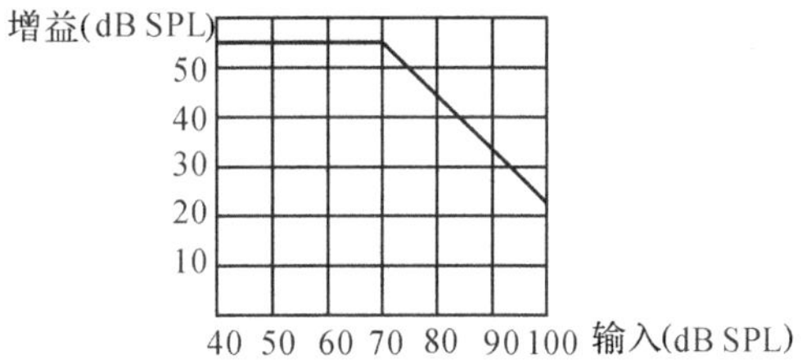

图 5-13　压缩限幅的输入—增益

自动增益控制的特点包括：对小声采用线性放大，避免因压缩所导致的信号失真；防止最大声输出超过不适阈所引起的难受；减小中、大输入声削峰所生产的失真。

自动增益控制分为输出压缩（AGC-O）和输入压缩（AGC-I）两种。AGC-O 的反馈监控环路位于功率放大器和音量控制之后，音量控制不影响助听器的最大声输出。AGC-I 的反馈监控环路位于功率放大器和音量控制之前，音量控制直接影响助听器的最大声输出。

另外，AGC-I 会降低信噪比，因为 AGC-I 线路中信号较强采用压缩放大，而噪声较弱采用线性放大，输出后信号与噪声的强度差降低了。而 AGC-O 只要降低音量，信号与噪声均采用线性放大，信噪比就不会降低。

压缩限幅方式多使用输出自动增益控制（AGC-O）。

5.3.2　宽动态压缩（WDRC）

然而，助听器光具有压缩限幅是无法满足耳聋患者的需求的。因为，经常有患者抱怨听不见稍远处小的声音。如果将助听器音量开得太大，那么近处大的声音又会觉得太响。我们先介绍一下正常听力与感音神经性聋对不同强度的言语信号的听觉反应。

1. 设计目的

语音的强度范围一般为 50～80dB SPL。小声说话强度为 50dB SPL，中等语音强度为 60～70dB SPL，大声说话强度为 80dB SPL。对于正常听力者，语音强度均在动态范围内，中等语音强度为最适阈；对于听阈为 50dB 的感音神经性聋患者，小声几乎听不见，中声觉得较轻，只有大声才觉得舒适；而对于听阈为 70dB 的感音神经性聋患者，小声、中声均听不见，只有大声才听得见。

普通线性放大助听器对所有的声强提供的增益均相同，只有在不适阈以上才采用削峰技术。

这样，对于听阈为 50dB 的感音神经性聋患者，若放大 25dB，小声觉得舒适，中声已觉得响；对于听阈为 70dB 的感音神经性聋患者，若放大 30dB，小声觉得较轻，中声已觉得太响，而且大声时的失真也很大。

为了使助听器的输出动态在感音神经性聋的动态范围中，助听器能适应各种声学环境，压缩放大技术被采用了。压缩放大就是对小声放大倍数大，对大声放大倍数小，把有用的信号压缩到耳聋患者变窄的动态范围中。它将整个言语动态范围按比例均匀地压缩到患者的动态范围内。模拟助听器的压缩阈值一般可以从 45dB 开始，数字助听器的压缩阈值一般可以从 30dB 开始。

从图 5-14、图 5-15 中可看出，宽动态压缩在拐点以下为线性放大，压缩段增益随输入声强的增加而减小，压缩上限以上为 AGC-O 或削峰。为了获取较大的输出，一般情况下压缩比应小于 3∶1。

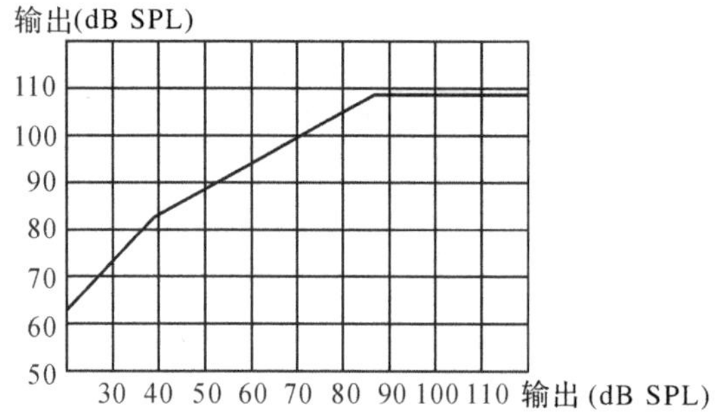

图 5-14　宽动态压缩的输入—输出

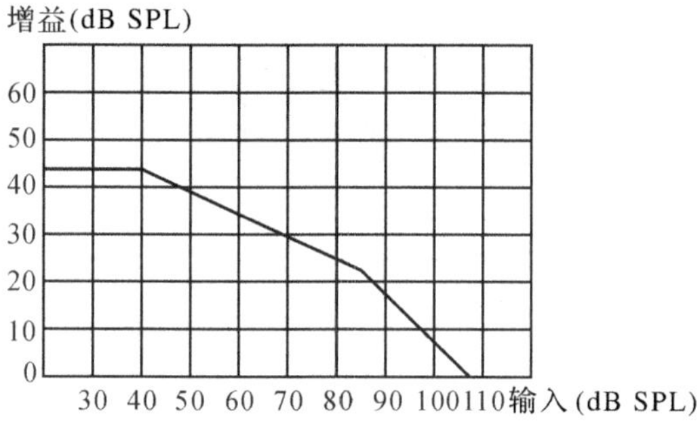

图 5-15　宽动态压缩的输入—增益

2. 宽动态压缩与压缩限幅的比较

在大输入声时，宽动态压缩与压缩限幅区别不大；在小输入声时，宽动态压缩由于压缩阈值较低，比压缩限幅具有更大增益，因而一般情况下有更好的言语可懂度。

由于宽动态压缩在中声时输出较小，对听力损失较重的患者来说，他们更喜欢中声时输出较大的压缩限幅。

5.3.3　压缩技术特性

1. 静态压缩特性

静态压缩特性是指与时间无关的参数，即压缩阈值、压缩范围、压缩比率，这些参数可体现在输入—输出曲线和输入—增益曲线中。

(1)增益

由于增益随着输入声强度的变化而变化，为避免电路饱和，一般以 50dB SPL 输入声压级来测量增益。为了更好地描述压缩电路的增益特性，ANSI-1987 使用输入—输出曲线，ANSI-1992 及 IEC118-2 使用一组在不同声压级下测得的增益频响曲线。如图 5-15 所示，输入在 40dB SPL 以下，增益为 44dB；输入为 60dB SPL，增益为 35dB；输入为 80dB SPL，增益为 26dB。

(2)压缩阈值

压缩阈值(CK)是指助听器从线性放大刚转入压缩放大时的输入声压级，称为"拐点"。图 5-15中，拐点为 40dB SPL。IEC118-2 中拐点的定义为：助听器增益相对于线性放大增益降低(2±0.5)dB 时，所对应的输入声压级。

(3)压缩范围

压缩发生的输入范围称为压缩范围,即压缩上限减去压缩阈值。图 5-15 中的压缩范围为 86－40＝46(dB SPL)。

(4)压缩比率

在压缩状态下,压缩比率(CR)＝Δ 输入声压级/Δ 输出声压级。图 5-14 中,压缩比率＝(86－40)/(108－84)＝1.9。

2. 动态压缩特性

压缩电路通过反馈环路来监测信号的电压或电流,判别信号是否超过压缩阈值,从而决定助听器是否应进入压缩放大状态。

压缩电路工作状态的启动与恢复都需要时间,称为启动时间与恢复时间。

(1)启动时间

启动时间也称上升时间,IEC118-2 中定义为:当输入信号声压级突然增加到所规定的分贝数的瞬间,到助听器输出声压稳定在已提高后的稳态声压级,其偏差在±2dB 内的瞬间的时间间隔。它反映了压缩电路对信号强度增加的反应速度。

(2)恢复时间

在 IEC118-2 中,将恢复时间定义为:当输入信号从规定的声压级突然降低到较低声压级的瞬间,到助听器输出声压再次稳定到较低的稳态声压级,其偏差在±2dB 内的瞬间的时间间隔。它反映了压缩电路对信号强度降低的反应速度。

(3)压缩启动时间与恢复时间的设定

如何设定启动时间与恢复时间,一直是听力学研究人员与助听器厂家所探讨的问题。经过长时间的研究,大多数学者认为短的启动时间(5～10ms 的启动时间)是一个较佳的选择。

然而恢复时间长短的优劣,加上信号的千变万化,目前尚无一种最佳的选择。下面进行详细讨论。

1)长恢复时间

当音节中包含一个元音和一个辅音,同时元音与辅音的时间间隔很短,只有几十毫秒时,因元音的声压级较高,辅音的声压级较低,压缩助听器对元音起压缩放大作用。如果恢复时间大于元音与辅音的时间间隔,则对辅音仍采用压缩放大,那就会导致放大后的辅音无法听见,从而导致言语分辨率的下降,比线性放大助听器还差。而采用短恢复时间,压缩助听器对元音采取压缩放大,对辅音采取线性放大,因线性放大的放大倍数较高,元音与辅音均能听得清楚,言语分辨率得以提高。但是,压缩助听器输出的元音与辅音声压级差值较原信号输入时小,有可能导致某些言语声的可懂度下降。长恢复时间适用于短时程、高强度信号,一般大于 50ms。

2)短恢复时间

当音节间隔时间较长时,压缩助听器对元音压缩放大后,很快恢复为线性放大状态。一般来讲,此时的增益较线性放大助听器为大,那么原来听不到的音节间的语音基底信号,恰好被听到,感觉像呼吸声或噪声等。解决的办法有两种:一是降低总体增益,二是增加恢复时间。临床上,一般助听器的启动时间与恢复时间不可调,那只有降低总体增益。短恢复时间适用于长时程、中等强度信号,一般小于 50ms。

3)自适应恢复时间

因恢复时间的长短在各种环境下各有优缺点,为了求得更佳的压缩效果,自适应恢复时间随之诞生了。它的恢复时间随输入信号强度、时程的变化而变化。日常生活中多数声信号需要长恢复时间。

3. 有效压缩比率

影响有效压缩比率的因素很多，如线性放大区域的增益、输入信号中的峰-谷比、输入信号的平均声压级、启动时间与恢复时间、峰信号的间隔等。静态压缩比的测试是以纯音信号为基础的，纯音信号是一种稳定的信号，但言语信号与纯音信号不同，在强度上有波动起伏，所以在现实生活中不一定都能体现静态压缩所显示的增益的改变。一般来讲，对言语信号产生的压缩比会小于按照纯音信号定义产生的压缩比。这使得有效压缩比率与静态压缩比率不同，即便是自适应恢复时间的压缩电路也如此。市场调查表明，自适应恢复时间的有效压缩比率接近于 1。这与日常生活中多数声信号需要长恢复时间有关。

4. 峰值探测与平均探测

所有的压缩系统都需要有强度探测器，一般有峰值探测和平均探测等方法，用于探测聆听者周围的环境声并调整系统的增益。强度探测电路一般通过测试变化的电压来改变增益，它通常包括信号整流及平滑。系统的起效和恢复时间与这种平滑有关。上面讲的启动时间与恢复时间的探测器均是峰值探测器，启动时间与恢复时间是根据信号的峰值作出反应的。现在部分助听器使用了平均探测器，它是对信号幅值的均方根值作出反应。从图 5-16 中可看出，使用峰值探测的压缩放大电路，由于对起伏比较大的信号（如言语信号），增益变化很快，因而经峰值探测压缩放大后的输出信号起伏就较小，增加了信号的失真。而使用平均探测的压缩电路，由于对起伏比较大的信号（如言语信号），增益变化较慢，因而经平均探测压缩放大后的输出信号起伏就较大，与输入声信号类似，从而有利于言语理解能力的提高。在平均探测电路中，有探测到信号的均方根值所产生的控制电压，它是通过阻容低通滤波器探测到的电压来完成。它的起效和释放时间并不彼此独立，与平滑电路的部分参数有关。

迄今为止，平均探测在压缩电路中是一种较好的探测方式。

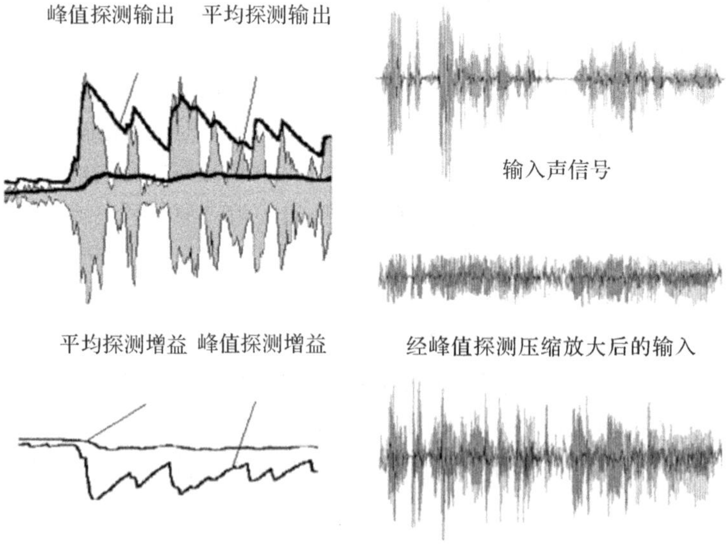

图 5-16　声信号经平均探测器与峰值探测器处理后的比较

5.3.4　多通道压缩

由于听力损失曲线的多样性，单通道压缩很难准确地匹配患者各频率的听力损失，而多通道压缩具有更强的针对性。

单通道压缩中只要信号整个频率范围中的某个频率的强度超过压缩阈值，压缩放大即启动，信号中不同频率分量的响度差不变。多通道压缩把信号分成几个频带，当某个频带的强度超过压缩阈值，仅该通道的压缩被启动，而其他频带的信号仍为线性放大。因此，该频带信号与其他频带信号的强度差被改变。因此，多通道压缩当设置不当时，患者的言语可懂度比单通道压缩可能更差。

5.3.5　压缩电路中的滤波器

如图 5-17 所示，在压缩助听器中，滤波器可根据滤波器在压缩电路中所处的位置分为前滤波器、后滤波器、内滤波器三种形式。

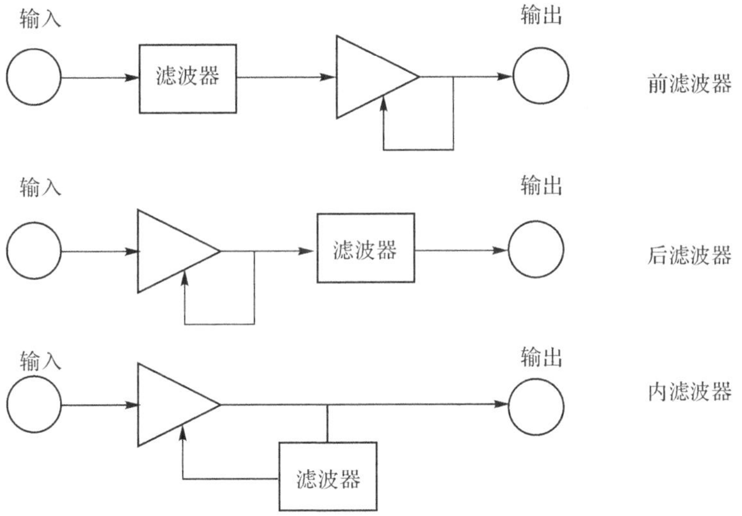

图 5-17　滤波器在压缩助听器中的位置

1. 前滤波器

前滤波器处于反馈环路之前，它的频率响应特性可影响反馈环路的启动。如果滤波器是高通滤波器，由于低频被衰减，输入声要达到较高的水平压缩才启动。因此，低频的压缩阈值提高了，高频的压缩阈值不变。

2. 后滤波器

后滤波器处于反馈环路之后，它的频率响应特性不会影响反馈环路的启动。高低频的压缩阈值均不会变化。

3. 内滤波器

内滤波器处于反馈环路之中，只有在反馈环路启动时，它才会起作用。它实际的压缩阈值同前滤波器。

由此可见，滤波器在压缩电路中所处的位置不同，会导致助听器压缩特性的变化，从而影响助听器的输入输出特性。因此，助听器实际的动态特性不能依赖于助听器技术指标中给出的输入输出特性，而需要在多个输入声强下，测出一组输入输出曲线，才能了解助听器的动态特性。

5.3.6 压缩技术放大助听器的优缺点与适用性

1. 压缩放大助听器的优点

压缩放大助听器的优点包括：

①压缩放大助听器最大的优点是佩戴舒适。它避免了线性放大助听器在大声时的不适，同时也减小了线性放大助听器在大声输入时产生的谐波失真，患者更愿意使用。

②压缩放大助听器比线性放大助听器在中小声时提供更大的增益，言语可懂度提高了。线性放大助听器为了避免大声时的不适，被迫降低增益，包含言语信号的中小声的增益也被降低到了所需的增益以下。而压缩放大助听器在小、中、大声时的增益可灵活调节，适合患者听力损失情况，言语可懂度自然比线性放大助听器大。这在临床上已得到证实。

2. 压缩放大助听器的缺点

压缩放大助听器的缺点包括：

①压缩放大助听器虽然谐波失真较小，但却改变了波形，带来了另一种失真，特别是当压缩技术参数设置不当时。线性放大助听器虽然在大声时失真较大，但在中小声时失真却很小，不会应压缩产生信号变形而降低言语可懂度。

②压缩放大助听器的输出较小。对重度耳聋患者来讲，一般更喜欢线性放大助听器高输出的音质。

3. 压缩放大助听器的适用性

压缩放大助听器的适用性包括：

①压缩限幅更适用于重度耳聋患者或习惯于线性放大助听器音质的患者。

②宽动态压缩助听器对轻中度耳聋患者较合适。

③宽动态压缩结合压缩限幅或削峰能更好地适用不同听力损失的患者。对中小声采用宽动态压缩，对大声（一般指 80dB 以上）采用压缩限幅，对 100dB 以上的噪声则采用削峰或数字削峰。

5.4 移频助听技术

移频助听技术是指将言语信号中一定带宽的高频部分移至低频部分的技术，适用于高频有耳蜗死区的患者。

5.4.1 传统助听器的缺陷及产生原因

1. 传统助听器的缺陷

言语理解指数（SII）显示在日常的交流中 27%的重要信息分布于 3150Hz 以上，即使是无意义的语音内容，高频部分的信息也可高达 31%（1997）。以/s/音为例，/s/音的最低谱峰由于发音者的性别差异，通常分布在 2900～8900Hz。因此，若中重度听力损失人士希望高质量地听辨/s/音，那么其所选配的助听器必须在 5000～9000Hz 间给予较高的听力补偿，而事实上该需求完全超过了传统助听器所能提供的频宽。

2. 导致传统助听器存在缺陷的原因

导致传统助听器存在缺陷的原因包括：

（1）助听器的放大局限性

通常而言，传统助听器的信号处理是采用振幅压缩放大原理的，而采用该原理的助听器振幅放大量和频带宽度往往会受到麦克风以及受话器性能的限制，导致助听器的高频增益输出尤其是2000Hz以上的增益输出量受限。

（2）辅音信号的声学物理特性

就辅音信号的声学物理特性而言，清辅音中绝大部分的中心频率位于4000Hz以上，其中超过35%的重要言语信息分布在2000Hz以上的频谱范围之内。而日常主要声音信号的声强范围则在5dB HL至40dB HL之间，平均为30dB HL。因此，一旦听障人士4000Hz以上的听力损失超过60dB时，按1/3补偿原则，其只有获得至少20dB以上的高频增益才可能有效地感知高频辅音。而事实上，传统助听器在4000Hz以上频率产生20dB的增益一般比较困难。另外，即使助听器能够在物理能量上补偿高频听力损失部分所需的增益量，但若听觉系统并不能得益于这些放大信号或是整体信噪比依然偏低，那么助听器佩戴者言语理解能力的改善仍是一项难题。

（3）声学中向上掩蔽特性的影响

向上掩蔽是声谱信号中低频信号更易对高频信号产生掩蔽作用的声学物理现象，同时由于语言音素中元音的声谱多数分布在低频，辅音的声谱则多数分布在高频，因此，如果助听器仅在中低频段有足够的增益而高频段增益不足，就会导致输出信号中的元音对辅音产生掩蔽。国外研究同样证明，当听障人士的高频听力损失超过70dB时，传统助听器的输出是不足以满足其对言语辨别的需求的。

在很多时候，传统助听器的调试是通过不断放大高频增益，以期能够满足听障人士对高频的需求的，然而事实上经临床观察研究发现，听障人士的高频听力损失一旦超过70dB，提示其高频频段的内耳毛细胞功能差。因此，盲目地追求高频信号的放大，不仅无法改善听障人士的言语听辨能力，反而会产生严重的失真、不舒适感以及反馈啸叫等其他负面影响。

5.4.2 移频技术

1. 移频技术的定义

移频技术（frequency shifting techniques）是指将无高频残余听力或高频残余听力较差的助听器佩戴者无法通过普通助听器听到的且重要的高频言语信息转移至其仍存有较好残余听力的低频频段。因此，移频技术是将言语信号的带宽尽可能地匹配至助听器佩戴者仍较敏感的残余听觉动态范围之内，并非企图使缺失或不复存在的（耳蜗死区）高频毛细胞产生反应。

2. 移频技术的历史

移频概念的提出可追溯到20世纪五六十年代，当时Bennet、Byers（1967）和Beasley（1976）试图应用频率降低技术（frequency lowering techniques）进行助听和语训，然而鉴于早期技术的局限性以及相关专业培训和助听器调试灵活度的缺乏，在很大程度上影响了移频技术在当时的临床应用和推广。

然而，移频技术的发展并未就此停滞不前，按比例移频压缩（proportional frequency compression）技术和不按比例移频压缩技术相继出现，尽管很多时候最初的移频技术并没有运用于可佩戴的助听装置或语训工具，其中以变调装置最具代表性。变调装置是通过恒定的频率移动形成言语信号的变化，但是由于其所采用的不按比例的频率转换方法无法确保言语信号中语素间相对关系的稳定，导致了语言声变化的极不自然，因此不按比例的移频不仅对语言理解没有帮助，反而干扰了正常的听觉功能。

20 世纪末期，尽管助听技术已能够越来越好地满足听障人士的需求，但是澳大利亚国家听力实验室的 Davis Penn 和 Ross(1993)依然认为，助听器移频技术这类能够避开增益限制及无用听力频段的信号处理策略仍是填补普通助听器与电子耳蜗间空白领域的最佳方案。国内外部分研究同样显示，移频助听装置较非移频助听器能够显著地提高高频听力严重损失者的言语理解能力。

美国听力言语学会 2003 年发布的婴幼儿助听器验配指导方案中也明确指出：对于重度及重度以上的高频听力损失者而言，当选配传统助听器无法听到关键语音时，移频助听器将会是一个很好的选择。

3. 移频技术的分类

目前的助听器移频技术可按不同的信号压缩处理模式大致分成三类：按比例移频压缩技术、线性移频压缩技术和非线性移频压缩技术。其中按比例移频压缩技术属于早期助听器移频技术，而线性移频压缩技术和非线性移频压缩技术则是新近发展的助听器移频技术，以丹麦唯听公司的 Inteo 系列助听器和瑞士峰力公司的“美人鱼”特大功率助听器为代表。

另外，美国 EMILY 公司至今一直在使用一类特殊的移频装置，该装置是以 1000～2000Hz 内的声谱信息是获取语言信息至关重要的影响因素这一理论为基础而设计研发的。在声音信号的处理过程中，EMILY 移频装置首先探知拾音范围内的所有音素和能量的构成，将低于 1000Hz 或高于 2000Hz 的频带范围进行移动复制，从而使移动频率范围内的音素得以实时加强，使声音特性更易被觉察。然而由于该移频装置的临床使用数据有限，尽管该移频装置能够被助听设备所应用，但截至目前仍未能实质性地改变听障人士的聆听效果。

(1)按比例移频压缩技术

早期的移频技术是一类采用“慢放”的压缩移频技术(1994)。该类移频压缩技术类似于录音机的慢放功能，是通过电子磁带装置将语言信号几乎“实时”的按比例移动和压缩，以确保语言信号中各语素间相应频谱位置关系的稳定，同时对高频部分微弱的辅音信息作为辅音推动，最大限度地将有用的高频信号移至可以利用的低频区域。

如图 5-18 所示，将助听器的清辅音移频压缩(FCVR)参数设置为 2.25，此时图 5-18(a)中的原始信号被低频区域压缩，得到图 5-18(b)中的/sh/和/s/频谱曲线，即经助听器放大的声音信号被压缩到一个助听器佩戴者仍存有较好残余听力，同时又处于助听器有效增益范围内的频段(阴影区)。如按比例压缩改变的仅仅是能量峰的绝对频率，保证了不同声音信号间能量关系的稳定，因此就理论而言，无高频残余听力或高频残余听力较差的助听器佩戴者是能够通过助听器识别和分辨这些压缩后的高频清辅音的。

1)按比例移频压缩技术的原理

按比例频率压缩是一类通过选择的方式处理声音信号的压缩技术，即动态言语再编码处理程序。其首先分析判定言语的声学特性，随后选定需压缩频率的声音信号，并将之压缩移向临近的低频区域，而经分析被选定不需压缩频率的声音信号则保持不变。

以英语“She sinks instead of swimming.”频谱图为例，说明按比例移频压缩的选择特性。

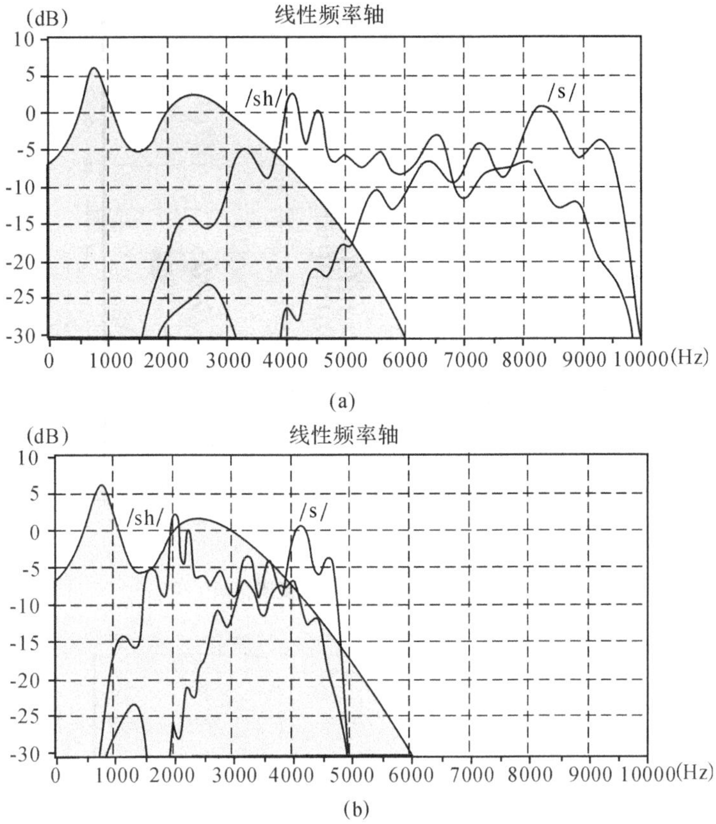

图 5-18　按比例移频压缩方式

（曲线分别表示辅音/sh/和/s/的典型频谱，阴影区为助听器频响范围）

如图 5-19(a)所示的频谱显示，横轴为“She sinks instead of swimming.”频谱图，句长约 1.8s。其中：①“she”中/sh/的能量集中在 2000Hz 以上。②“she”中/e/约开始于 150ms 处。/e/的第一个音素约出现在 400Hz 处，第二个音素则在 2600～2800Hz。③“she”中/e/的共振峰过渡点在“sinks”中第一个/s/的起点，约 250ms 处。④“sinks”中/s/的第一个能量带位于 2000～3000Hz，而第二个能量带则更明显，分布于 5000Hz 以上。

那么，当助听器佩戴者在 2000Hz 以上无可用听力时，其可听辨的仅为 2000Hz 以下的声音信号，因此，此时其听到的为“_e_in(k)i_ead o_wimmin_.”(k 的括弧表示可听到第一个能量带但无法听到第二个能量带)。

将图 5-19(b)与图 5-19(a)对比，可见关键的高频信息已处于 2000Hz 以下，同时：

①“she”中/sh/的能量集中在 500～3500Hz。

②“she”中/e/保持原位，前后音素间转换不受影响，即动态言语再编码处理的选择性。

③“sinks”中第一个/s/的能量集中在 1100～3700Hz。

2)按比例移频压缩助听器

海德助听器公司的 ImpaCt 和 Logicom 助听器就属于按比例移频压缩助听器，其清辅音的频率压缩控制范围分别为 1.5～5.0 倍，每 0.25 为一档，共 15 档。

这两款助听器可根据输入的言语信号进行实时数字分析，对言语的频率、振幅和时间特性进

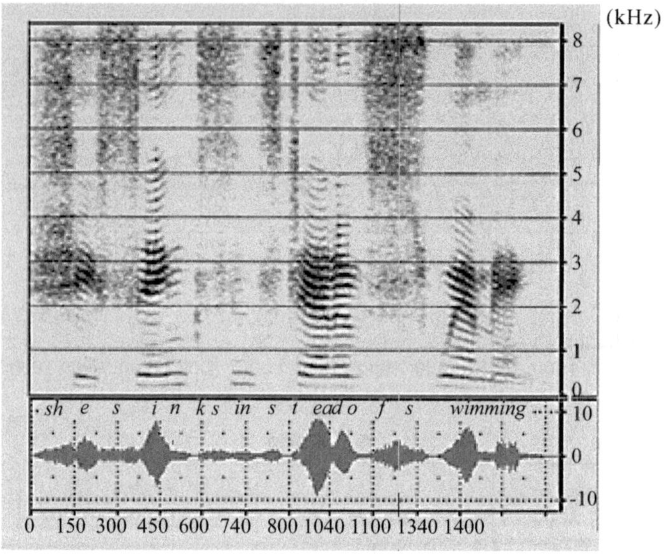

(a)频率压缩处理前的频谱记录

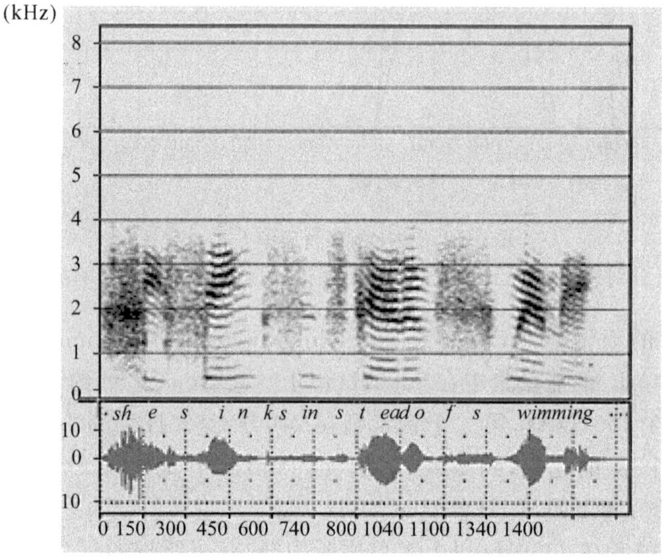

(b) 频率压缩处理后的频谱记录

图 5-19 "She sinks instead of swimming."频谱

行动态调控，即在传统振幅压缩放大策略助听器的基础上，采用特有的类似于电子耳蜗语言编码的实时动态言语重新编码(dynamic speech recoding，DSR)、动态辅音推动(dynamic consonant boost，DCB)、频率压缩(frequency compression，FC)数字处理技术，以及大量标准的可编程选配参数，改善对言语理解至关重要的语言辨别能力。而对于低频音信号则采用自动增益控制(AGC)处理，促使其保持在最适阈(MCL)，同时通过内置的数字音素分析器跟随言语的动态范围进行 DSR 调控，当言语中的高频辅音一旦被识别，DSR 功能立即启动，将高频辅音信号推动到佩戴者残存的听觉动态范围之内。当然较多的频率压缩虽然可提高言语的觉察力，但会降低言语的辨别力，因此 ImpaCt 和 Logicom 采用了动态辅音推动(DCB)与频率压缩(FC)技术以期平衡言语觉察力与辨别力间的关系。

(2)线性移频压缩技术

线性移频压缩技术即可听度扩展技术(audibility extender, AE),是一类线性移频助听技术,主要是将无高频残余听力或高频残余听力较差的助听器佩戴者无法通过普通助听器听到的高频声音线性移动至仍存有一定残余听力的低频区域。

1)线性移频压缩技术的原理及处理过程

线性移频压缩技术的原理是动态整合(提供佩戴者的个人信息)助听器佩戴者的听力损失信息,判断需要移动频率的区域。其中移频开始的频率被称为起始频率(start frequency),通常AE 是在起始频率上一个倍频程处进行移动的。

通过言语噪声跟踪器分析环境频谱,将分析结果反馈于动态整合系统,随后 AE 拾取原始倍频程区域内的最高强度频率,进行锁定移动,若该频率发生改变,移动频率也将发生相应的改变。例如,当 4000Hz 处存在最高强度时,4000Hz 及其附近的声音将被线性移动一个倍频程至2000Hz,而其他频率也会相应向下移动 2000Hz,即 3000Hz 被移至 1000Hz,4500Hz 被移至2500Hz,移动后的信号将被置于一个可听的区域内。同时,为了避免移动后的信号所产生的掩蔽效应和其他潜在失真的影响,2000Hz 倍频程外的频率将被过滤。

移动结束的言语信号将自动经 AE 保存,或通过手动微调对转换信号采取相应的调整。而最终的输出信号则是线性移动信号与原始信号在初始频率下的混合。

2)线性移频压缩助听器

丹麦唯听(Widex)公司 2007 年推出的 Inteo 系列助听器所采用的即为线性移频压缩的可听度扩展(AE)技术。

(3)非线性移频压缩技术

非线性移频压缩技术同样是一类将无高频残余听力或高频残余听力较差的助听器佩戴者无法通过普通助听器听到的高频声音,选择性地移动至相邻仍存有一定残余听力的低频区域并进行放大的移频压缩技术。

1)非线性移频压缩技术的原理及处理过程

非线性移频压缩技术区别于其他移频技术的是,非线性移频压缩技术在移动前,被选择的高频部分将首先通过压缩环节,以避免移动后的高频信号声与低频区域的信号发生完全重叠而影响言语的识别。如图 5-20 所示(横坐标为输入频率,纵坐标为输出频率),通过非线性移频压缩技术处理输出的声音信号的频率范围较原始信号的频率范围更窄,而这恰恰是该技术非线性特性的体现。

需要注意的是,声音频率范围的改变仅是因为对高于分割频率(the cut-off frequency)的声音信号采取频率压缩造成的,而压缩的程度则要保证被压缩的频率不影响低于分割频率的声音信号,以此最大限度地降低失真。

如图 5-20 所示,分割频率和压缩比是非线性频率压缩技术的两个关键参数。其中高分割频率(3000Hz)和高压缩比,通常仅影响最高频率的声音信号,如图 5-20(a)所示。因此,采用该类压缩参数的助听器适用于低频听力损失较轻同时高频听力损失也仅处于中度的听障人士。而采用低分割频率(1500Hz)和低压缩比时,尽管压缩程度较低,但其影响的频率范围较宽,如图 5-20(b)所示。因此,采用该类压缩参数的助听器更适合于听损频率较宽的重度听障人士。

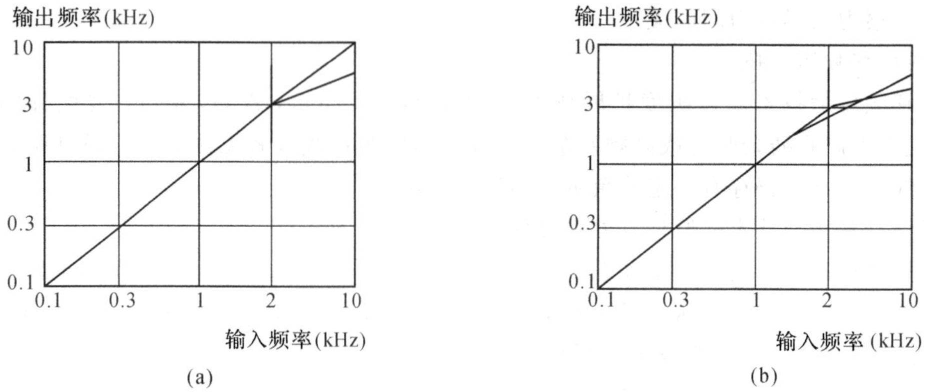

图 5-20　非线性移频压缩技术

2)非线性移频压缩助听器

瑞士峰力(Phonk)公司 2008 年度推出的"美人鱼"系列助听器所采用的即是被称为 Sound Recover 的非线性移频压缩技术。

4. 移频技术存在的问题

经移频后,尽管原始声音信号波峰和波谷的时间特性以及各语素间的相对关系得到了保持,但是其能量结构确实发生了改变,因此临床中"声音不自然"、"有空洞感"、"更难以理解"常常被移频助听器佩戴者所表述。同时对于多数成年人而言,若新选配时就感觉移频的效果不佳,那么经长期训练后即使语言理解力有所提高,其主观对移频技术也是难以接受的。

移频助听器信号处理功能增强,运算过程更为复杂,因此其耗电量大,发生故障的机会可能较多。

模拟信号处理的局限性,影响佩戴者的语言理解能力,特别是早期的频率降低技术仅是简单的执行过程,无法达到有效的信号处理结果。

5. 佩戴移频助听器需注意的问题

通常情况下,对于重度听力损失而言,聆听经移频处理的语言信号并非如同正常人习惯的听觉感受般舒适,特别是当助听器佩戴者听到新的或者多年没听到的声音时,人类的大脑会自动将其识别为噪音而被忽略。而临床听力工作者在选配过程中也同样会告知移频助听器佩戴者,当他们佩戴移频助听器后,势必将经历一个适应的过程,通过足够的听觉训练,利用人脑强大的适应能力和整合能力,熟悉新的听觉感觉,并将之重新组合至他们的感知系统内。

因此,在 Inteo 系列助听器投放市场后,丹麦唯听(Widxe)公司提出了一种被称为焦点听力训练的辅助练习模式,其目的在于促进移频助听器佩戴者接受新型的可听度扩展运算法则,进行大脑皮质功能重组。练习的内容包括:以高频清辅音/p/、/t/、/k/、/s/、/f/、/o/、/sh/为目标,以 PC 家庭训练项目为基础,包括 10 天的练习课程,前 7 天每天集中训练一个音素,而剩下的 3 天则用于复习全部的声音,这些声音可能是 Inteo 佩戴者在使用可听度扩展程序之前无法听到的。

5.5　助听器声反馈技术

国外报告显示,约 24%的助听器佩戴者认为助听器的反馈严重影响了助听器的正常使用。特别是近年来随着开放耳助听器的出现以及人们对美锲而不舍的追求,助听器的体积越来越小,麦克风出声口与受话器的距离也因此不断地靠近，而这部分的设计都是增加助听器声反馈发生率的原因。另外就临床而言，一半以上的助听器佩戴者的听力损失均达到了中重度，他们需要更多的增益来满足他们的聆听条件，而这恰恰意味着他们的助听器发生反馈的几率远远超过轻度听力损失的助听器佩戴者。因此，相应的控制助听器声反馈的要求也就变得日益迫切。

5.5.1　助听器声反馈技术的原理

基于助听器体积的限制，助听器受话器出声口和麦克风间的距离往往很近，因此被放大的声音信号在由受话器输出时，其中的部分能量会通过助听器通气孔或耳道壁间隙经空气传导泄露，或是通过助听器机械结构经振动传导泄露。而一旦该部分泄露的声音信号无法被声反馈路径(见图 5-21)所衰减，那么将很有可能被麦克风拾取，再次成为输入信号而被循环放大，进而引起助听器某些频率的能量出现共振，发出可听见的啸叫声。而且，即使这种反馈信号相对较弱，不易被听见，它的存在也仍会造成某种程度的声音信号失真。

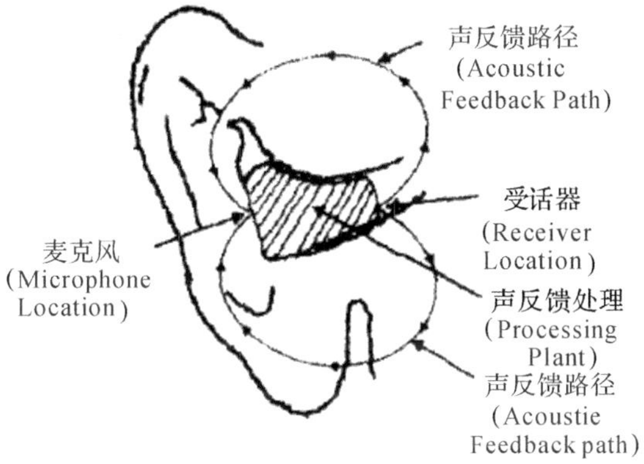

图 5-21　助听器声反馈路径

总体而言，助听器声反馈的产生需满足以下条件：①麦克风和受话器出声口位于同一声场；②受话器的输出能够通过空间传递至麦克风；③受话器的输出产生的声音能量足够强，麦克风的拾音灵敏度足够高。

5.5.2　助听器声反馈产生的原因

1. 耳道结构及其声学特性

解剖学认为耳道是一类特殊的声学共振腔，声音信号在经耳道传递的过程中，由于共振腔的存在，部分频率的信号会被增强，系统的频谱特性也将因此失去平坦的外观。

2. 助听器外壳或耳模

在助听器外壳或耳模大小合适、佩戴正确的情况下，反馈通常是不会发生的。然而由于实际制作水平和制作工艺的差异，助听器外壳或耳模将不可避免地存在无法同耳道密闭的情况。因此，部分被放大的声音信号会经耳道间隙泄漏，并被麦克风在拾取外界信号的同时被拾取并放大，造成声音信号的某些频率出现共振。如此一来，助听器的声输出会变得极为不稳定，助听器也将在随后的几分之一秒时间内形成反馈放大回路，直至反馈信号达到饱和输出状态引起啸叫。

3. 助听器通气孔

助听器通气孔的存在是导致助听器外部声反馈出现的重要原因之一。这是由于助听器通气孔类似于助听器外壳或耳模与耳道壁的间隙，通气孔的存在如同增加了一条声学反馈路径，限制了助听器所能稳定提供的最大增益量。然而通气孔是出于减少堵耳效应、增加佩戴者自身说话舒适度的目的而存在的，如果随意缩小通气孔直径，或是舍去通气孔都将在一定程度上牺牲助听器佩戴的舒适度，甚至是可懂度，难以被助听器佩戴者所接受。因此，随着目前开放耳技术的逐渐推崇，如何更好地消除反馈就变得更为重要。

4. 助听器增益

助听器的整体增益过高、高频增益过高、压缩阈过低、压缩比过低均有可能导致助听器的声输出强度超过助听器外壳或耳模所能提供的衰减量而被助听器麦克风拾取放大，产生反馈。

5. 助听器元器件特性

基于不同因素的干扰，任何一个受话器频响曲线的绝对平直通常是难以保证的。受话器的频响曲线势必会在某些频率出现尖峰，而这些尖峰恰恰导致了声音信号在输出的过程中部分频率出现声音过强。同时，麦克风频响曲线的绝对平直也是难以保证的，因此，在某些频率处出现拾音灵敏度过高、声音输出过强的情况在所难免。而这些因受话器和麦克风频响曲线不平直所造成的声音输出过强，正是出现声反馈的重要因素之一。

另外，由于声学信号固有的特性，助听器反馈路径对低频信号的衰减量通常是高于助听器增益的，因此低频部分出现反馈的几率相当得低，几乎所有的反馈都是在高频部分出现的。

5.5.3 助听器声反馈所造成的影响

助听器反馈的存在不但会限制助听器的增益输出量，而且会使助听器的输出信号出现严重的高频谐波失真，影响助听效果。

5.5.4 助听器声反馈的消除方法

1. 以反馈路径为切入点

清楚了解助听器声反馈的路径，那么，打破助听器反馈环路，破坏助听器的自激振荡条件，就是消除助听器反馈的关键因素。

(1)增加麦克风和受话器出声口间的距离

随着助听器体积的微型化，麦克风和受话器出声口的距离将更为靠近，反馈发生的可能性也随之增加。因此，为了避免受话器出声口的输出信号很容易就被麦克风拾取现象的发生，助听器在安装麦克风和受话器时会被尽可能地设置在相对较远的位置，以此来拉开麦克风和受话器出声口的距离，减少反馈。同样的，近年出现的受话器耳道内置技术正是通过增加麦克风和受话器出声口间距离的原理，降低了反馈发生。

(2)正确佩戴助听器或耳模

在助听器使用初期，佩戴问题是产生反馈的重要原因，因此，细心教导初次助听器佩戴者如何正确和熟练地佩戴助听器或耳模，将会有效降低反馈的发生。

(3)助听器外壳和耳模的密封度

助听器外壳和耳模的密封度不足会引起助听器反馈的发生，而修改或重做助听器外壳和耳模是解决该类反馈问题的唯一途径。判定助听器外壳和耳模是否需要修改或重做的常用标准是：用手指压紧助听器外壳和耳模，啸叫立即停止；而手指松开后，啸叫再次出现。

(4)更换助听器耳模传声管

助听器耳模的塑料传声管在经长时间使用后通常会出现老化破裂的现象，从而在声音的传递过程中造成漏声的现象，因此，经常检查和更换助听器传声管是减少反馈的重要一环。

(5)清洁外耳道

助听器佩戴者因长期佩戴耳模，耳道易形成耵聍聚积，产生反馈，因此，助听器佩戴者需注意保持外耳道的清洁。

(6)旋紧助听器及其配件的连接口

在耳背式助听器中，传声管与耳模的接口处、耳模与助听器耳钩的接口处、耳钩与助听器机身的接口处均会因密封得不完全而出现漏声，形成反馈。特别是耳钩与助听器机身的接口处，虽然通常是旋紧的，但经长时间的佩戴后仍易造成两者的松动，出现啸叫。

(7)正确设置助听器通气孔

助听器通气孔类似于助听器外壳或耳模同耳道壁间的空隙，因此不合适的通气孔也是造成助听器反馈的因素之一，尤其是在开有大通气孔的开放耳助听器中。

2.以反馈产生的原因为切入点

如同我们所知的一样，助听器结构和线路的调整仅是一类最为基础的反馈控制方法，其在助听器反馈消除中所起的作用相当有限。而增益和相位差则是助听器产生反馈的主要原因，因此，随着数字信号处理技术的发展，设置设计复杂的滤波器，通过消除或降低系统传递函数中的峰值进行助听器反馈抑制的方法已逐渐被助听器研发人员所灵活运用。

(1)降低助听器增益

降低助听器增益是解决助听器反馈问题的下策，但却是最为有效的一种方法。

在数字助听器中，各频率范围内的最大增益均有所限定(限定程度与助听器外壳或耳模的密闭程度相关)，通常情况助听器将提供佩戴者全频率的响应，一旦反馈出现，频率范围内可能会引发反馈振动的增益则被降至安全范围。然而增益的降低往往将导致助听器的性能无法完全发挥，特别是对于极重度听力损失人士而言，增益的降低更无法满足他们的需要。因此，降低助听器增益通常是不被主张使用的，仅在保证助听效果不受太大影响的前提下才被考虑。

(2)前馈抑制技术

前馈抑制技术是一类通过改变助听器向前的放大路径，促使助听器反馈通路趋于稳定的反馈消除技术，其中以陷波技术最具代表性。

1)陷波技术

陷波技术是指利用陷波滤波器对可能引起反馈振动的特定频率处的声音作衰减，降低相应频率范围内的增益，以实现啸叫消除目的的反馈抑制技术，其中，反馈振动发生频率最有可能位于增益一频率响应曲线的峰值处或近峰值处。

基于陷波技术的原理，陷波滤波器的陷波频段中心频率的设置是要求同特定的声反馈频率相一致的，然而事实上由于助听器间个体的差异，每个助听器特定的声反馈频率不是完全一样的。因此，通过软件调整陷波滤波器的陷波频段中心频率和陷波深度，能够有效防止助听器声反馈的发生。其中，陷波深度可以设置成固定深度，也可以设置成自适应深度，而陷波频段中心频率则是在反馈振动发生时，通过对声反馈频率的检测加以确定的，出于避免高能量低频干扰信号的目的，通常陷波频段中心频率会被限定在 1500Hz 以上，并根据最大谱峰位置不断调整。同时，陷波频段的范围也是有所限制的，过窄的陷波频段往往无法及时追踪反馈路径的变化，而过宽的陷波频段则会破坏语音谱结构。另外，陷波滤波器本身的相位也可能造成某处频率发生振荡。因此，陷波技术提供给系统的最大稳定增益值仍是有限的，且或多或少地影响了助听器基本的频率响应。

2)改变时间参数

相位(时间)调制和移频(相)法是一类通过改变反馈信号进行的时域参数，将发生啸叫的频率转移或进行时间上的改变的反馈抑制方法。该类方法实现简单，但易损伤音质，对增益提高方面的帮助较小。

(3)反馈抑制技术

反馈抑制技术是指助听器反馈系统产生一个由反馈信号计算获得的估计信号，并将其从麦克风的输入信号中减去，以期留下无干扰的输入信号的反馈消除技术。而估计的反馈路径与真实反馈路径的偏差决定了反馈消除的性能，偏差越小，所估计的反馈信号越接近于真实反馈信号，反馈消除的效果就越理想。但在现实生活中，麦克风与受话器间的反馈路径和反馈信号是随声学环境的改变而不断变化的，如咀嚼或是打电话，因此反馈的自适应处理显得尤为必要。

目前，助听器自适应反馈抑制技术被分为两类：持续自适应的计算方法和非持续自适应的计算方法，也称持续自适应反馈消除法和间断自适应反馈消除法。其中，自适应反馈消除法是指反馈抑制系统的权系数根据维纳滤波器准则保持持续的更新状态以适应实时的改变，而间断自适应反馈消除法是指反馈抑制系统的权系数仅在当不稳定的信号被探测到或输入信号强度很低时才相应的发生改变。研究显示，持续自适应反馈消除系统的性能和效果均优于间断自适应反馈消除法。

1)反馈抑制技术的原理

与降噪系统中自适应滤波器的原理相类似，助听器反馈抑制技术同样由滤波器和自适应计算方法两部分组成，如图 5-22 所示，主要是指助听器输入信号特性未知或发生变化时，自适应滤波器将通过对输入信号的监控，自动估计产生一个同真实反馈信号相类似的模拟信号，并将其从麦克风输入信号中减去，以达到特定的滤波方法的计算目标。其中最小均方误差法是最常用的助听器自适应反馈抑制计算方法，即维纳滤波法和递归最小二乘算法，维纳滤波法更趋于流行。而与降噪系统不同的是，相对于日常噪声千变万化的特性，在助听器反馈抑制计算的过程中需考虑的仅是反馈声的特性，处理过程就相对更为简单。因此，从理论上说，处理后的麦克风输入信号仅为所需的言语信号。

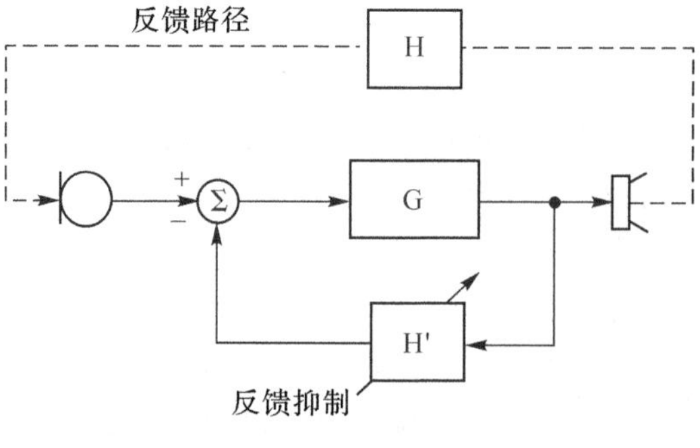

图 5-22　反馈抑制技术

另外，如同我们所知的一样，在实际反馈处理过程中，系统输出信号和输入信号间势必存在一定程度的相关，而这种相关正是导致系统在辨识反馈路径时出现偏差的主要原因。因此，在对反馈路径进行了一定的基础研究后，较为新型的约束自适应反馈抑制和带限自适应反馈抑制被研究人员所提出。不同的是在约束自适应反馈抑制的算法中，自适应滤波器参数的更新范围被约束在参考滤波参数之内，而带限自适应反馈抑制的算法只在容易产生啸叫的频率范围内对自适应滤波器的参数进行更新。另外，也有自适应反馈抑制计算是通过在输出信号中增加噪声或延时来减少输入信号和输出信号的相关性，以达到减少计算偏差的目的。

2）自适应反馈抑制技术

Danavox Genius 是第一代自适应反馈抑制助听器的重要代表。在第一代自适应反馈抑制技术中，反馈路径的确认是通过在受话器中添加探测信号得以实现的，其最终能提高大约 10dB 左右的增益。而随着助听技术的进步，尽管自适应反馈抑制技术仍继续被助听器所使用，但与第一代产品不同的是，目前的数字助听器为了保证语音信号的质量，外在探测信号的使用被得以限制，仅在有限的频率带或在选配初期出于激动滤波器的目的被使用。例如 Widex 的 Senso Diva 的低速率自适应反馈抑制仅在系统探测认为反馈路径存在突发改变时被激动，Oticon 的 Adapto 则将自适应反馈抑制限制在高频部分，而 GN ReSound 的 Canta 4 和 Canta 7 所使用的是约束的自适应反馈抑制。

3）反相位处理技术

反相位处理技术是目前最常提及的自适应反馈抑制技术，是自适应滤波方法的一种。其优于前期类似技术的关键是，反相位处理无需通过牺牲助听器增益即可消除反馈，这恰恰为完全耳道式助听器和开放耳助听器适配范围的增加以及理论增益的有效应用提供了可能。

反相位处理系统主要包括一个静态反馈抑制滤波器和一个自适应（动态）反馈抑制滤波器。其中静态滤波器被用于抑制佩戴助听器时可能出现的反馈啸叫，而动态滤波器则被用于抑制助听器因声学环境改变所导致的反馈。例如，在电话听筒靠近助听器而引发啸叫时，两个滤波器会产生一个同反馈信号波形相同但相位相反（相位差 180°）的抑制信号，随后该抑制信号会被引入助听器所在的声学环境，将反馈信号从输入信号中减去，至此助听器的外部声反馈声即可在不降低高频增益的情况下得以控制。同时，临床实验结果显示，反相位处理技术可将发生反馈位置的增益提高 10～15dB。

目前，尽管各著名助听器公司均宣称其产品可提供反相位反馈处理技术，然而不同公司不同时期的产品所使用的反相位技术仍存有细微的不同。例如在瑞声达（GN Resound）公司的官方市场资料中，反馈技术一直作为市场卖点而被反复宣传。以 Canta 系列为起点，GN Resound 公司就开始采用反相位技术进行反馈控制，发展到 Metrix 系列时，反馈技术已具备可同时监控两个麦克风及两条放大路径情况的能力，为更准确地判断和消除反馈提供了可能。然而与 Resound 公司不同的是，唯听（Widex）公司 2006 年在美国最新上市的 Inteo 系列助听器中反馈系统不仅具备同时监控两个麦克风和两条放大路径的能力，更突出的是 Inteo 系列还具备同时监控麦克风极性的能力。因为在自适应方向性麦克风系统中两个麦克风产生的极性可能不同，这种不同将相应地改变引起反馈产生的条件，而 Inteo 的反馈控制系统会在麦克风极性的两个极端（全向性和 8 字形）之间持续监控这种改变，以确保将助听器产生反馈的几率降低到最小。

5.6　方向性麦克风技术

在助听器选配过程中，提高噪音环境下的言语分辨率一直是助听技术发展的目标之一，因此方向性麦克风技术在助听器领域的运用效果始终被人们所关注，特别是到目前为止方向性麦克风技术仍是唯一一项被反复证明能有助于提高助听器信噪比、帮助助听器佩戴者提升言语识别率的助听技术。

方向性麦克风系统是通过技术手段使得助听器有选择地放大来自佩戴者正前方的声音，相应地限制来自侧后方的声音（一般为无用或不重要的噪声源），从而让佩戴者能更好地排除干扰，专注于聆听谈话内容。就广义而言，助听器的方向性功能归属于降噪技术，但由于方向性功能仅能对不同方向的声源进行区分，因此只适用于有用信号（一般来说是言语信号）和噪声信号来自不同方向的场合。而降噪技术则是在言语信号和噪声信号来自同一方向（混合在一起）时，能相应降低噪声信号的强度，提高信噪比。在数字式助听器日益普及的今天，许多中高档的助听器都具备了方向性麦克风系统。

5.6.1 方向性麦克风系统的类型

1. 单体麦克风方向性系统

（1）结构

单体方向性麦克风系统是通过经特殊设计的单体麦克风实现的。该类麦克风内部设横隔机械振膜，同时具备两个呈前后位置排列的入声口，根据需要，前后入声孔开口方向可置于直线位置，也可呈一定角度排列（见图 5-23）。前后入声口分别与机械振膜两面相连，后入声口内设有声学延时装置（阻尼器）。

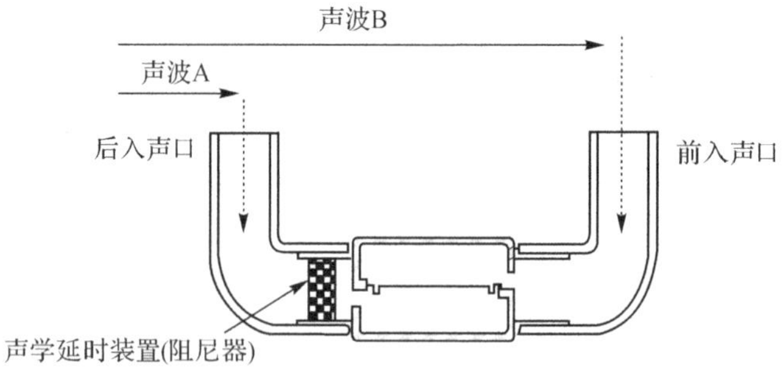

图 5-23　单体方向性麦克风系统结构剖面

（2）工作原理

自助听器后方传来的声波将首先传递进入麦克风后入声口，这部分声波（声波 A）进入麦克风口后遇到声学延时装置（阻尼器），声波 A 就此被延迟。通常这类由声学延时装置（阻尼器）造成的声波延迟被称为内部延时 T_i。同时，另一部分声波（声波 B）将继续向前传播到达麦克风前入声口，但是由于两个麦克风口之间存在一定的距离，故这类声波由麦克风后入声口到达前入声口所需的时间通常被称为外部延时 T_e。

因此，如果声学延时阻尼器对声波的内部延时 T_i 被设计成恰好等于外部延时 T_e 时，即当声波 B 到达麦克风的前入声口并使连接前入声口的麦克风前半腔压力产生变化时，声波 A 也正好进入麦克风后半腔（$T_i = T_e$），声波 A 和声波 B 将在各自腔体内产生非常接近的声压，促使机械振膜两面声压能量抵消，机械振膜振动及电位的变化消失，无电信号产生。由此可见，单体方向性麦克风能够有效消除来自后侧方向的声波，阻止后侧声音信号的干扰，而不影响从前方传入的声音信号，从而实现方向性效果。

(3)方向性

值得注意的是,单体方向性麦克风所产生的方向性,是在声学信号被转换成电信号之前就形成的,因此该类麦克风的方向性是由外部延时 T_e 及内部延时 T_i 的比所决定的(外部延时由两个入声口之间的距离决定,内部延时由声学延时装置决定)。故在设计助听器时,通过调整后入声口的声学延时装置(阻尼器),即可使助听器产生不同的方向特性。但是,由于单体方向性麦克风在设计时就被赋予了固定的方向性,不仅无法在方向性和全向性之间切换,其使用环境也存在较大限制。因此,目前单体方向性麦克风在助听器上的单独应用趋于减少,仅由于其入声口间距较小的特点,通常在同一个全向性麦克风组合后被运用于耳内式或半耳式定制助听器。另外,单体方向性麦克风机械振膜感受的是两部分声音的声压差值,声音信号的一部分会被抵消,因此其总强度必定会有一定程度的减弱,尤其是在低频部分。

2.双麦克风方向性系统

(1)结构

双麦克风方向性系统是由一对匹配的全向性麦克风组成。麦克风之间有一定距离,这样采得的信号仅与语音相关,降低了噪声。

(2)工作原理

与单体方向性麦克风系统采用阻尼器实现从后入声口进入的声音信号的延迟不同,双麦克风方向性系统中全部的声音信号均以未处理的状态进入前后麦克风,并被立即转换成电信号,因此,双麦克风方向系统内部并没有实现指向性,而是采用了信号延迟电路(模拟或数字信号处理芯片),以实现来自后置麦克风的声音信号延迟。

例如,当该声音信号的内部延时 T_i(即由信号延迟电路形成的电子延时)被设定等于外部延时 T_e 时(即声波从后置麦克风传递到前置麦克风所需的时间),自后方传递至前后麦克风的声音信号进入减法器后,将完全抵消,因此来自后方的声音被消除,方向特性由此产生(见图5-24)。另外,在双麦克风方向性系统的典型应用上,信号延迟电路通常设置于后置麦克风的信号处理通路中,如此便可较为容易地得到各种不同的麦克风极性。同时这种设计的好处还在于能够方便地在方向性和全向性之间选择切换,只需把延时电路关闭(延迟为零)就变成全向性了。

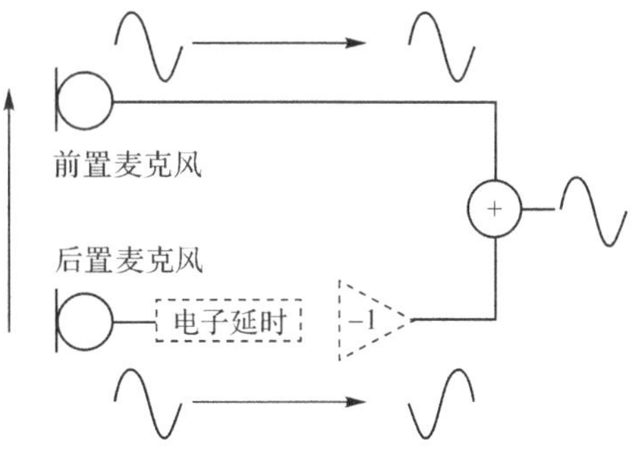

图5-24 双麦克风方向性系统

值得注意的是,相对于单体方向性麦克风系统而言,双麦克风方向性系统的优势更为明显。其中最重要的在于:在单体方向性麦克风系统中,延时比是由麦克风制造商事先固定的,因此只有一种特定的方向性设定可获得;而双麦克风方向性系统却具有很高的灵活性,其前后麦克风口间的距离和内部延时特性均可由助听器制造商调整。特别是随着近年来数字信号处理技术发展的日趋成熟,在某些具备多记忆程序的高端助听产品中,不同的延时比可通过编程设置到不同的听力程序中,用以实现助听器佩戴者根据不同聆听环境的特点,自由快捷地切换至最为适合的极性图,或是结合数字信号处理技术,使其极性图随着噪声源角度的变换而变换。当然,其中必须包含全向性麦克风程序,因为在大部分聆听环境下,全向性仍是最为合适的麦克风状态。

另外,双麦克风方向性系统还具备能够在低噪音环境下优化信噪比的优势。因为(虽然)在绝大部分设计良好的助听器中,麦克风产生的噪声占据了本底噪声中最多的成分,同时由于麦克风数量的增加，方向性麦克风的噪音将比全向性麦克风更高。但是，双麦克风方向性系统的设计却能够在一定程度上改善这种状况。因为同样的言语信号被传递至两个麦克风后，经两个麦克风的输出叠加，言语信号会被增加 6dB，而每个独立的麦克风产生的噪音却是随机且无关联的，被叠加后，麦克风噪音在输出上仅增加了 3dB，即信噪比获得了 3dB 的净增长。因此，若将两个麦克风的输出衰减或降低 6dB，使增益回到所需的原始状态，那么一个 3dB 的麦克风噪音抑制就被获得了，同样重要的是，3dB 的衰减是可以被助听器佩戴者所感受到的。而方向性模式中内部麦克风噪音实际高出的 3dB 则会被环境的噪音所掩盖，因为佩戴者只在噪音环境中方才使用方向性模式，此时环境噪音的信号将大大强于任何线路产生的本底噪声。

3. 三麦克风方向性系统

三麦克风方向性系统是以双麦克风方向性系统为基础的延伸产物，是目前助听器领域具有最大指向性指数的新技术，其 DI 值平均较双麦克风系统高 2～3dB，最大可获得 12dB 的信噪比。

(1)结构

三麦克风方向性系统由三个麦克风整合而成(麦克风 A 在前、麦克风 B 居中、麦克风 C 在后)，以水平方向呈前后排列，如图 5-25 所示。

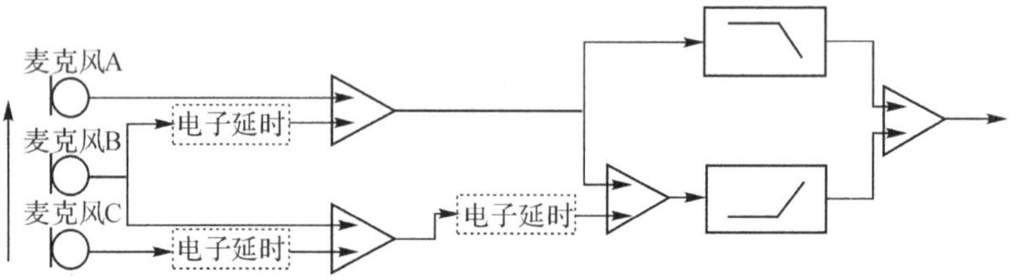

图 5-25　三麦克风方向性系统中麦克风在助听器上的配列

目前，三麦克风系统中的麦克风类型通常采用以下两种方式组合：其一，被称为"o－g－o"模式，由三个独立的全向性麦克风组成；其二，被称为"o－g－o"模式，由两个特性一致的全向性麦克风和一个压差式麦克风组成。尽管"o－g－o"模式的方向性指数和"o－o－o"模式较为相似，但其对麦克风增益变化的宽容性相对较好，更重要的是，"o－g－o"模式在单麦克风性能受到影响(经过使用以后)出现失配(mismatch)的情况下，声音信号所受到的影响较"o－o－o"模式小得多。

(2)工作原理

三麦克风方向性系统采用三个双麦克风呈塔状分布组成二阶差分抵消的处理模式。麦克风 A 和 B、麦克风 B 和 C 各组成一个双麦克风系统，而两个系统的输出将再次被送入抵消器，通过三次对后方信号的抵消，三麦克风将获得极高的指向性指数，如图 5-26 所示。但由于低频滚降的存在，低频信号会同时被过多地削减，故从第二阶抵消器输出的信号虽然有很高的指向性指数，但对低频信号(1000Hz 以下)的灵敏度将会大幅下降，造成音质受损，甚至还会减少言语信号的可听度。因此在三麦克风系统中，低频部分的信号是采用双麦克风系统的输出经低通滤波器直接获得的，只有高频部分的信号才通过高通滤波器从二阶抵消器输出的信号中获得，最后高低频信号进入加法器进行叠加处理，获得完整的信号。

在使用多麦克风系统时需要注意的是，由于使用了多个麦克风(两个以上)，麦克风之间的匹配就尤为重要，匹配难度也随之增加。而且由于麦克风数量的增多，相应带来的麦克风本底噪声问题也将更为突出。

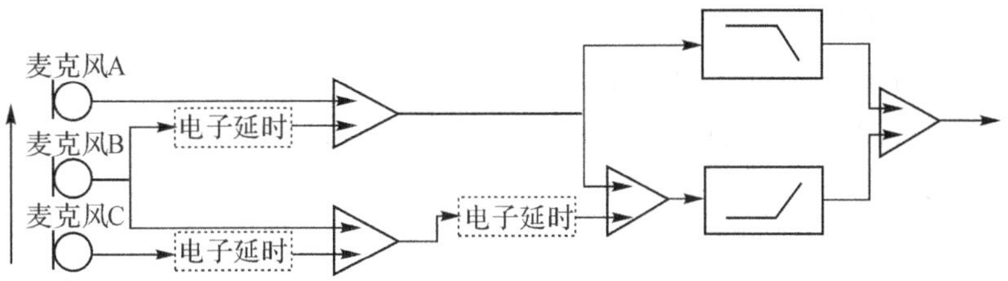

图 5-26　三麦克风方向性系统处理模式

5.6.2　麦克风方向性指数和极性图

1. 麦克风方向性指数

(1)方向性指数的定义

方向性指数(directivity,DI)是一项用于衡量助听器指向性功能的指标,是指对前面声音的灵敏度相对于其他方向平均灵敏度的比例,用分贝(dB)表示。在自由声场中,完美的麦克风匹配以强心形指向图,其方向性指数为 6dB。但是,经常引用于助听器说明中的方向性指数(DI)表达的仅是助听器抑制来自佩戴者后方的噪音的效果,其并不能说明助听器对其他方向噪音所起到的抑制效果。对于不同的极性图,最高的三维方向性指数是 5.9dB,但其前后的灵敏度比例却很差,而最高的二维方向性指数是 4.8dB。

(2)方向性指数的计算

方向性指数的测试和计算至今已有 60 多年的历史,而目前最被广泛接受的方向性指数的公式是由 Beranek 在 1954 年提出的(见方程式 1)。运用该数学方程式可精确地计算出已知形状的麦克风方向性系统极性图的方向性指数。但是在工程计算中,通常需要通过求总和的方式进行逼近计算(见方程式 2),尽可能多角度地测试 $P(f,\theta,\varphi)$ 值,因为理论上只要 $\Delta\theta$、$\Delta\varphi$ 足够得小,就能够获得精确的 DI 值。而自由声场的测试,由于信号在测试空间中足够地对称,可假设在水平和垂直平面间信号存在完全的对称性,因此该前提下的方向性麦克风系统的 DI 仅需计算水平面的 DI 值做估算即可(见方程式 3)。

$$\mathrm{DI}(f)=10\cdot \lg\left(\frac{4\pi\cdot |P(f,0,0)|^2}{\left|\int_0^{2\pi}\int_0^{\pi}|P(f,\theta,\varphi)|^2\cdot\sin\theta\right|\cdot \mathrm{d}\theta\cdot \mathrm{d}\varphi}\right)$$

方程式 1　Beranek 提出被普遍认可的 DI 的定义

其中:$|P(f,0,0)|$ 表示自由声场中对指向轴方向平面波信号(频率为 f)的麦克风声压级,单位 Pa;$|P(f,\theta,\varphi)|$ 表示自由声场中对(θ,φ)方向入射的球面波信号的麦克风声压。

$$\mathrm{DI}(f)=10\cdot \lg\left(\frac{4\pi\cdot |P(f,0,0)|^2}{\sum_{m=1}^{2\pi/\Delta\varphi}\sum_{n=1}^{\pi/\Delta\theta}\left|P(f,\theta_n,\varphi_m)\right|^2\cdot\sin\theta\,\Big|\cdot\Delta\theta\cdot\Delta\varphi}\right)$$

方程式 2　工程领域常用求总和的方式逼近计算 DI 值

$$\mathrm{DI}(f)=10\cdot \lg\left(\frac{4\pi\cdot |P(f,0)|^2}{2\sum_{m=1}^{2\pi/\Delta\varphi}|P(f,\varphi_m)|^2\cdot\Delta\varphi}\right)$$

方程式 3　便捷的 DI 估计方程式

方程式 3 的计算以声场水平面和垂直面间信号存在完全对称为前提。

(3)方向性指数的差异

通常而言,某个方向性麦克风系统的方向性指数(DI)能用工程的方式通过自由声场和人体模型(KEMAR)测试获得,也能通过数学的方式从理论上获得。因此,往往同一个方向性麦克风系统的 DI 值可分为理论 DI 值、自由声场 DI 值和 KEMAR DI 值。

理论 DI 值是对方向性麦克风系统特定的空间极性图的数学描述,可通过数学方式(即由极性图计算)获得。理论上心形极性图的方向性指数(DI)是 4.8dB(仅指信号在 1000Hz 时的理论值)。

自由声场 DI 值是以经验方式获得的 DI 值,其前提为假设测试环境足够对称,仅测量助听器麦克风对水平面各方向声音信号的声压值,后由方程式 3 估算出 DI。自由声场 DI 测试所采用的麦克风品质或助听器频域特性是必须考虑的,因此其比理论 DI 值更符合实际情况。

人体模型 DI 值由测试值通过总和逼近的方式获得。因为当助听器从自由声场转移到人体模型上测试时,麦克风指向轴方向尽管保持同自由声场中测试相同,但头颅、耳廓和躯干仍会对麦克风产生影响。此时,不仅 KEMAR 和助听器的组合是不对称的,即使是助听器本身的设计也不存在完全对称,因此在计算 KEMAR 助听器的 DI 值时,就必须考虑更多的因素对声学环境对称性的改变和破坏(例如麦克风在助听器上的位置和设计、身体的反射、实际的环境条件),不可简单地通过方程式 3 估算,而必须进行空间测试并采用方程式 2 计算。

总体而言,不同 DI 间的差别是显著的,越接近真实使用环境,方向性指数也就越低,无论是何种类型的极性图或助听器。

2. 麦克风极性图

麦克风极性图(polar plot patterns)是一种用以体现助听器对来自不同方向声音接受灵敏度和方向性麦克风系统的方向性效果的示意图,具体通过一个 360°的坐标图来表现,通常将来自正前方的声源方向定义为 0°、正后方为 180°,极坐标以顺时针方向(从助听器佩戴者头顶向下观测)从 0°到 360°分布,其中声音被完全抵消的方向在图中呈凹槽状,即抵消槽。而抵消槽的角度则决定了助听器麦克风系统内部延时和外部延时的比值 T_i/T_e。以超心形为例(见图 5-27),超心形极性图的抵消槽是 125°和 235°,该入射方向的声波到达前后麦克风口的时间差是 $|\cos 125°| \times T_e = 0.75T_e$,因此通过计算可知,要使该方向入射的声音信号通过麦克风系统抵消,必须使助听器麦克风系统的延时比 $T_i/T_e = 0.57$,即 $T_i = 0.57T_e$。所以,如果想改变抵消槽的位置(90°至 207°),只需调整延时比 T_i/T_e 即可达成。

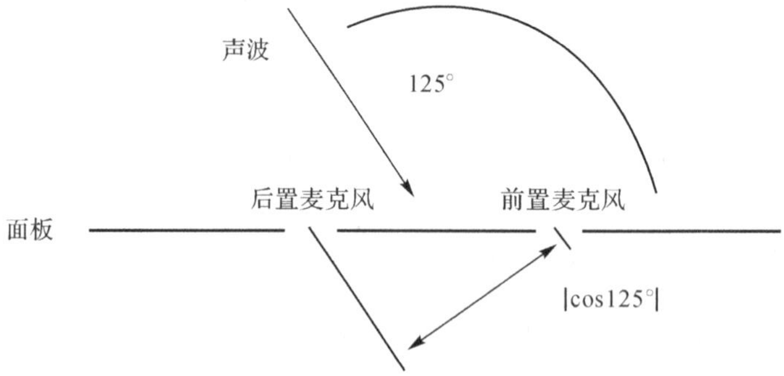

图 5-27　超心形极性图抵消槽角度

3. 麦克风方向性模式(极性图类型)

方向性麦克风系统的方向性模式可分为固定模式(fixed)和自适应模式(adaptive)。其中根据典型的使用环境又将固定式方向性模式分为心形、超心形、8 字形及其他变种。

(1)心形极性图

心形(cardioid)极性图对来自前方及两侧的声压灵敏度较高,对来自后方的声压灵敏度很低,起到抑制后方噪声的作用。外部延时 T_e=内部延时时间 T_i。$T_i/T_e=1$,DI=4.8dB。典型表现为 0°～150°和 210°～360°范围内信号强度接近最大,几乎无衰减,在其他方位角尤其是在后方有明显的衰减,衰减程度最大的地方称为零位点,当信号从正后方即 180°方位角传来时,麦克风对信号的衰减最大(见图 5-28)。

(2)超心形极性图

超心形(hypercardioid)极性图是心形的变种。$T_i/T_e=0.57$,DI=5.7dB。典型表现为 0°～120°和 240°～360°范围内,信号强度接近最大,但 130°～230°之间出现明显的衰减,它两个零位点,后方有一个圆形突出部,但突出部比心形更浅更窄,对侧后方传来的声音衰减更为明显,因此它比心形极性图在噪音环境下的清晰度更好(见图 5-29)。

(3)8 字形极性图

在 8 字形(bi-directional)极性图中,$T_i/T_e=0$,DI=4.7dB。麦克风有前、后声孔,但内部没有延时装置。典型表现为 0°～360°信号强度接近最大,几乎无衰减。但在 90°和 270°有明显的零位点,即前、后两个麦克风声孔之间没有延迟。该设计对某些人有用处,例如出租车司机,需要听到前方和后方的声音,但窗外的噪声应该得到抑制。该型对来自前方及后方的声压灵敏度较高,对来自两侧的声压灵敏度很低,起到抑制两侧噪声作用(见图 5-30)。

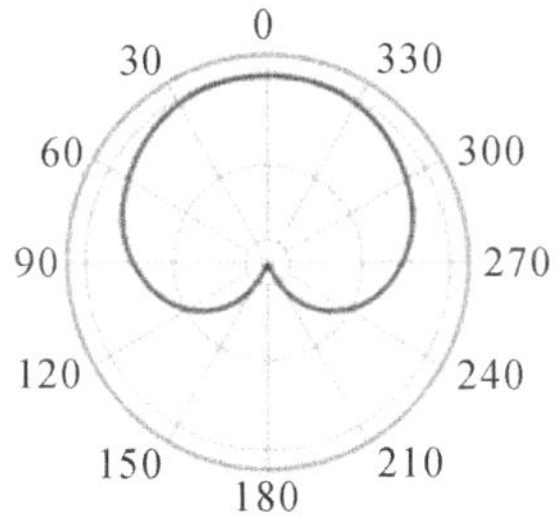

图 5-28　心形极性图

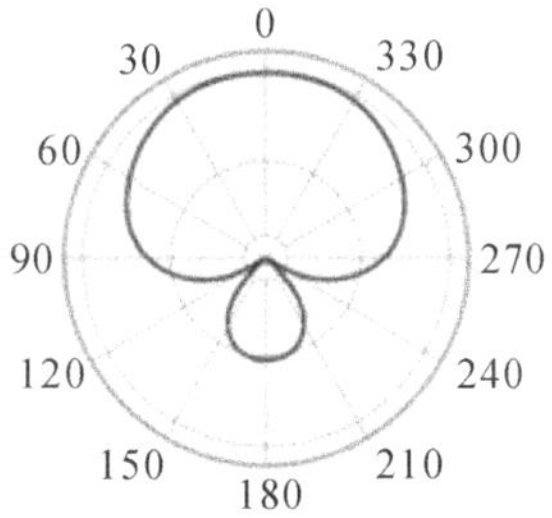

图 5-29　超心形极性图

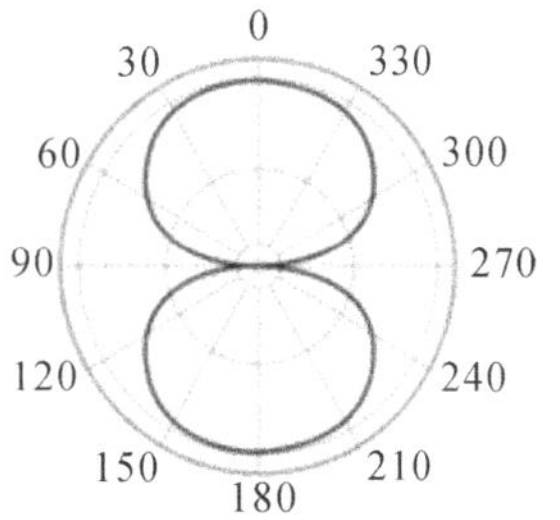

图 5-30　8 字形极性图

(4)三麦克风方向性灵敏度极性图

在典型的三麦克风方向性灵敏度极性图中,不同颜色的极性图代表的是不同的频率(见图 5-31),而其中某些极性图多了一对抵消槽,这正是由于高频信号较低频信号多通过一个抵消器所造成的。因此可以肯定的是,具有两对抵消槽的极性图所表示的必定是大于 1000Hz 的声音信号。

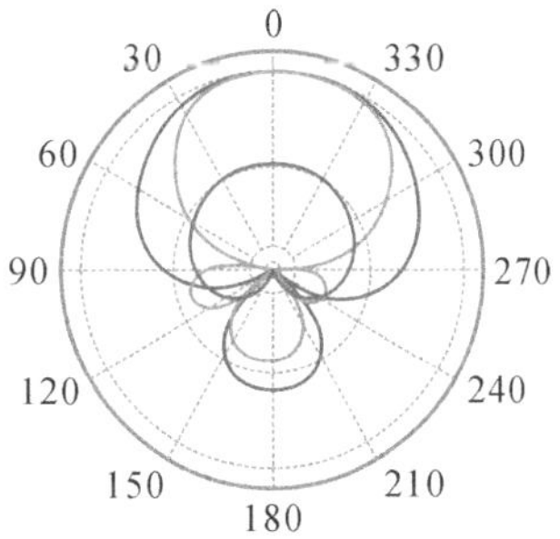

图 5-31　典型三麦克风方向性系统灵敏度极性图

5.6.3　自适应方向性模式

由于传统的固定方向性麦克风模式是根据常见的生活场合所设计的,因此随着该类助听器佩戴者的增加,越来越多的助听器佩戴者和临床听力学家发现,只有当佩戴者处于典型聆听环境时,佩戴者才能够根据当时的情况轻松地选用传统方向性模式来获得相对较佳的助听效果和清晰度。然而事实上，噪声源和信号声源的位置往往不是固定不动的，许多时候噪声环境将随时间而快速的变化。例如汽车快速驶过时，噪声源的移动（见图 5-32、图 5-33）；教师授课来回走动时，信号声源的移动。因此，当变化的噪声源一旦进入某种固定方向性麦克风模式的有效接收范围内时，该噪声就会被收听到，固定方向性麦克风系统的性能也随之降低。

同时，助听器佩戴者和临床听力学家还发现很多佩戴者并不了解麦克风方向性功能的作用，不知道如何使用这项功能，即使知道这项功能，很多实际场合声音也比较复杂，佩戴者仍不能很准确地判断并及时地进行启用和关闭。再者，就算佩戴者非常了解这项功能，并能够熟练应用，但在很多场合要经常切换也非常麻烦。

因此，麦克风自适应方向性系统（adaptive）应运而生，该系统能够自动实时捕捉和分析噪声源，根据环境的变化始终把噪声排除在麦克风接收范围之外，自动完成最佳极性图的选择，无须佩戴者手动调节，提高信噪比。

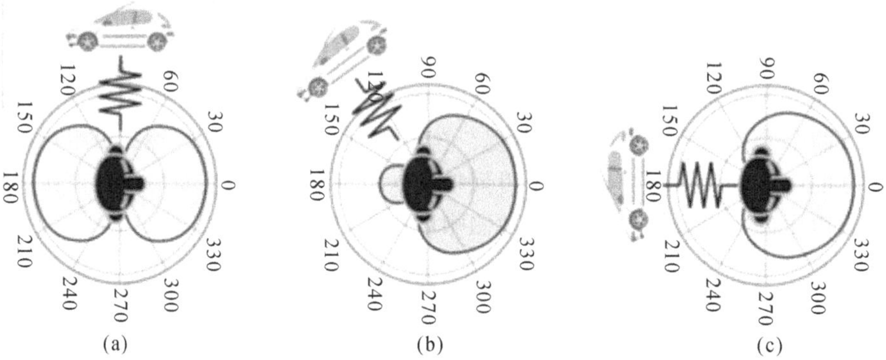

图 5-32　自适应模式在不同噪声环境下的极性图变化

(a)噪声来自后方 (b)噪声来自侧面 (c)噪声来自不同方向 (d)风噪声 (e)安静环境

图 5-33　自适应模式的典型应用

1. 工作原理

从理论上而言，麦克风的方向性是通过采用改变延时比 T_i/T_e，控制调整麦克风极性图，改变抵消槽角度实现的。故在日常生活中，尽管噪声入射方向经常实时地变动，但通常仅需通过改变麦克风的 T_i/T_e 比例，就可以连续地改变麦克风的方向性极性图，以便抵消槽符合噪声的入射方向。因此，通过自适性方向性技术的基本法则，调整抵消槽方向（指该方向的声音被最大化抵消的方向），促使其指向被认为是噪声信号传来的方向（仅指在用户 90°～270°方向的噪音），用于增强麦克风的方向性和信噪比在理论上是完全可行的。但是，在过去的时间里方向性麦克风自适应延时比的调整，只有采用数字滤波的方式得以实现，而这种数字延时滤波将导致极高的运算量，难以在助听器芯片中实时完成。因此，出于方便实现自适应功能的目的，Elko 和 Pong 提出了一种高效的自适应方向性实现方式（见图 5-34），即将麦克风自适应极性图的形状由一个 8 字形极性图和一个心形图输出信号的加权总和控制。重要的是该方式保证了数字技术实现同步计算抵消槽方位和其对应均衡因子 k 的可能性，目前已得到了广泛应用。

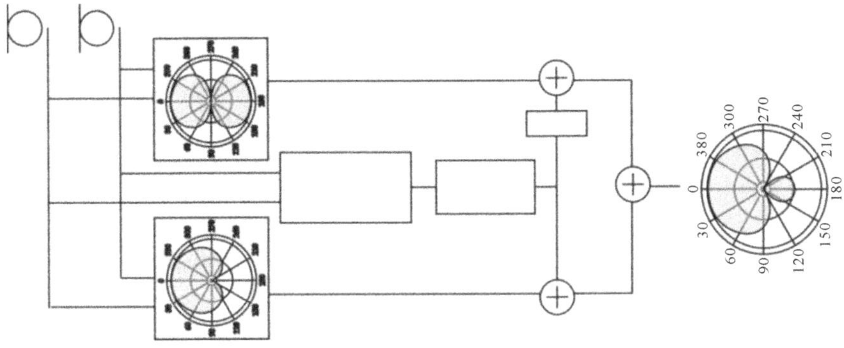

图 5-34　基于 8 字形极性图和心形图输出加权总和方式实现自适应方向性

2. 注意事项

自适应方向性系统的注意事项包括以下几方面：

①抵消槽的管理必须是可靠和精确的。应保证该种方向性麦克风系统在 0°方向（正前方）不会导入任何不自然的（外加的）和可察觉的声音变化，同时没有自前半球传来的目标声源被抑制（抵消槽被限制于 90°～270°的后半球）。抵消槽的深度需要被限制，以防止对助听器佩戴者产生危险。

② 自适应过程必须足够快和精确，以便更好地补偿交流时因佩戴者头部转动而导致的言语可懂度下降的情况或跟踪移动噪音源。

③据 Schweitzer C、Jesse SK(2006)研究显示，通常情况下，头部正前方声源在鼓膜处的压强均弱于人耳侧后方的声源，故 Schweitzer C、Jesse SK 认为就本能而言，由于警觉性的需求，人耳对侧后方的声源最为敏感，这与目前自适应方向性麦克风系统的理论存在偏差。因此，目前部分研究提出采用听觉优势耳佩戴自适应方向性麦克风，对侧耳佩戴全向性麦克风的方式，能够更接近人体仿生学的要求，同时解决方向性麦克风对声音信号存在盲点的问题。

5.6.4　麦克风相关技术要素

1. 麦克风匹配

在由双麦克风组成的方向性系统中，两个麦克风的灵敏度和相位特性必须在任何时候都得到严格的匹配，保证其具有很好的一致性，否则所设计的方向特性将会产生偏移。麦克风匹配包含两个方面：灵敏度匹配和相位匹配。

（1）灵敏度匹配

助听器制造商都会在生产装配每一个助听器时校调每一对麦克风的灵敏度，但这并不能彻底解决问题，因为存在通常所说的“麦克风漂移”。因为当助听器投入使用后，随着持续的佩戴，麦克风的灵敏度等特性将随着元器件的老化而发生变化，而且高温和潮湿也会加速这种变化，但重要的是两个麦克风性能的变化程度往往是存在一定差异的，而这种差异恰恰是引起两个麦克风灵敏度失匹配的关键所在，也是导致麦克风方向性性能下降的主要原因，特别是在低频段。图 5-35(a)和图 5-35(b)，说明了灵敏度失配所产生的影响，图 5-35(a)为理想的方向性极性图，为两个麦克风在 250Hz 失匹配 0.25dB 时的实际极性图。因此，灵敏度失匹配的结果是对称的，任一麦克风的灵敏度降低都会产生相同的方向性。当然，若两个麦克风来自同一批次，则它们的漂移可能会极其相似，而随时间增长对麦克风系统方向性指数所造成的影响也将因此减少。

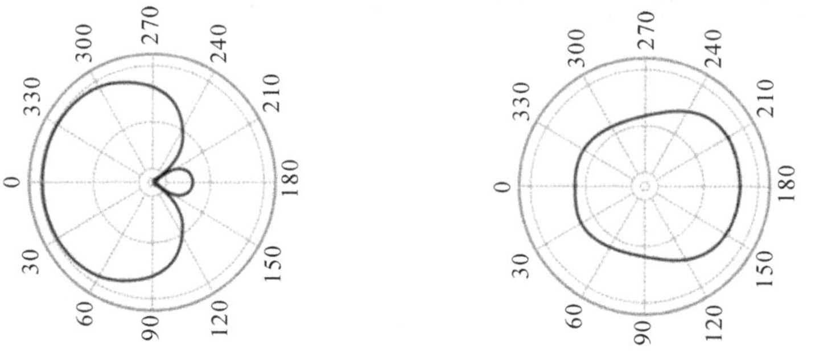

(a)超心形完美匹配(DI＝6)　(b)超心形失匹配 0.25dB(DI＝4.1)

图 5-35　灵敏度失匹配

(2)相位匹配

麦克风相位失配也是导致极性图改变的原因之一。图 5-36(a)和图 5-36(b)说明了相位失匹配所产生的影响，图 5-36(a)为相位失匹配＋2°的极性图(前麦克风滞后 2°)，虽然此时仍具方向性，但麦克风的总体灵敏度和方向性指数均有所下降，其方向性效果已大大降低。图 5-36(b)为相位失匹配－2°的极性图(后麦克风滞后 2°)，其方向性指向后方，方向性指数为负值，即前方的灵敏度较其他方向更低。同时研究表明，每个麦克风的相位漂移是不同的，最大的相位差可达到 3°左右。在三麦克风系统中，灵敏度和相位的失配会被进一步放大，例如当中间的麦克风与两侧的麦克风灵敏度差 0.05dB 时，指向性指数就会从 9dB 下降到 2dB。

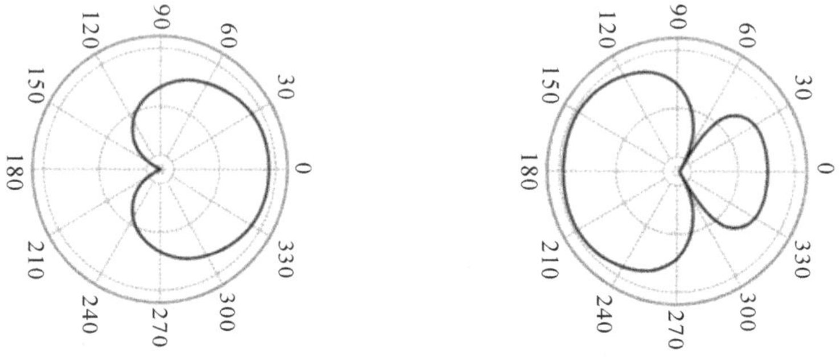

(a)相位失匹配＋2°　(b)相位失匹配－2°

图 5-36　相位失匹配

(3)解决麦克风失匹配的措施

首先，麦克风制造商应做好匹配并成对供货，同样，助听器制造商在装配完成后也应作校调，保证出厂时没有失匹配情况。

其次，麦克风特性发生变化的时间和程度都是无法随时预知的。理论上，在助听器使用一段时间后，需将助听器送回厂家重新校调，以避免“麦克风漂移”现象的出现。当然这十分麻烦，因此，为了方便使用并保持稳定的方向性，目前某些高端助听器出现了智能动态麦克风匹配技术。该技术不仅可对出厂时的助听器麦克风性能参数进行记忆，在使用过程中实时监测两个麦克风的输出和在相位及灵敏度上的性能变化，并在电路中对两个麦克风加以相应的补偿和校正，使麦克风的信号输出大致相同，以保证麦克风间长期稳定的匹配。同时，该技术还能够区分麦克风的暂时变化和长久变化，通过校正使之与正常麦克风之间的偏差逐渐减小，尽可能接近完美匹配，并保存最新数据。因此，动态麦克风匹配的调整精度需达到 0.1dB。当然，智能动态麦克风匹配技术并不能校正严重的不匹配问题，因此助听器使用过程中的清洁和保养仍是首先需要注意的问题。

2. 低频滚降(roll-off)

如上所述，助听器的方向性功能主要是基于不同麦克风之间信号叠加抵消的原理实现的，因此，所有方向性系统无论采用何种方式实现，均会遭受相同的问题：低频滚降，即低频信号的灵敏度呈坡度下降。就单一方面而言，低频滚降在存有很多低频噪音的环境中(如风扇声中)的存在是助听器佩戴者所希望的，然而对于具有较大低频听力损失的助听器佩戴者而言，该种低频滚降是十分有害的，这将严重影响其对言语信号的识别。

(1)低频滚降存在的原因

对于一个从正前方入射的纯音信号，无论是低频信号还是高频信号，到达差分器时它们间的时差应该是外部延时和内部延时之和(T_e+T_i)。但高低频信号在相同时差下对相位的改变是不同的，信号频率越低则后麦克风的输出在相位上的滞后越少，即两个信号越相似，进入差分器后就会被抵消得越多。由此可见，低频滚降与外部延时和内部延时之和(T_e+T_i)有关，时延之和越大，则相位差越大，抵消越少，也就是说，两麦克风口间距离越大，低频滚降越少。

声波的频率与波长成反比，高频声波的波长短，低频声波的波长长。相同的时延高频声波波长的变化大，即相位变化大，方向性效果明显；低频声波则相反。

$$f=c/\lambda$$

式中：f 为频率，c 为声速，λ 为波长。

(2)解决低频滚降的方法

当然低频滚降完全可以通过控制增益、提升低频区域的灵敏度等手段，达到使整个系统恢复到平坦的频响特征的目的，但随之而来的问题是，这也将导致内部麦克风噪音的放大，最终是实际的信噪比并未得到提升。而事实上这种麦克风内部噪音在嘈杂环境下的确可以被掩蔽，但在十分安静的环境下，若麦克风仍处于方向性模式，该麦克风内部噪声就能被助听器佩戴者所听到。因此，具备方向性功能的助听器必须设有可供佩戴者切换方向性模式的办法，特别是对于助听器制造商而言，应衡量体积和低频滚降效应，合理选择双麦克风间的距离。

3. 噪声

(1)风噪声问题

风噪声是风通过头部和肩部时由层流变成涡流而产生的。对于普通人而言，由于鼓室位置较深以及耳屏和耳道的遮挡，通常不受影响。而对于助听器佩戴者而言，麦克风口距离噪声源很近，因此，风噪声对其或多或少地存在干扰，特别是对于佩戴具备方向性功能助听器的用户而言，受到的影响将更明显。因为方向性麦克风不仅具有对近场声音更为敏感的特性，更重要的是方向性功能不仅不能有效地抑制风噪声，相反有些助听器对方向性功能具有低频补偿功能，反而会加大风噪声的干扰。故在有风噪声的情况下就需要关闭方向性功能，变成全向性，才能起到减轻风噪声干扰的作用。因此，具备方向性功能的助听器，设有能让用户自行切换麦克风设置的功能(在方向性和非方向性之间)是很有必要的。

(2)内部噪声问题

由于方向性麦克风系统中低频滚降的存在，部分助听器为此引入了低频的自动补偿功能，以解决助听器整体限度降低的问题。然而事实上麦克风和线路本身均具有一定的本底噪声，因此，助听器在对低频进行补偿的同时，相对的本底噪声也将被放大，尤其是在多麦克风的方向性系统中，麦克风数量越多，本底噪声相对也将越大。

但是，在实际的使用过程中，听力损失较重的佩戴者对这部分本底噪声并不敏感，而较大的周围环境声也会在一定程度上掩盖这部分本底噪声，同时如果开有通气孔，因为一部分低频能量可以通过通气孔释放，因此也能够减轻本底噪声对佩戴者造成的影响。另外，目前数字助听器流行的低压缩拐点技术(low level extension)正是针对减轻细微的低水平机械噪声所研发的，能很大程度地减小助听器内部的本底噪声，以满足佩戴者清晰度和舒适度的需求。

4. 验配定制

(1)通气孔

通气孔可以降低堵耳效应，能够促进耳道内外气压的平衡，但也会使来自佩戴者后侧的低频噪声直接进入耳道。特别是随着通气孔直径的增加，方向性麦克风低频区域(250～1000Hz)的方向性指数也将降低，因此选用方向性麦克风系统时应尽量避免使用直径较大的通气孔。

(2)麦克风口位置

耳背式助听器的麦克风口需处于同一水平冠状面，偏差应≤10°；而耳内式助听器则需注意佩戴者的对耳屏是否遮挡了麦克风口。

5. 环境

(1)混响

在封闭的室内由于声波在传导过程中碰到坚硬物体表面(如墙壁、天花板、地面等)被折回，造成声音的延长，形成混响。因此，混响声滞后于未经折回直接到达的言语声，往往会掩蔽随后直接到达的言语声，降低言语分辨率。而房间越大，混响时间越长，方向性优势降低也将越明显。

(2)噪声源的数量及位置

尽管方向性麦克风技术隶属于助听器降噪技术的一种，但是对于噪声源的数量和位置却有一定的要求。因此，当噪声源的数量增多或者噪声源的方向与言语信号的方向一致时，方向性麦克风技术的降噪能力将会大幅度降低。

5.7 助听器降噪技术

降噪技术并不是一项很新的技术，早在应用于助听器以前，许多领域就要求有降噪技术的应用，比如通信、机械等领域。顾名思义，降噪技术即是把噪声从带噪语音的信号中区分开来，并把噪声去除的技术。尽管目前的信号处理技术千变万化，但应用于助听器中的降噪技术与这些技术却有很大的相似性。

在助听器领域中，自助听器问世以来，作为全世界助听器研发人员和生产厂家的追求目标，如何使助听器在噪音环境中更好地处理声音，从而帮助助听器使用者获得更为清晰的言语信号的问题，一直以来被所有的听力学临床工作者和助听器使用者所关注。这是因为高品质的降噪能力是促使助听器的佩戴者更易接受并使用助听器的重要原因之一，也因为助听器使用中用户最大的问题就是在各种噪声环境中对语言的理解。只有通过提高助听器佩戴者对助听器的接受程度，增加助听器佩戴率和使用时间，才能为助听技术的更新提供最为基础的观察条件，为临床工作者提供更多的机会用以了解新型助听技术的临床应用情况，以此建立一个良性循环，使助听技术不断更新、验证、再更新。但与一般语音算法不同的是，应用于助听器的语音增强算法必须考虑到算法的实时性和计算量的有限性，同时也要最大限度地保持语音结构的完整性。从另外一个角度说，助听器降噪技术的进步只有硬件和算法的不断进步、优化，才有可能使降噪的性能和计算的复杂度找到一个平衡点，并趋于最佳化。

目前，若助听器使用者希望凭借现有的助听降噪技术，而帮助其在日常复杂多变的生活环境里更多地获得言语信号，更好地与人交流，除方向性麦克风技术是一项被反复通过实验临床验证的技术外，助听器中降噪技术的应用也随着芯片内存的扩充、运算能力的提高而逐步改善，同时为了更深入地了解助听器降噪的工作原理，更应该注重助听器内部所设置的降噪系统的工作方法及其效用，以确保有效的应用。

下面从语音与噪声的特性、语音信号处理的分析工具、降噪的方法、助听器中使用的降噪技术等几方面来展开本节内容。

5.7.1　语音与噪声

语音信号最基本的组成单位是音素，音素可以分为浊音和清音两大类。浊音在时域上具有周期性的表现，即可以把浊音看做是一种有节律的声音；在频域上浊音有共振峰结构，在某些频段包含的能量远远大于其他频段，而且这种能量多集中在低频段内。而清音与浊音不同，无明显的可归纳性特征，无周期性，且时程短，能量弱，类似于白噪声。清音信号在噪声中容易被掩蔽。语音信号具有时变、非平稳的随机特性，也具有非连续的特性，即正常的语音是有停顿和间歇的，停顿和间歇时是无语音区的。虽然语音是一个随时改变、非平稳的过程，但语音信号在 10—30ms 的时间内，其各种特征相对较稳定，即在总体上随时改变的语音信号中，瞬时内的信号有相对的稳定性。这个短时平稳特征的存在，使得许多降噪的计算方法成为可能。

噪声从主观上讲，不需要的声音都可以定义为噪声。常见的噪声有冲激噪声、周期性噪声、宽带噪声和语音噪声。各种突发的大声属于冲激噪声；风扇这类周期运动发出的噪声属于周期性噪声，其特点是有许多离散的窄谱峰；风声、呼吸声属于宽带噪声。干扰信号可以是窄带或宽带、白噪声或有色噪声、声学的或电学的。多数工作环境中的噪声相比于抑扬顿挫、跌宕起伏的语音信号，其能量在时域和频域上比较稳定，一般的计算方法都是在假设噪声平稳的前提下完成的。

5.7.2　语音信号处理的分析工具

当系统接收到各种信号后需要用合适的分析工具来观察信号。语音信号包含时域、频率、空域的信息，用不同的分析工具得到的观察结果侧重面会有所不同。每一种分析工具都有其独特的观测视野，但也有其观测不到的信息。

在语音信号处理的分析工具中最常见是傅立叶变换。傅立叶变换是一种时一频转换的工具，它把待分析波形分解成不同频率正弦波的叠加。针对信号在时域上的不同表现（周期、非周期、连续、离散），有多种傅立叶变换。其中离散傅立叶变换是为了在频域利用数字处理技术来分析信号，就需要将其离散化。傅立叶变换是一种整体变换，要么在时域，要么在频域，无法给出信号频谱随时间变换的规律。也就是说，傅立叶变换是在整个时域上进行的，所以无法给出时间上的局部信息。为了了解某个时间段中频谱的改变，需要给傅立叶变换加一个滑动的“时间窗”，这就是短时傅立叶变换。但是由于该“窗口”函数是固定的，所以短时傅立叶变换的时间和频率的分辨率也是固定的。而小波变换就具有变化的时间和频率分辨率，是分析非平稳信号的有力工具，既可分析信号的概貌，又可分析信号的细节。除了傅立叶变换，在与助听器相关的语音信号分析工具中还可以见到离散余弦变换、独立成分分析、盲源分离等。离散余弦变换类似于离散傅立叶变换，在进行余弦变换时，语音信号主要分布在余弦系数的低频区域，而随机噪声主要分布在高频区域。盲源分离是目前比较热的分析技术，简单的理解是对未知来源、特征的信号进行分析、恢复独立语音的过程。它将观察到的数据进行某种线性分解，并分解成统计独立的成分，再把这个统计独立的特征作为输入的表示，为接下去的各种运算做好准备。独立成分分析最初是被研究用来解决盲源分离问题的，它的变换可以使输出元素之间互相统计独立，在语音特征提取方面的应用也逐渐被人们所重视。

5.7.3 降噪方法

基于对语音和噪声的各种特性以及对语音产生的逐步理解，几十年来，逐步出现了各种语音增强的方法。这种语音增强的方法可以理解为一种数学运算的结果。如果纯净的语音信号是我们的运算目标，通过对目前获得的带噪语音信号进行各种数学方法上的运算，使最后的运算结果最大限度地接近原有信号中纯净语音的方法，即称为语音增强。整个语音增强的过程包括对带噪语音信号的预处理、噪声估计、增强算法等。其中在增强算法中涉及了各种滤波器，虽然计算的目的是一致的，但在过程的完成中因为计算中预先设定的数学目标不同，使用的参数不同，出现了各种带有优缺点的滤波器。

1. 滤波器

滤波器是一种信号处理系统，它能提取信号中的有用成分，抑制干扰成分。之所以能提取信号中的有用成分是因为对不同频率的信号产生不同的增益，能有选择地放大或抑制某些频率的信号。比如经常听到的高通滤波、低通滤波、带通滤波等模拟滤波，也有如自适应滤波一类的数字滤波。如果希望设计的滤波器能最大限度地滤除干扰信号，就需要设计最佳的滤波参数以产生最佳的频率响应。而滤波参数往往与输入信号的特性密切关系。

2. 信号预处理

麦克风在接收到信号后，第一步就是对信号进行预处理。预处理的目的是消除各种混叠、高频谐波失真，减少对语音信号质量的影响，同时对高频的信号进行放大。由于语音信号的平均功率谱受声门激励和口鼻辐射影响，高频端大约在800Hz以上按6dB/倍频程跌落，频率越高相应的强度越小，因此要在预处理中提升高频部分，使从低频到高频的整个频带中信号的频谱变得平坦，以便于频谱分析或声道参数分析。预处理还包括将连续的语音信号分割成一段一段的短时语音信号段(一般认为在10～30ms的短时间内，语音信号特性基本保持不变)，借助平稳随机信号处理的理论来提取语音特征参数，以备进一步作降噪处理。

在语音增强算法中，确定语音信号的有无和准确定位语音信号的起止位置是预处理中非常重要的部分。与语音增强算法一样，语音有无的判断方法也具有多样性：有的使用基于短时能量和短时平均幅度的端点检测；有的使用基于能量比方法的端点检测，该方法采用带噪语音处理前后能量比来估计语音段和寂静段；有的根据语音信号的幅度相对于背景噪声其幅度的动态范围大小来判断语音信号的有无；有基于频带方差的检测法，其根据语音和噪声在频带上的不同分布来进行判断，语音各频带的起伏，短时能量大，噪声反之；比较常用的是短时过零率，表示一段连续语音信号在时域波形中通过时间轴的次数，浊音富含低频，过零率低，清音则相反。不同语音有无的判断方法的基本思想都是从输入信号中提取一些度量特征值，再与相应的阈值进行比较并判断。关键问题是选择哪些度量特征值，如何定义确定阈值，这些会影响语音检测活动的好坏。除了单通道信号的语音有无的判断外，多通道的语音检测在原有算法的基础应用了空间能量参数。

3. 噪声估计

在语音增强中，对噪声进行准确的估计是后续算法得以顺利进行的前提条件。噪声估计中有使用语音有声和无声检测方法的，即在无声时更新噪声估计，有声时把估计的噪声应用到目前的有声信号；也有不使用有声和无声检测方法的，是指无论是有声还是无声都对噪声估计进行更新。

4. 算法分类及常见增强算法

(1)算法分类

语音增强算法的分类方法各异。如从计算方法是从时域还是频域来分类：有基于时域分析的，如参数或模型法；有基于频域分析的，如谱减法、短时谱估计、对数谱估计等；有基于时域频域分析的，如小波分析等。

如按照实现估计(对信号的估计和对输出结果的估计)的方法不同分类，可以分谱减法、维纳滤波、最小均方误差估计法等。

如按是否使用参数，可以分为参数和非参数法。参数法是先建立语音或噪声和语音产生的模型。简单的如使用信号的周期性参数作为模型，复杂的以信号的统计分析作为模型。非参数法不需要估计语音、噪声的特性，谱减法、自适应滤波技术均属于此法。

(2)常见语音增强算法

各类语音增强方法中最常见的算法是基于语音短时谱估计的增强算法。除了谱减法外，还有维纳滤波、最小均方误差法等，以及新出现的在助听器中使用较多的自适应滤波技术。

1)谱减法

谱减法是利用语音短时稳定，字与字或词与词之间存在间歇的特性，对噪声和语音特性做出良好的估计，把在间歇和停顿期提取到的无语音的信号特征进行统计并作为样本对含噪的语音进行处理，这是一种相减的方法。谱减法有幅度谱相减、功率谱相减以及各种改进、修正的方法。一般的谱减法中都不包含特殊运算的理论。该方法分析的基础是基于人耳对语音的感知是通过语音信号中各频谱分量幅度，但对各分量的相位不敏感获得的，即从带噪语音的短时谱幅度信息中减去噪声的平均谱幅度信息来得到增强语音的谱幅度信息。这种处理方法以运算量较小、容易在 DSP 上实现而成为目前数字助听器中最常见的方法之一。但这种谱减法是一种最大的似然估计，它放弃了对语音频谱的分析假设。其最大的缺点是频谱相减会产生一种具有一定节奏感的残余噪声，一般称为“音乐噪声”。其产生的原因是把用前几个样本语音寂静段获得的噪声数据应用于当前的非平稳的噪声，出现降噪过多或过少的现象就无可避免了。最近几年对谱减法的改进主要致力于对噪声谱的估计，只有对噪声的估计越接近真实数据，才能越有效地减低“音乐噪声”。虽然有这个缺点，但在实际使用中因算法简单有效而被广泛应用。经典谱减法的过程是先读入带噪语音数据，把语音数据按时间分段，取前几段的数据来估计噪声功率谱平均值；同时对每一段带噪语音估计功率谱，最后进行相减运算。

2)维纳滤波法

维纳滤波法是假设在语音、噪声为平稳信号的基础上产生的。带噪语音信号是在通过该滤波器后其中的噪声幅度谱被减去,再加上带噪语音频谱的相位后获得目标信号的一种计算方法,可以把其理解为谱减法的衍生算法。它的设计方法是建立在最小均方误差准则基础上的,最小均方误差准则是为了使滤波效果最优化,在滤波器设计过程中预设定数学计算目标的一种。它是指将估计值(对语音信号的估计值)与需要值(通过滤波器的输出值)差平方的统计平均值作为性能函数的一种计算方法。它是根据全部过去观测值来估计信号的当前值。它的优点是语音增强后的残留噪声类似于白噪声,缺点是比较适合于平稳随机信号,而语音信号只在短时间内近似平稳,噪声很多情况下是非平稳的。其经典的运算过程是在完成谱减法步骤的基础上,再根据最小均方误差准则求出传递函数,所需的语音信号等于带噪语音的频谱乘以传递函数求得。

3)最小均方误差法

最小均方误差法是在维纳滤波法的基础上发展而来的,它不像维纳滤波法是由过去所有的观测值来估计当前值。最小均方误差法考察系统的每一个瞬时值,并以瞬时平方误差性能函数代替维纳滤波的均方误差性能函数,得出的结果为一个瞬时递推式,即用 $N-1$ 时的值来估计 N 时的值。该算法的优点是对非平稳的环境噪声有较好的衰减作用,也能减少处理过程中出现的残留噪声。缺点是由于需要统计各种参数,算法运算量大,实时性不好。

此外,除了考虑语音信号和噪声信号的性质外,有些计算方法还加入了人耳对声音分析的特性,比如模拟人耳的 24 个频率群;模拟人耳的掩蔽效应,该掩蔽效应是指人耳不能在信号谱能量高的地方觉察出噪声的存在,是信号掩蔽噪声的情况,这与基础听力学上噪声掩蔽信号的掩蔽效应有所不同。也就是说,残留噪声强度能被语音信号掩蔽而不被人觉察就可以了,没有必要把噪声全部消除,这种处理可以减少语音信号在减噪过程中有用信号的丢失。

4)自适应滤波法

新的算法中,自适应滤波技术是在助听器中最常使用的语音增强技术之一。传统的数字滤波器的权系数是固定的,权系数在设计时根据各种可获得的语音、噪声信号参数来计算目标输出,该参数可能是来自对信号直接的估计,也可能是来自语音模型的参数。设计出的系数在使用过程中对各种信号处理时保持不变。然而在实际使用过程中,在有限的信息(相对应千变万化的信号)基础上设计出最优的权系数并非易事,这也是出现各种滤波技术及各自的改进、修正版本的原因。自适应滤波器在输入信号特性未知或者输入信号特性变化时,能够调整自己的参数,以满足某种最佳滤波准则的要求。除了普通滤波器的硬件设备外,还有软件部分,即自适应算法。它可以按照某种事先设定的准则、算法自动调节本身的传递函数以达到所需要的输出。换句话说,它的最大特点是其工作时的滤波参数来自前一时刻输入信号的统计特征,根据事先设定的准则、算法使输出的信号能符合设计的目标。自适应算法的好坏直接影响滤波效果。按照设计最佳滤波准则不同,自适应滤波器的计算方法也相应不同。一般把自适应滤波器分为线性自适应滤波器和非线性自适应滤波器。虽然非线性自适应滤波器具有更强的信号处理能力,但由于其计算复杂度高,在目前的应用中受到限制。线性自适应滤波器的算法复杂性低,尽管对信号的处理能力有限,但目前仍然广泛地被应用。线性自适应滤波器中常见的事先约定的计算滤波的准则有最小均方误差准则(该准则认为滤波器的输出与需要信号之间的均方值差最小为最佳,这个准则与维纳滤波的准则相同,但一般的维纳滤波只能处理信号统计特性先验已知的情况,如维纳滤波器的权系数能作出改变就成为自适应维纳滤波器)、递归最小二乘算法、基于子带分解的自适应滤波算法等。其中因计算简单而使用最广泛的是最小均方误差准则和最小均方算法，后者是在前者基础上的改进。

自适应滤波法可以用于单通道信号处理，也可以用于多通道信号处理。其中自适应噪声对消技术是自适应滤波法的典型应用。后面的自适应波束形成中也有自适应滤波的计算，只是在波束形成中还涵盖了空域的参数。

5. 自适应噪声对消技术

在自适应噪声对消技术中，信号的处理过程中有两个输入端：主通道输入端和参考通道输入端。主通道的信号为带噪语音信号，参考通道的作用是估计出噪声，通过调整该通道中的滤波系数使参考通道中估计的噪声最接近主通道中的噪声。这种方法降噪明显，被广泛应用于语音增强技术中，关键在于获得噪声源的复制。图 5-37 是自适应噪声对消技术的示意图，其中 $d(n)$ 是信号加噪声，$s(n)$ 是信号，$y(n)$ 是自适应滤波器对 $x(n)$ 噪声的估计值。信号 $s(n)=d(n)-x(n)$，通过滤波器的工作 $s(n)=d(n)-y(n)$。

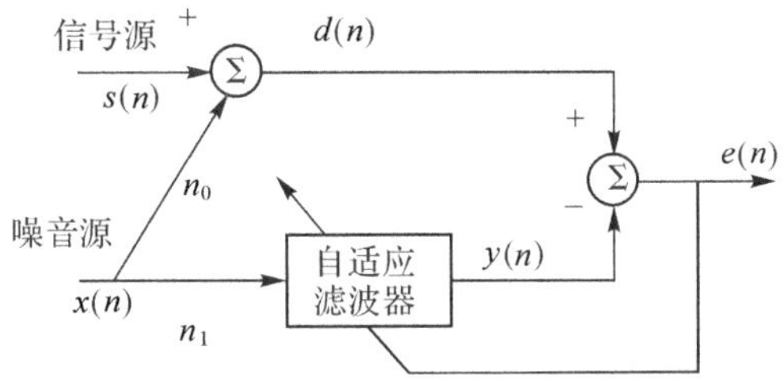

图 5-37　自适应噪声对消技术

6. 单通道降噪与多通道降噪

(1)单通道降噪

单通道降噪是指信号的输入为单通道，多通道降噪是指信号的输入为多通道。助听器技术中单麦克风的属于单通道降噪，双麦克风或者多麦克风的属于多通道降噪。这里所讲的单、多通道不是压缩特性中的通道数。单通道降噪中语音与噪声同时存在于一个通道中，对噪声的获得没有参照数据，比较适用于噪声平稳的情况。

(2)多通道降噪

多麦克风阵列的语音增强除了它自有发展的有关算法外，同时也吸收了单麦克风语音增强的方法，如常用的语音参数模型法、谱减法和维纳滤波法都有应用到多麦克风阵列的语音增强中。两者结合更能有效地提高降噪的作用。多通道降噪中，各通道中获得的信号与噪声的数据可以相互参照，同时由多麦克风获得信息的降噪技术使得探究噪声与信号空间上的分离成为可能，即除了时域、频域的信息外，同时也可获得空间上信息的差异。助听器的多麦克风技术是助听器对来自多麦克风通道多信号源的信号通过空间滤波器来完成降噪。与单麦克风的降噪技术相比，多麦克风降噪可以增加信噪比，可以实现声源的自动定位与跟踪。人们已经提出了许多基于麦克风阵列的语音增强方法，大体可分为波束形成法和信号子空间法。其中比较经典的方法是波束形成法，包括固定波束形成、自适应波束形成和后置滤波法。在多通道语音增强中，常见的名词有麦克风阵列、波束成型、固定波束形成方法、自适应波束形成方法、具有后置滤波的波束形成法。先介绍各名词，再介绍多通道降噪中噪声场问题、语言检测问题与时延问题。

1)各名词及经典计算方法

①麦克风阵列,即一组以某种形式作空间排列的传感器单元连接到一个或多个接收信道。利用多个麦克风拾取信号来实现语音信号处理。

②波束成型,即空间滤波。其实质是计算求和加权系数,对各阵元接收信号进行加权求和。可以通过调制权系数,对不同方向来的信号使用不同增益。

③固定波束形成方法,也称延迟求和波束形成法。其滤波权值是固定不变的。原理是对期望语音信号在各麦克风上的相对时延进行补偿对齐再求和,即实现同相位相加,从而增强语音。而且结构简单,计算量小。它的效果与麦克风个数、麦克风间距、噪声入射方向等有很大关系。尤其在低信噪比的情况下,语音被噪声淹没,降噪的效果就不明显。对在非相干噪声或散射噪声情况下的作用优于相干噪声的情况。

④自适应波束形成方法。基于不同算法准则和不同的滤波器,自适应波束形成的方法也有多种,常见的有 Frost 宽带波束形成、自适应抵消法、广义旁瓣抵消法。Frost 宽带波束形成自适应计算方法,可以用较少的麦克风取得较好的降噪效果。广义旁瓣抵消法是对 Frost 宽带波束形成法的修正,并成为后来许多算法的理论框架,是自适应波束形成器的一种通用模型。其包括固定波束形成器、阻塞矩阵和无约束的自适应噪声抵消器。阵列信号一路通过固定波束形成得到增强后的信号,同时该阵列信号通过一个阻塞矩阵尽量使这一路的信号阻塞语音,希望只包含噪声,完成后的信号再通过自适应滤波器,在自适应滤波器中完成对噪声的估计。最后把估计的噪声应用到另外一路的信号以减去噪声。这种计算方法当干扰噪声源数目少于麦克风数目时能达到较好的效果,但其主要的问题是这种计算方法存在无法完全阻塞语音的问题,对于非相干噪声,降噪能力反而不如传统的波束形成方法,由此也相应出现了许多修正的版本。

⑤具有后置滤波的波束形成法,是指在自适应波束形成的基础上再加用自适应维纳滤波来增强降噪效果。该方法还增强了对回响的效果。

除上述几种经典方法外,还有基于子带自适应波束形成的麦克风阵列语音增强(不同于一般的延迟求和波束形成计算只进行一次,这种计算把宽频的声音分成子频带,进行多个延迟求和波束形成计算),基于盲波束形成的麦克风阵列语音增强(是以盲源分析作为输入的基础)等等。也有学者把几种经典的方法结合使用,比如把能抑制频率成分不同的干扰信号和噪声的谱减法与具有空时滤波优势的波束成型结合使用增强效果等。无论用何种方法,都是以提高计算量为代价来换取性能的改善,很多理论在目前都难以实现,特别是在助听器中。

2)多通道降噪中噪声场问题

麦克风阵列所处的噪声场分为相干噪声场、非相干噪声场和散射场。当只有一个噪声源存在,麦克风接收的噪声只有相位和幅度上的差异时,这种情况称为相干噪声场。当麦克风接收到的噪声彼此不相干,称为非相干噪声场。在实际环境中,最常见的是散射噪声场,同时有上述两种情况。在散射场中,平面波在所有方向上随即传播,噪声是无限多个平面波的叠加,通过计算可以知道,噪声在低频段强相关,在高频段弱相关。对于自适应波束形成,其降噪能力与麦克风所处的噪声场的空间相干性密切相关。

3)多通道降噪中的语音检测问题

麦克风阵列中的语音检测一方面使后续的时延估计可以只在语音段进行,提高了估计的准确性;另一方面,检测结果也可以被其后的自适应滤波所用,使滤波器能及时更新系数,提高对噪声的判断。

4)多通道降噪中的时延问题

由于麦克风阵列对语音信号的空间采样,使得声音到达不同位置的麦克风有时间上的差异。对参考麦克风而言,其他麦克风的到达上的差异称为时延。为使波束形成器的输出达到最大的信噪比,保持各麦克风接收到的期望语音信号同步是很重要的问题。这是进行后续处理的一个前提条件,也是多数麦克风阵列语音增强算法中的一个基本问题。设计上对延迟的数据的获得,很大程度上影响到降噪的效果。由于实际环境中存在混响和噪声干扰问题,有时噪声是相干的,有时是不相干的,也会有散射场的情况,这都对时延估计的准确性和稳定性提出了很大的挑战。

由于时延估计的困难,信号子空间的计算方法正是为了避开这个难题而设计的,可以把信号自空间法看做是单通道谱减法在麦克风阵列中的应用。

尽管麦克风阵列的语音增强有诸多的优点,但是从理论上讲语音信号是宽带信号,而阵列多用窄带信号。噪声源可能与语音信号的频谱有相同特性,这将致使波束形成失去作用。混响会影响阵列中的时延估计和语音检测活动,较大的混响还会影响自适应阻塞矩阵的判断,不能有效地阻塞语音信号,造成输出中的语音信号被当作噪声衰减。实际环境中说话者提供的语音并不是在空间上固定不变的点声源,与多数设计的计算方法中的模型不同。

纵观上述各法,无论用何种方法,最终的目标是要最大限度地去除噪声,最低程度地影响语音,尤其是对清音的影响,同时要减少因各种计算方法引起的残留的噪音。事实上,助听器使用者所处的环境千变万化,自然界的噪声也各有各的特性。而且目前多数的单通道处理过程都是对信号中的前一段信号作出统计分析,再将结果应用于后一段信号中,也就是在对目前的信号进行处理的过程中,使用的对照参数是来自前一个样本的。处理结果的优劣很大程度上依赖于假设参数、模型、统计数据的精确性,而且仅单独地使用一种方法而想去除各种噪声是不现实的。但同时也应看到,随着信息论、子带滤波等理论的发展,出现了盲源分离、子带分解、多分辨率分析等新的语音增强方法。语音增强的发展基本上是从语音分析工具和具体计算方法这两大方面来展开的。

5.7.4 助听器中使用的降噪技术

研究显示,高品质的降噪效果是促使助听器的佩戴者更易接受及长时间地使用助听器的重要因素之一,因此助听器生产厂家在进行产品宣传时均热衷于标榜各自所研发的助听产品降噪系统的优越性,以期能使其产品更多地受到听障人士的青睐。

但事实是目前助听器因为处理能量的局限性,信号处理越精确复杂,要求的能耗就越大,这与助听器中有限空间中电池所能提供的能量是矛盾的。基于此,应用于现今助听器中的处理技术相对于理论的发展都是简单的。

降噪的方法用于单通道的助听器中虽然能提高佩戴者的舒适度,但并不能增加言语可懂度。这里的单通道不是压缩特性中的通道数,是指单麦克风拾音的情况。可能是因为单通道降低增益不能有效地增加最相关频率段的信噪比,也可能是因为处理过程中非线性滤波引起的失真以及对噪声非精确的估计。因为在现实环境中,语音与噪声在频域和时域上往往是相互交叠的,这也使得仅使用单通道技术而要完全地分离噪声、不影响语音质量的可能性几乎为零。特别在信噪比低或者噪声呈现非稳态的情况下,单通道的处理更是不能解决问题。

单麦克风的降噪一般都是使用信号和噪声在频谱或者调制率上的差异来实现降噪的。最简单的是通过高通滤波器来实现的。假设一背景噪声是以低频为主,并掩蔽了语音信号中的低频部分,高频滤波器可以降低噪声的响度,而对言语可懂度的影响却不大。高级一点的助听器把拾取到的信号分到各频段后,根据各频段的调幅深度来降噪。一般认为语音声是高调制信号,噪声是低调制信号,信号处理的结果是含高调制频率的成分可以通过,而含低调制频率的成分不可以通过。Oticon Digifocus, GN Danavox 2 Danalogic, GN ReSound Canta 7,Phonak Claro,Widex Senso, Widex Senso Diva, Siemens Prisma 在他们单通道信号拾取的产品中是使用调制技术的。这种对信号调制情况的判断可以理解为是语音检测中的一种。

到了 2001 年,唯听的 Senso Diva, Phonak Claro, GN ReSound Canta 7 耳背式助听器中开始出现了双麦克风自适应降噪的技术。相对于固定方向性麦克风,在单一噪声的情况下,该麦克风能提供更好的言语可懂度。但在比较复杂的情况下,比如有多个噪声、存在混响的情况下,该类麦克风的工作类似于固定方向性麦克风。为了应对复杂的噪声环境,在助听器中开始使用三个麦克风技术,比如 BTE Siemens Triano 3。

国外有学者的论文中提到单通道中使用维纳滤波和谱减法,多通道中使用自适应维纳滤波来进行自适应噪声对消。也有学者提到可以使用子带自适应滤波、离散余弦变换—最小均方差准则(该论文中认为此法优于离散傅立叶变换—最小均方差准则和小波变换—最小均方差准则)。在 Danavox-163D 的耳背机中,使用独立分量—最小均方差准则。GN ReSound Canta 7 的计算方法是 GSC。

除了考虑到使用不同分析工具、计算方法外,麦克风的匹配问题一直是设计者比较棘手的问题。匹配问题是多麦克风可以正常工作的前提,虽然可以通过校准滤波系数或者把获得的极性数据与内在的正确数据进行比较完成,但由于目前使用于多麦克风系统的计算方法没有包括稳定性的参数,使得上述问题在实际使用中无法避免地存在着。而且助听器在外形设计上小型化的趋势,也使得降噪设计中麦克风的失匹配、安装位置、头影效应对性能的影响越来越严重。虽然许多厂家通过各种方法来减缓该类问题(比如防尘防水、简单的几点频响匹配),但总是不能从技术的根本上解决问题,由此更加需要包含稳定性计算的计算方法来完善这个问题。

5.7.5 降噪的量

降噪的程度问题也是语音在助听器中比较特殊的问题。由于助听器计算量、耗电等的局限性,使得能用于助听器中的语音增强的算法相对比较简单。无论助听器使用何种计算方法,在其设计过程中通常依靠减少助听器输出的方式,即通过减少助听器在噪声环境中的增益,来实现降噪。列举现今各助听器生产厂家所研发的助听器降噪系统,不难发现尽管不同厂家所生产的助听器在其降噪系统的设计上存在差别,但最后在助听器输出方面所得到的体现就是助听器增益的减少,并且在助听器的各个编程程序中,其增益所减少的数值是被固定的。既要保持语音信号的完整、可听,又要尽可能地降低噪声,是一对矛盾的对立面,有时候不得不以牺牲一项的利益来确保另一项目的的实现。

可是,此类被固定的增益减少量,对听力损失程度不同的助听器佩戴者所造成的效果往往大相径庭。

在很多情况下,相对于轻度听力损失的助听器佩戴者而言,固定的增益减少量在一定程度上仍没有达到其所需要的噪声控制量,他们仍会感觉环境相当的嘈杂;相反的,对于重度听力损失的助听器佩戴者而言,相同量的增益减少可能会过多地降低增益,在减小了噪声的同时也影响了助听器使用者对言语的拾取,从而影响了其言语可听度。因此,目前在这些传统降噪方法的基础上，出现了通过计算言语清晰度指数(speech intelligibility index，SII)来实现弥补本身计算方法的简单的新型计算方法。该降噪方法的设计厂家在其官方的宣传资料上，将其称之为言语增强降噪方法(speech enhancer)。

言语清晰度指数(SII)与清晰度指数(AI)相类似，是一种可间接推断言语可懂度的测量方法。通常而言，SII 或 AI 的指数处于 0 和 1 之间，数值越大表示与其相关的言语可懂度越好，特别是 SII 指数，理论上可将其理解为 AI 的升级，这是由于 SII 指数在计算过程中不仅考虑了高强度给声时所产生的掩蔽效应，同时也顾及了不同频率的可听度对言语可懂度的影响。因此，SII 的计算除了需要获得相应的言语频谱和噪声频谱外，还需输入用户的纯音听阈作为依据，方能针对相应的听力损失程度，分别计算出各频率处有多少可听的言语信号，并根据这些不同频率处可听言语信号对言语可懂度的有用性差异，计算不同频率处应提高多少增益用以实现言语可懂度的最大化。与此相对应的是助听器所具备的可调试通道越多，代表需要计算的频率也越多，数据随之也将更加的精确。如图 5-38 所示是不同听力损失、不同强度噪声输入时助听器的工作效果，可见这种方法可根据使用者的听力损失程度以及环境噪声的差异，适时地调整降噪参数。

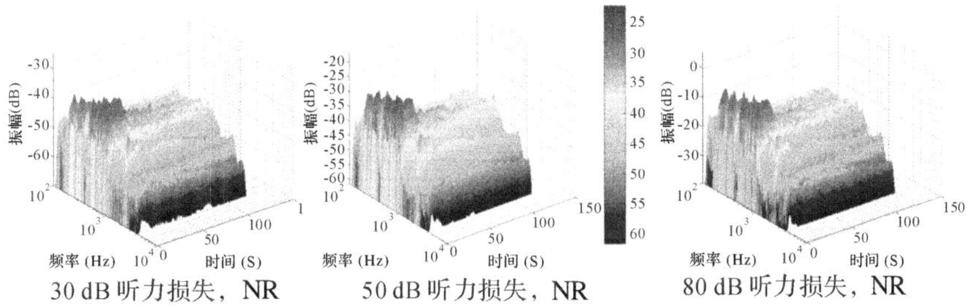

(a)听力损失分别为30dB、50dB、80dB时，传统降噪方法的频谱图

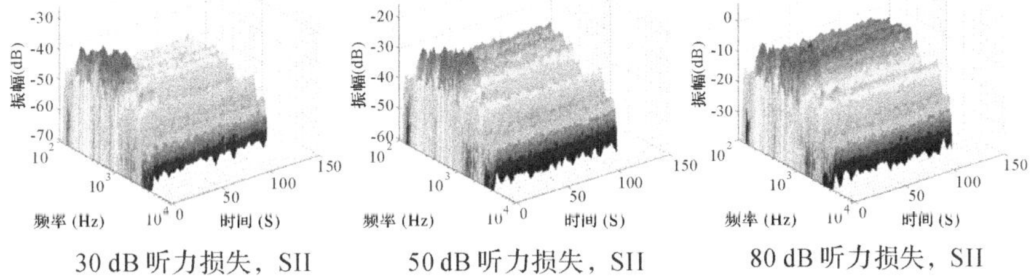

(b) 听力损失分别为30dB、50dB、80dB时，SII 传统降噪方法的频谱图

图 5-38　不同听力损失、不同强度噪声输入时助听器的工作效果

目前助听技术日新月异，更为科学化、人性化的助听器也在不断地被研发和应用之中，但是直至今日如何使助听器完美地进行降噪处理对于助听器研究工作者而言仍是一个难以解决的问题。这是因为将言语信号与用户所不需要的噪声信号进行完全而清楚的区分是极其困难的，特别是面对不同的使用者和使用环境，助听器在降噪过程中，降噪系统对增益进行何种程度的调整，才能既减少环境噪声，又不影响有用的言语信号的拾取，更是极难控制。若对不同程度听力损失的使用者均采用相同的增益减少量，无疑会在很大程度上影响一部分助听器使用者的言语可听度，从而进一步影响其言语的可懂度。因此，SII 降噪技术应运而生，弥补了对噪声强度无自适应的计算方法。

第 6 章　助听器电声性能

根据国家和国际标准，助听器的电声性能指标主要有输入声压级为 90dB 时的输出声压级、满档声增益、参考测试频率和参考测试增益、频率响应特性、输入—输出曲线、助听器的失真、等效输入噪声、电池电流、在声频磁场内的感应拾音线圈最大灵敏度等，具有自动增益控制的助听器，还应测量上升时间、恢复时间等。

如图 6-1 所示是助听器输入声压级为 90dB 时的输出声压级曲线、满档声增益曲线。

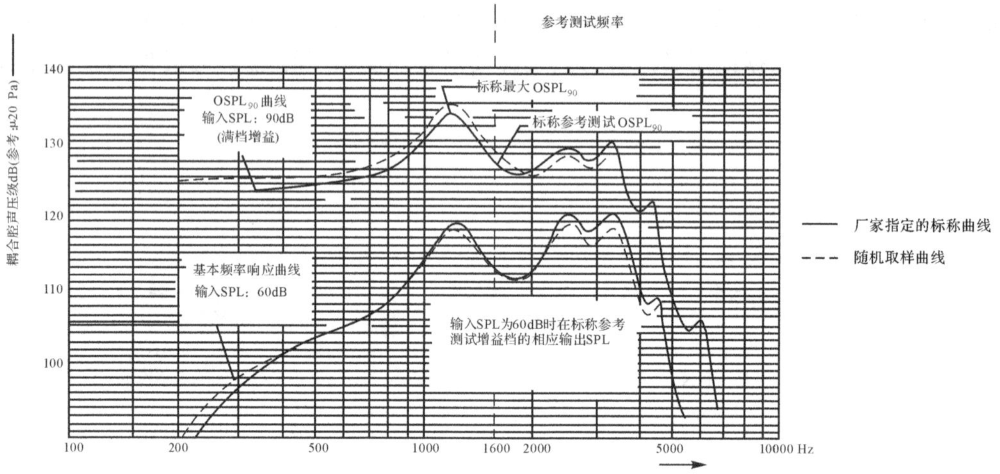

参考增益控制位置公式：$R=S-15\text{dB}$（R 与 S 均用 dB 表示）

式中：E＝标称参考测试增益；S＝参考测试频率的饱和级 OSPL90

图 6-1　OSPL90 及基本频率响应曲线举例

在测量这些助听器的电声性能指标前，先简单介绍助听器的校准装置、测试标准和主要电声特性。

6.1　助听器的校准装置

6.1.1　IEC126 2CC 耦合腔

测量助听器整机特性，需要有一个标准耦合腔来接收助听器受话器的声压。耦合腔应有一定的形状与体积，并使用非磁性的坚硬材料。国际电工委员会组织于 1961 年确定 IEC126 2CC 耦合腔为国际标准耦合器。2CC 耦合腔的基础类型可分为 HA-1 和 HA-2 两种，这两种最为常用，如图 6-2 所示。HA-1 耦合腔的作用，是与耳道式、完全耳道式、耳内式助听器相连，或者与有耳模的助听器相连，这些助听器的出声孔直接进入耳道。HA-2 耦合器的作用是与盒式、耳背式相连。也有些 2CC 耦合器只有一种耦合腔，它通过不同的适配器来实现对各种助听器的连接。

耦合腔一端与助听器相连，另一端与麦克风相连。选用 2CC 这个容积是因为它接近成人佩戴有耳模的助听器时的耳道情况。

但是，用该耦合腔模拟人耳佩戴助听器的声学效果不能完全模拟真实佩戴效果，测量结果与实际存在区别。实际使用时频响曲线较平坦且输出声压级较测量值大，因为它比实际耳道容积要大，同时未能很好地体现高频在耳道内的增益作用。

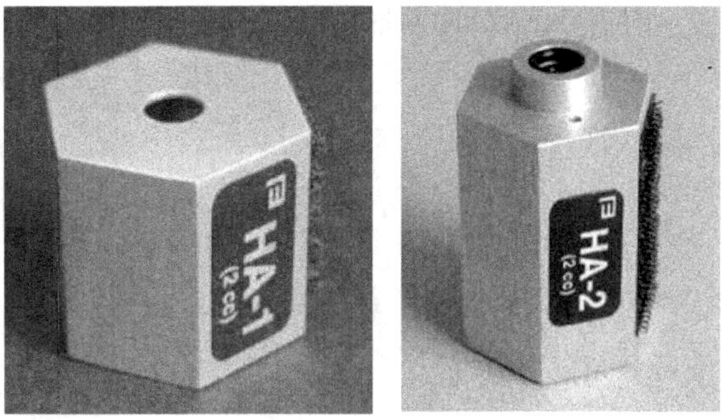

图 6-2　2CC 耦合腔

虽然存在这些不足，但是由于测量结果便于重复及标准化，至今仍得到广泛的应用。IEC118-7-1983 及 ANSI S 3.22-1987 都指定助听器在 2CC 耦合腔中检测。图 6-3 中左侧为适配器，中间位置为 2CC 耦合器，右侧为测试麦克风。

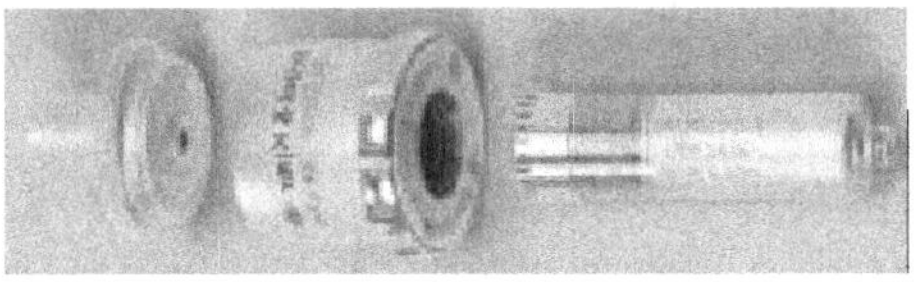

图 6-3　2CC 耦合腔及其连接器件

6.1.2　IEC711 标准堵耳模拟器

由于 2CC 耦合腔的不足，1981 年国际电工委员会组织推出了新标准。它针对助听器通过耳塞（耳模）耦合到人耳后，根据正常成年人耳的声学特性，模拟了频率范围在 100～10000Hz 间的鼓膜上的声压，然而没有对耳塞（耳模）与人耳外耳道间的声漏作出有效的模拟。因此，在堵耳模拟器（见图 6-4）上测得的耳机性能与真耳之间仍有一定的偏离，尤其是在低频区域，测量值较实际值高。IEC 118-0-1983 指定助听器在堵耳模拟器中测试，尽管它也允许用 2CC 耦合器来替代。

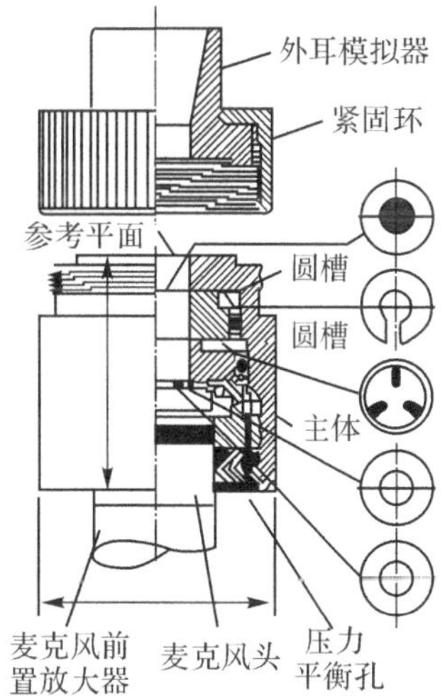

图 6-4　IEC711 堵耳模拟器

6.1.3　IEC959 标准助听器声场测量用模拟人体装置

由于上述耦合腔均未考虑助听器在使用时人体对声波产生的绕射、散射等干扰，1975 年，美国的 Knowles 与 Burkhard 提出了一个人体模拟装置，习惯叫 KEMAR（声学研究用楼氏电子学公司人体模型的缩写）。声学模型包括头部和躯干，每一侧耳中有一个耳模拟器，如图 6-5 所示。

它的优点在于：

①能作为尺寸始终不变的固定受试者；

②能保持同一方法反复放置；

③能不受疲劳的时间限制；

④堵塞的耳道与敞开的耳道的所有声压均能在模拟鼓膜平面上测量；

⑤采用统计平均尺寸的模特儿，并能更换不同耳翼结构，以研究外耳尺寸的影响。

使用 KEMAR 测量助听器时必须在隔声室内，其测量结果与真人佩戴时的测量结果较为接近。

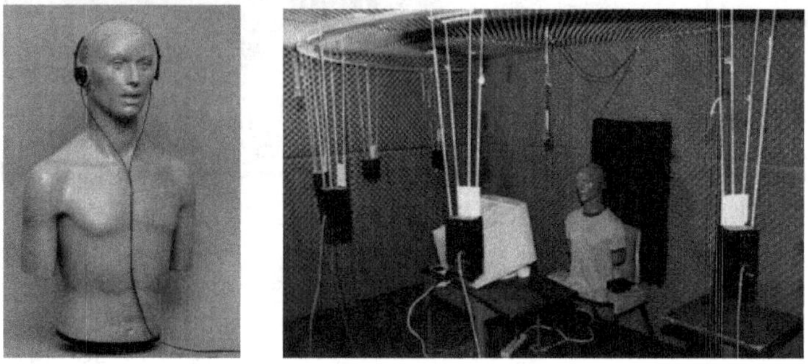

图 6-5　人体声学模型及其测试

6.2　助听器的测试标准

6.2.1　助听器测试标准的种类

在国际上，助听器电声及电气特性的测试标准有多种，如国际电工委员会组织(IEC)发布的 IEC118 系列标准、美国 ANSI S 3.22-1987 标准、日本 JIS C 5512-1986 标准等。大多数国家均采用 IEC118 系列标准，我国也等效采用 IEC118 系列标准。

1. IEC118 系列的标准

IEC118 系列具体有下列几种标准：

①IEC118-0 助听器电声特性的测量方法，相应的国家标准为 GB6657-1986。

②IEC118-1 具有感应拾音线圈输入的助听器电声特性的测量方法，相应的国家标准为 GB6658-1986。

③IEC118-2 具有自动增益控制电路的助听器电声特性测量方法，相应的国家标准为 GB6659-1986。

④IEC118-3 不完全佩戴在听者身上的助听器的特性测量，相应的国家标准为 GB11455-1989。

⑤IEC118-7 助听器交货时质量检验的性能测量，相应的国家标准为 GB7263-1987。

2. 其他相关标准

我国另外还有下列助听器相关标准：

①GB6660-1986 助听器及其有关设备的符号与标识。

②GB6661-1986 插入式耳机的乳头状接头。

目前国际上尚未对助听器具体的性能指标制定行业标准，各企业需要对自身的产品制定企业标准(我国现称为医疗器械注册产品标准)。另外，以上几种助听器标准制定的时间较早，那时全数字助听器尚未问世，这些标准已不完全适用于具有宽动态压缩及噪声抑制等功能的全数字助听器，因为适用于模拟线路助听器测试用的扫频纯音或宽带噪声，对于全数字助听器来说有可能被作为噪声而加以抑制，从而影响测试结果的正确性。若需要准确测量全数字助听器，可以将全数字助听器中的部分功能关闭，成为模拟助听器，再用目前的测量方法加以测量。目前也有些测试系统有用调制的宽带信号来测试数字助听器的。

6.2.2　测试设备及测试条件

1. 测试箱

由于助听器很小，一般都在测试箱中测试。助听器的测试应在 200～8000Hz 的频率范围内基本满足自由场条件。也就是说，在测试点前后 100mm 的两点上的声压级偏离距离反比定律之值，在 200～400Hz 频率范围内不大于±2dB；在 400～8000Hz 频率范围内不大于±1dB；在测试点左、右、上、下 100mm 的各点上，在 200～8000Hz 频率范围内声压级偏离测试点上的声压级不应大于±1dB。

测试箱由一个信号发生器、一个放大器、一个扬声器、一个测试麦克风（一个参考麦克风）组成。信号发生器能提供 50～90dB 恒定连续扫描纯音。扫描纯音是传统的测试信号，因为线性电路对各频率信号的处理方式相同，用扫描纯音可准确测量助听器的频率增益。但是用它测量宽动态压缩助听器时，如果助听器的压缩放大线路前有一个高（低）通滤波器，使得低（高）频部分的扫描纯音被频率衰减，高（低）频的增益会变大。最近有的测试箱采用一个固定频谱的宽带噪声，它在测量宽动态压缩助听器时，就会比较准确地反映助听器的频谱增益。然而，对于具有宽动态压缩及噪声抑制等功能的数字助听器，这两种信号均不能适用。因为，这些测试信号的声压无变化，数字助听器会对它们加以抑制。数字助听器需要测试箱所产生的测试信号有与真实言语相似的波动。目前有的测试系统能提供数字的言语声，它是一种调制的宽带信号，可以测试有降噪技术的数字助听器。它也可以提供偏置信号，是在数字言语信号的基础上附加一纯音信号，可以测试助听器在噪声环境中各个频率和振幅的反应，来了解助听器的数字滤波器是如何工作的（见图 6-6、图 6-7、图 6-8）。

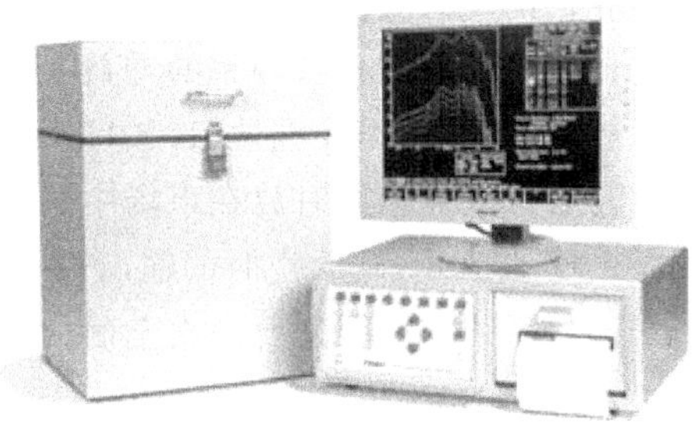

图 6-6　FONIX 7000 助听器测试系统

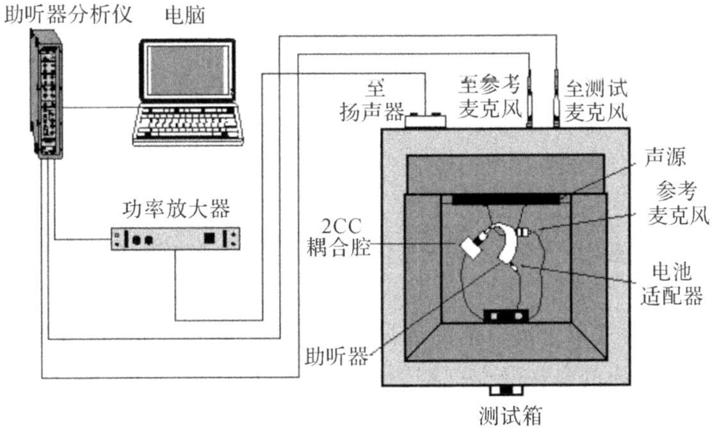

图 6-7　助听器测试系统结构

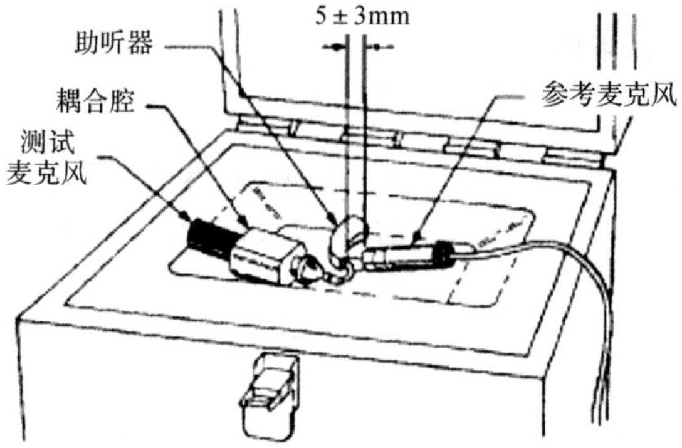

图 6-8　助听器、耦合腔、测试麦克风、参考麦克风在测试箱中的位置

2. 测试系统的校准

多数助听器测试均采用比较法——受话器通过耦合腔与测试麦克风连接，助听器麦克风和测量自由场声压的参考麦克风同时放在声场中的两个声学的对称点上，因此它们所接收到的声压是相同的。只要测试麦克风与参考麦克风匹配，那么测试麦克风与参考麦克风测得的某频率的差值就是助听器在该频率的增益。

校准时，先用声校准器(1000Hz，94dB 声源)校准测试麦克风与参考麦克风。然后将测试麦克风与参考麦克风同时放在声场中的两个声学的对称点上，间距 2～8mm，校准测试系统。最后测量助听器 90dB 输入声时的输出，在 200～8000Hz 频率范围内的误差应不大于±1dB。

测试系统应每年进行一次全面的校准，每周进行一次自检。

3. 环境条件

测试的环境条件要求如下：温度为 15℃～35℃；相对湿度为 45%～75%；大气压为 86～106kPa。

4. 具有方向性麦克风的助听器的测试

对于方向性麦克风，测试箱扬声器的声音传给助听器的角度应该与佩戴助听器时来自佩戴者正前方声音的角度一致。这意味着，方向性麦克风两个进声口的连线需要通过扬声器的中心。从与扬声器最近的进声口，可以探知扬声器的位置是在盖子里还是在测试箱的底部，是在测试箱的中心还是在边上。

方向性麦克风测试时，应打开测试箱的盖子，因为打开的盖子降低了反射。方向性助听器测试时要用橡皮泥和吸音泡沫固定在所需的方位上，全向性助听器测试时就无方位上的要求。

6.3　助听器主要电声特性指标和测试方法

助听器测量标准主要规定了助听器的测试项目、测试方法和测试条件。下面，以 IEC118 系列标准为例，对助听器主要的电声及电气特性方法作简单介绍。

1. 饱和声压级(SSPL)

饱和声压级是指助听器放大电路处于饱和状态时，耦合腔内测得的声压级。

2. 输入声压级为 90dB SPL 的输出声压级(OSPL90)

输入声压级为 90dB SPL 的输出声压级是指将助听器增益调至满档，输入声压级为

90dB SPL时，在耦合腔中产生的声压级。在此测试条件下，几乎所有的助听器都达到饱和状态，因此，常用 OSPL90 的测量结果等效 SSPL 的测量结果。一般用最大 OSPL90 及 1600Hz OSPL90 来描述助听器的最大输出能力，如图 6-9 所示的曲线 1。这个数据对听力学家来说很重要，因为它提示了助听器的输出功率是否够大，同时确认该输出是否超过患者的响度不适阈。

如果助听器具有限幅电路，当电路开启时，OSPL90 的测试值会有所降低。

3. 满档声增益

满档声增益是指输入 60dB SPL 纯音，助听器在声耦合腔中产生的声压级与测试点处的声压级之差。该指标主要用于描述放大电路的最大放大能力，它要求电路不能饱和，输入—输出曲线基本为线性。如果60dB SPL的输入声已使输入—输出曲线出现饱和，则应使用 50dB SPL 的输入声。对于采用宽动态压缩技术的助听器应采用 50dB SPL 输入声。一般用最大满档声增益和 1600Hz 处的满档声增益来描述助听器的放大能力，如图 6-9 所示的曲线 2。在增益测试中，测试信号的强度必须大于噪声 10dB。

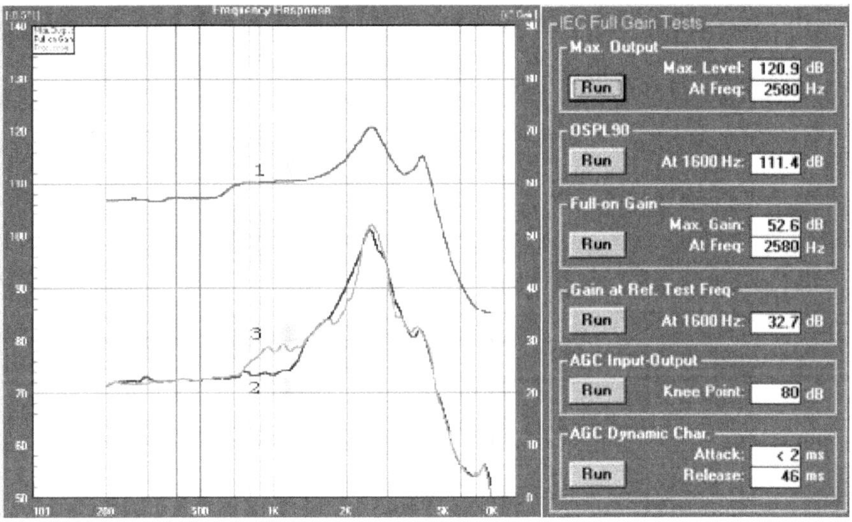

图 6-9 助听器的频率响应曲线和电声性能指标测试值

4. 参考测试频率和参考测试增益

参考测试频率一般取 1600Hz，对于高音调助听器，应采用 2500Hz，但应在测试报告中注明。

参考测试增益是在参考测试频率处，将 60dB SPL 的纯音输入助听器，调节助听器增益，使声耦合腔中的声压级为 OSPL90 以下 15dB 时助听器的增益。若所提供的增益达不到，则采用参考测试频率满档声增益以下 7dB 的增益为参考测试增益，如图 6-9 所示的曲线 3。

参考测试增益是恒量助听器有效功率大小的一个重要指标。频率范围、总谐波失真、等效输入噪声、电池电流等助听器电声及电气性能指标，均是在参考测试增益下测得的。也就是说，参考测试增益是建立在保证助听器音质前提下的增益。它结合了 OSPL90 及满档声增益。虽然许多助听器满档声增益很高，但是参考测试增益却不大，原因是受到受话器输出能力的限制，OSPL90 较小。

5. 频率响应特性

频率响应曲线（简称频响特性）是指在恒定的自由场输入声压级时，助听器在耦合腔中产生的声压级随频率变化的函数曲线。

基本频率响应曲线是指输入 60dB SPL 纯音，在参考测试自由控制位置所测得的频率响应曲线。

频率范围是指在基本频率响应曲线上，以 1000Hz、1600Hz、2500Hz 三个频率描述对应的增益平均值（HFA 增益）作一水平线，下移 20dB 再作一条平行线，该平行线与基本频率响应曲线的两个交点，即为助听器频率范围的低频限与高频限。一般以小于 200Hz、大于 6000Hz 为佳。

6. 输入—输出曲线

输入—输出曲线是指在参考测试增益下，参考测试频率所对应的输入声压级与输出声压级变化关系，单位均为 dB，如图 6-10 所示的曲线。

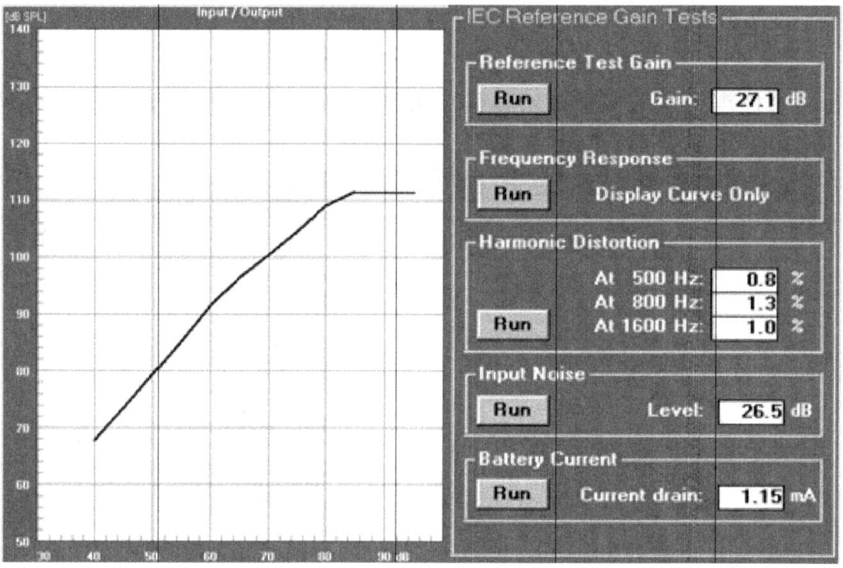

图 6-10 助听器的输入—输出曲线

7. 助听器的失真

由于助听器互调失真不明显，因此国际标准对助听器非线性失真的规定仅限于总谐波失真，计算公式为：

$$\%\mathrm{THD} = (P_2^2 + P_3^2 + P_4^2 + \cdots)^{\frac{1}{2}} / (P_1^2 + P_2^2 + P_3^2 + P_4^2 + \cdots)^{\frac{1}{2}} \times 100\%$$

当 %THD＜30%时，有

$$\%\mathrm{THD} \approx (P_2^2 + P_3^2 + P_4^2 + \cdots)^{\frac{1}{2}} / P_1 \times 100\%$$

总谐波失真中以二次及三次谐波失真为主，一般以 500Hz、800Hz、1600Hz，70dB SPL 的纯音输入信号来测量助听器的总谐波失真。总谐波失真是衡量助听器音质的重要指标。助听器厂家一般认为总谐波失真小于 3%、不大于 15%是助听器的理想目标。

8. 等效输入噪声

等效输入噪声参数反映了助听器的内部噪声。一般等效输入噪声要求控制在 30dB SPL 以下。简便测试方法为：在参考测试增益下，在参考测试频率（或 HFA）处，通常以 1600Hz，输入声压级为60dB SPL 的纯音，测出助听器的输出声级 L_S。关闭声源，测出助听器内部噪声的输出声压级 L_2。等效输入噪声级 $L_N = L_2 - (L_S - 60\mathrm{dB})$。

等效输入噪声的测量要求测试环境较为安静，因为如果环境噪声大，在关闭声源时测得的

L_2 就大，那么等效输入噪声级 L_N 也相应增大。该指标对听力损失较为严重的患者意义不大。

9. 电池电流

电池电流的测试方法为在参考测试增益下，在参考测试频率处，输入 60dB SPL 纯音，测量此时的电池电流。该指标反映了助听器在较低言语环境下的耗电程度。

电池电流的大小与助听器功率、放大器线路、受话器型号等有关。另外，一般同等功率的全数字助听器比线性助听器电池电流要大，因为全数字助听器即使在安静环境下也要进行大量计算。

10. 在声频磁场内的最大感应拾音线圈灵敏度

最大感应拾音线圈灵敏度反映了具有感应拾音线圈的助听器拾取磁场信号的能力。测试程序为：将助听器调至满档增益，调节磁场频率至参考测试频率，调节磁场强度输入 10mA/m，然后将助听器朝向最大拾音灵敏度方向，测量声耦合腔中的输出声压级即为助听器在声频磁场内的最大感应拾音线圈灵敏度。灵敏度以磁场强度为 1mA/m 的输出声压级表达。

11. 具有自动增益控制的助听器，还应测量输入—输出曲线、上升时间、恢复时间

(1)输入—输出曲线

输入—输出曲线即在某一规定频率，输出声压级与输入声压级的函数关系，单位为 dB。从输入一输出曲线上可看出自动增益的起控点(也就是拐点，如图 6-10 所示的 80dB)、压缩比(Δ 输入声压级/Δ 输出声压级)。事实上，具有宽动态增益控制的助听器具有两个拐点——压缩低限与高限。因此，以前的测试标准已不能满足目前助听器的要求。

(2)上升时间

上升时间是指当输入信号声压级突然增加到所规定的分贝数时的瞬间，到带自动增益控制的助听器输出声压级稳定在已提高后的稳态声压级，其偏差在±2dB 内的瞬间的间隔时间。

(3)恢复时间

恢复时间是指当输入信号声压级突然降低到较低声压级的瞬间，到带自动增益控制的助听器输出声压级稳定到较低的稳态声压级，其偏差在±2dB 内的瞬间的间隔时间。

第7章 助听器选配

不同听力损失的患者,表现出千差万别的听力障碍。患者听阈的提高,减少听觉的动态可听范围,对响度的感觉产生异常敏感,言语分辨能力下降等都是听力障碍带来的问题。如何选择合适的助听器,如何调整助听器的性能参数,使之与每一个患者的听力障碍相匹配,以达到最好的听力补偿效果,是最根本的问题,也是实现听觉言语康复的基础。本章从助听器的选配公式,助听器的选择、选配、调整等各方面详细介绍助听器的选配。

7.1 助听器的选配公式

听力学专业人员一直致力于在听力损失和助听器的放大特性之间寻找一种规律性的参数,使助听器的输出能达到最佳的听力补偿,产生最好的交流效果,这些参数组成了选配公式。对患者进行最佳的补偿看上去是一个简单的问题,但几十年来的研究发现在听力损失和增益之间寻找简单的关系并不容易。因为最佳补偿效果与患者的听力损失程度及聆听经验有关,还与言语信号的强弱及患者的响度感受、频率的判断能力等许多方面都有相关性。很早以前就认识到有两种不同的听觉特性可以作为选配公式的基础:一种是测量听阈;另一种是测量阈上的响度感觉,如最适阈、响度分级等。这两种方法并不是完全独立的。在这里介绍公式是让读者了解公式的原理和目的,并不介绍详细的计算方法。

一般现在的选配公式都包含在计算机的软件中,使用者只要输入患者必备的数据(如听力图或者测试的响度等),计算机就会自动计算出需要放大的特性。真耳分析仪的软件中也包含了许多知名公式,这样就可以比较直观地了解助听器的放大特性与放大目标,调整助听器的性能参数,同时也可以看到不同公式之间的区别及各自的频响特征。

选配公式的增益一般是指真耳增益,包括真耳助听增益和真耳插入增益。在线性助听器中,人们对增益的研究多于对最大输出的研究。一般对最大输出的要求是避免产生不适,避免损伤残余听力,同时不降低助听器的有效性。非线性助听器主要研究不同输入强度的频率响应,最大输出可以看成是其中的一条频响曲线,同时还包括压缩阈、压缩比等参数。一个非线性助听器可以看成是几个线性助听器的总和,这几个线性助听器分别对不同频段的输入强度作出不同的反应。

7.1.1 以听阈为基础的选配公式

增益选配方法单独以阈值为基础的有 NAL,NAL-R,NAL-RP,NAL-NL1,Berger, POGO, POGOⅡ, FIG6, MSU, DSL[i/o],Libby 等。它们一般都以不同频率的听阈值为基础,计算不同频率上需要的放大,并根据经验,或者实验数据,或者响度的感受作出不同的修正。

1944 年,Lybarger 提出了二分之一增益原则,该原则是目前几种选配方法的基础。他发现患者所需的增益量约是其听力损失的一半。而且该公式也包含了对最适阈的考虑,适用于轻中度的感音神经性听力损失的患者。

1. 线性放大的频率响应公式

线性助听器对所有的输入强度产生相同的增益—频率响应，除非输出超过了限定强度。下面介绍两个应用在感音神经性听力损失中的公式。

(1)NAL 公式

1976 年，澳大利亚国家声学实验室在二分之一增益原则的基础上，提出了 NAL 公式。1986 年，考虑到斜坡形听力损失的特点，增加了对 500Hz、1000Hz、2000Hz 平均听阈的修正，对 NAL 公式作了修改，称为 NAL-R 公式。该公式适用于言语在舒适级的情况下轻中度听力损失的情况。1990 年，在原有的基础上，增加了一个极重度聋校正因素，称为 NAL-RP 公式，该公式通过增加低频响应、减少高频增益，使其更适用于重度和极重度聋的患者。部分研究者认为，当听力损失超过 60dB HL 时，即使可以听到言语中的高频成分，其高频言语信号的有用性也显著下降。这可能与耳蜗中的死区有关——虽然听阈中还能体现残余听敏性，但耳蜗中没有对该频率起反应的毛细胞或神经元。损伤的耳蜗就像瓶颈，仅能传送有限的信息，如信息过多，耳蜗反而不能处理所有接受到的内容，结果还不如仅给耳蜗传送少量信息效果好。

NAL 公式的出发点都是假定所有言语频带通过助听器的输出使佩戴者产生相同的响度感受(如响度)，该响度大概是正常听力者的 60 宋。目的是使助听器佩戴者在言语聆听强度下产生最大的言语可懂度。NAL 响应中描述的增益类型是插入增益(或者称为功能增益)。

(2)DSL 公式

1985 年，Seewald、Ross、Spiro 提出了 DSL 公式，设计者最初的意图是为无言语能力的儿童选配助听器。基于对感音神经性聋儿童言语觉察能力的研究，发现产生最大言语可懂度的基础是言语信号被放大至足够的感觉级，这种感觉级随着听力损失的加重而逐渐下降。DSL 公式是根据不同程度的听力损失，计算目标感觉级的选配公式。目的是提供给助听器使用者每一个频率上的最适可听度和舒适度。

早期的 DSL 版本试图比较成人与儿童的不同数据，把所有的数据转换成 dB SPL，这种对声学的关注一直贯穿 DSL 的发展过程。以后的版本中逐渐反映了对真耳测试系统探测麦克风和用插入式耳机评估听力的理解，尤其是真耳耦合差异测试的应用被认为是把测听的数据转换到耦合或者真耳数据的最先方法，这些研究使 DSL 公式与测试方法整合在一起，使用在婴儿和小孩身上就很方便。1991 年提出了由计算机帮助执行的 DSL3.1 版本，力图使言语的响度听上去舒适，如把目标设置为最适阈。公式目的是计算真耳助听增益，而不是真耳插入增益，公式也包括了 2CC 耦合的目标和真耳助听后目标，不需要使用平均校正因素，可以持续使用鼓膜处的测试量，以便于言语强度和助听听阈尽可能地进行精确的比较，适合在儿童中使用。

2. 非线性放大的频率响应公式

非线性选配可以理解成是对不同输入强度产生不同的增益—频率响应。线性放大的研究提供了对中等强度输入的放大要求，这也同样适用于非线性助听器。

(1)NAL-NL1 公式

NAL-NL1(非线性，版本 1)公式与已经讲述的 NAL 公式不同之处在于，它并不试图使助听器的输出在每个频率上产生相同响度，它的目的是使佩戴者对不同强度的言语产生最大的言语可懂度。一般计算机软件根据患者的听力图，对不同的输入强度按设计者的要求计算出产生最大言语可懂度的放大参数。

(2)FIG6 公式

1993 年,Killion & Fikret-Pasa 第一次提出了 FIG6 公式的计算大纲。1995 年,由 Killion 正式提出了 FIG6 公式。FIG6 公式的目的是对不同频率、不同输入强度的助听器输出在佩戴者中产生的响度尽可能与正常听力者相同,即达到响度正常化。它是以一个大样本量相同听力损失人群的平均响度数据作为标准的,不是以个体的响度测试为基础的,它是根据听阈来计算需要的增益。对 40dB SPL、65dB SPL、95dB SPL 的输入强度各自有直接的增益公式即相关放大参数。与 DSL 公式相似,这些公式中包含三种输入强度的真耳插入目标和 2CC 耦合目标,一般也可以通过软件来完成。

(3)DSL[i/o] 公式

对应于非线性放大线路,1995 年 3 月,Cornelisse、Seewald、Jamieson 提出了"输入/输出公式[i/o]",目的是使助听器的输出控制在患者的动态范围之间,使放大后的言语尽可能地被助听器使用者接受。由于压缩类型的不同,有两个版本,分别称为 DSL[i/o]线性和 DSL[i/o]曲线,前者适用于压缩比固定的助听器,后者适用于压缩比变化的助听器,其输入—输出功能图在压缩范围内不是直线。DSL[i/o]也要求输入患者的响度不适强度,如果不输入系统会使用预设的强度。研究者还是推荐与 DSL3.1 版本相同的感觉级。放大的目的与 FIG6 相同,力图达到响度正常化。

7.1.2 以响度为基础的选配公式

基于响度(最适阀、不适阈、响度尺度)的增益选配包括:Shapiro、LGOB、IHAFF、ScalAdapt 等。这些公式的计算方法以响度为基础。

助听器输出的设计,无论是达到响度正常化还是响度均衡化,都是非线性的放大。下面介绍几种公式。

1. LGOB 公式

LGOB 公式的目的是实现响度正常化,这也是第一个应用于临床的公式。1990 年由 Allen、Hall、Jeng 提出。在这个方法中,他们把响度分成 7 个等级,使用的刺激声是窄带噪声,听力损失和正常者听到的 7 种响度都有对应的平均强度,两种强度之间的差值可以理解为插入增益,这样对每一个输入强度都可以得出能够产生正常响度的增益值。这个方法可以使用特定的软件和硬件来执行。

2. IHAFF 公式

1993 年,一些研究者认为当前急需可应用在可调宽动态范围压缩助听器的公式,他们组成了独立助听器选配论坛(IHAFF),设计者的意图是使听力正常者认为轻的、舒适的、响的言语声,通过助听器放大后产生的声音在听力损失者听上去的响度也为轻、舒适、响,即达到言语响度正常化。这个特别的响度尺度方法称为 Contour 测试。IHAFF 公式至少需要两个频率的响度测试,如一个低频 500Hz、一个高频 3000Hz 的测试。用啭音完成响度测试后,把获得的数据输入 IHAFF 的计算软件 VIOLA,计算出每个频率上在输入—输出功能图中代表轻、舒适、响三点的响度正常化的结果。这三点表示 1/3 倍频程言语响度达到正常化所需的输出强度,三点的输入是当正常听力者把这三个不同强度完整言语信号的响度归为轻、舒适、响三类时产生的强度。两者强度之间的差别组成了各频率上的插入增益,同时也组成了不同输入强度的增益目标。公式还提出了其他的放大参数。在要求的听力数据上,它与 FIG6 公式不同的是,IHAFF 公式测试个体的响度尺度，而 FIG6 公式使用平均响度数据。

7.1.3　传导性听力损失的公式修正

传导性聋需要的增益要大于感音神经性聋，一般认为混合性聋额外增加的量是气骨导差距值的 1/4 或者 1/5。单纯的传导性聋需要的增益约是听力损失的 3/4。

具体的公式有许多种，但迄今为止几乎所有的公式都围绕着让助听器使用者达到响度正常化，或响度均衡化，或最大的言语可懂度的目的。相同的听力图、不同的公式可能会使选配的助听器产生不同的平均增益和频率响应。相同的公式在选配不同线路的助听器中也会产生不同的增益和频率响应。过去线性助听器的放大特性有一定的局限性，使得不同公式之间的差别在助听器中的体现很小。但现在情况不同了，随着助听器的进步和发展，公式之间的差别就出现了。公式之间存在差别，但对任何情况的听力损失，都不能说这种或者那种公式一定适用。对可以表达感受的患者，如在调试助听器选择公式时，一定要询问与尊重患者助听后的感受。听力学专业人员都应正确地认识到即使是相同听力损失和相同的听力损失病位，不同患者对同一助听器的相同放大参数还是会表现出较大的个体差异，所以许多有经验的听力学家往往把公式看做是一种基础的选配调试依据，而根据患者助听后的感受及个体差异作出相应的调整；对不能表达感受的患者，建议选择使用最适合其听力损失特点及符合助听器特性的公式，并认真做好阶段评估和随访。

通过以上介绍我们知道，上述公式都是通过国外的听力学家与研究机构在大量的基础研究和临床实验基础上发展起来的。我国是在 20 世纪 90 年代中后期，随着国外先进的助听器与选配技术的输入，国内专业人员才渐渐接受专业选配公式，但遗憾的是中国人和外国人即使是相同性质和程度的听力损失，在整体上还是会表现出一定的差异，这种差异是被国内的听力学专业人员所公认的，就如同成人与儿童之间在选配助听器上存在着差异一样，在助听器的选配软件中可以找到成人和儿童不同适用的选配公式，即使是同一选配软件，软件设计上也考虑到年龄对助听器公式的修正，但目前还是没有适合中国人差异的选配公式或修正处方。所以期待着中国听力学专业人员通过不断的努力，在进行大量基础研究的基础上，能够研究出适合中国人的选配公式，即使是现阶段能够寻找出国人与国外选配公式存在差异的规律性或修正值，也是中国听力学的一大进步。

即使是在国外，至今非线性助听器的处方公式上仍有许多有待解决的问题。如压缩问题，虽然像 IHAFF、FIG6、DSL、NAL 等公式也提供特定的压缩参数，但究竟需要多少的压缩阈、压缩比，以及对快压缩和慢压缩如何选择等问题，还有待研究。

7.2　真耳分析

真耳分析是指在人的耳朵中进行声学测量的过程，这里所指的声学测量与助听器有关。助听器说明书中所见的放大参数是其在标准要求下的测试结果。因为助听器作为一种电声学设备，需要对性能进行定量分析。测试一般都在标准的耦合器和耳模拟器中进行，电声性能测试的数据具有互相比较的价值。但是，标准的耦合器和耳模拟器毕竟与我们真实的耳朵有所不同。助听器在耦合器和耳模拟器中产生的效果也与在佩戴者身上产生的效果不同。助听器在不同个体耳中，尤其在儿童身上的实际放大特性与在耦合腔式耳模拟器中测得的数据相比会有较大差异，而且助听器在人耳中的实际放大性能才是我们真正感兴趣的问题。通过真耳分析可以对助听器实际使用中的放大性能进行客观的评估，明确助听器在个体耳中是怎样对声音进行处理的。本节旨在介绍真耳分析中的一些专业术语以及进行操作的具体方法、注意事项等。同时，理解真耳分析数据与标准测试数据之间的转换，将更有助于对助听器公式、助听器调试的理解。真耳分析一般需要在真耳分析仪上进行，有时也可以在声场中操作。

7.2.1 术 语

1. 真耳分析仪中的常用术语

(1)参考麦克风

参考麦克风也称控制麦克风，测试的位置在耳朵的附近，它的作用是探测真耳分析仪产生的信号强度，形成反馈路径，直至产生的信号强度为目标强度。

(2)测试麦克风

测试麦克风具有自我校正功能，与探测软管相连，软管有一定弹性，一般不会被耳模或助听器完全压扁。测试麦克风接近鼓膜处所测得的数据是外耳道实际声压级，软管上有标记物，可以根据需要确定放入耳道的长度，调整标记物的位置进行定位。

2. 真耳分析常用术语

(1)真耳助听增益

真耳助听增益也称真耳助听响应，或者称为原位增益，是指助听器在工作前提下，近鼓膜处的声压级减去近外耳道口处参考麦克风记录的声源声压级(ANSI S 3.46)所得的增益或响应。参考麦克风的位置即参考测试点，不同的助听器，测试方法也有所变化，参考测试点的位置也将不同。

(2)真耳未助听增益

真耳未助听增益也称真耳未助听响应，是指未戴助听器时耳道对声源的响应，体现了外耳道自然的放大特性，个体差异很大。它的测量是在耳道完全开放的情况下，将一根探管插入到近鼓膜处，距耳道一定距离的扬声器产生不同频率、声强相同的纯音，由探管检测到耳道中各频率点的声强，减去近外耳道口处参考麦克风记录的声源声压级，两者在各频率点之间的差值。

(3)真耳介入增益

真耳介入增益也称真耳介入响应，是指耳道在佩戴助听器和不佩戴助听器情况下，分别在近鼓膜处获得的声压级差值，即真耳助听增益减去真耳未助听增益获得的数据。它与真耳助听增益的区别是介入增益考虑了耳道对声源特性的自然改变效应，而真耳助听增益并不考虑这一因素。

(4)真耳耦合差异

真耳耦合差异是指助听器在真耳近鼓膜处的响应与其在 2CC 耦合器中(IEC 126)产生响应的差值。它反映了助听后 2CC 耦合腔仿真耳测试与真耳测试佩戴助听器后，由于头颅、耳廓、耳道等产生的对助听器输出频响改变的差值。

这种差异来自于多方面的：①首先是人外耳道皮肤、皮下组织及鼓膜的弹性和摩擦系数所产生的声阻与 2CC 金属耦合腔不同，使两个测试结果有了一定的区别。其中后者的测试曲线就会偏于尖锐和不平滑。②助听器佩戴在人耳后，耳道式助听器或者耳模缩小了人外耳道的容积腔，这种真耳助听后的外耳道容积往往小于 2CC，因此真耳助听后的频响增益往往要大于 2CC 耦合腔所测得的结果。③2CC 耦合腔不同于人耳外耳道，是一个规则的圆柱体，人的外耳道有两个生理的弯曲，外耳道的管径也有不规则的变化，所以 2CC 耦合腔测试与真耳测试是不同的。

(5)功能增益

在声场中进行测试，获得助听器的助听和未助听阈值，阈值之间的差距称为功能增益。

7.2.2　真耳测试

进行真耳测试的方法有替代法、比较法、声压法，其中声压法是最常用的方法，IEC 118 标准规定，测试麦克风探管位于外耳道内，参考麦克风位于外耳道口，输入声源在参考点经校准后保持恒定。

1. 测试条件

(1)环境要求

虽然对环境声的要求没有像听力评估那样需要低的噪声强度，但是如果需要评估非线性助听器的小声放大，环境就要达到一定的要求，当然是越安静越好。同时也要求患者在测试过程中，尽可能保持安静。

(2)清洁外耳道

虽然少量的耵聍对真耳测试的影响较小，但是如果耵聍堵塞探测麦克风的管子，则对测试的影响就会较大。所以，在测试前请先清洁外耳道。

(3)扬声器的方位

一般要求声源与测试耳所在平面呈 45°，对方向性麦克风有建议呈 30°，测试者与扬声器的距离为 1m。

如果测试介入增益，比如像完全耳道式助听器，真耳未助听增益和真耳助听增益的测试麦克风有相同的方向性，因为两者都是在声音进入耳道后拾取声音的。不管选择什么方位角，假设在测试中没有头部运动，介入增益就不会受影响。其他的助听器，麦克风安装在耳道外，介入增益与方位角有关，但低于 5000Hz，在助听器从正前方到 45°的范围内，方位角对介入增益的影响很小。

如果是测试真耳助听增益，增益—频率响应曲线就与方位角有关。

(4)测试信号

在测试中尽可能选择最大带宽的信号，因为尽管测试设备使用参考麦克风，但它仅对参考麦克风所在位置的强度进行控制。控制参考麦克风所在位置周围测试信号的稳定，对确保测试结果的准确有积极意义。围绕耳廓周围测试信号强度的控制和稳定，与测试信号带宽和测试环境有关。如果反射(房子的边界、附近的物体、受试者的肩部)使得信号在头部附近产生驻波，在小范围内就会使声压产生巨大的改变，尤其是对低频声音。纯音容易产生驻波，因为当反射波抵消了直接波时，可以有最小的节点发生。使用宽带测试信号，由于信号中包含多种频率，因而不可能在空间同一位置上产生相同的节点，声场就变得均匀。测试信号可以选择啭音、窄带噪声、宽带噪声。

(5)测试麦克风探管的放置

测试探头的位置与测试项目有关，介入增益测试探头的位置不如真耳助听增益的严格。一般来讲，探管的头部要超过助听器或者耳模内侧端 5mm，因为在 5mm 以内，声压受声波从窄的声孔转换到宽的耳道中的影响较小。放置位置应尽可能深，但不要接触鼓膜，因为要避免驻波现象的存在，如要进行非常精确的测试，就应该考虑探头位置与由驻波误差引起的关系。

2. 真耳助听增益(REAG)测试

真耳助听增益是测试介入增益的必需步骤。如前所述，测试前需清洁耳道，校准好设备，根据患者的助听器或者耳模标记好探管放入位置，调整好扬声器与患者的角度与距离。放入探测管子，用耳镜观察以确保管子位置正确，佩戴好患者的助听器，使其处于工作状态，选择测试的信号和合适的强度后就可以进行测试。此时获得的数据就是真耳助听增益。如果测试的助听器是可编程的，比较真耳助听增益和放大目标曲线，通过编程软件调整助听器的参数，直至获得需要的响应；不可编程的助听器，直接在助听器上调节各种微调，改变助听器的频响曲线直至接近目标曲线。

3. 真耳介入增益(REIG)测试

真耳介入增益等于真耳助听增益减去真耳未助听增益。需要获得两个数据，已经获得了真耳助听增益数据的，还需要获得真耳未助听增益数据，两次测试探头的位置应是同一位置。把标记好的管子直接放入外耳道，调整好扬声器与患者的位置，选择测试信号和合适的强度进行测试，获得的数据即为真耳未助听增益。

4. 真耳耦合差异(RECD)测试

真耳耦合差异测试的示意图如图 7-1 所示，2CC 耦合腔一端与麦克风相连，一端与声音产生器相连，声音通过耦合腔被麦克风拾取，获得在 2CC 耦合腔中的声压。

将探测麦克风的管子放入耳道，戴好耳模或者耳塞，耳模或耳塞的一端与声音产生器相连，这样探测麦克风就能拾取戴入耳模后在残余耳道中产生的声压。在真耳中获得数据减去 2CC 耦合腔的数据，就是个体的真耳耦合差异。

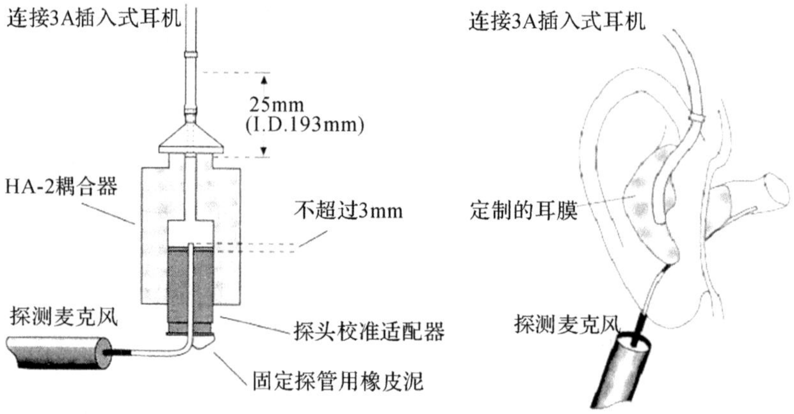

图 7-1　真耳耦合差异测试

一般在为年龄小于 5 岁的儿童选配助听器，或者外耳道的容积有很大改变的情况下，建议测试本数据。因为有些选配公式并不考虑耳道的自然放大特性，需要修正数据，同时如果儿童在选配中不是很合作，我们获得真耳耦合差异数据后，可以在 2CC 耦合腔中直接调整助听器，以达到选配目标。下面以 Aurical 设备为例，说明关于真耳耦合差异测试的步骤。

①在进行测试以前，首先要校正助听器测试麦克风和真耳参考麦克风。因为在 Aurical 中的助听器测试麦克风是用于测试耦合部分的，而真耳参考麦克风是用于测试真耳部分的。如果不进行校准，那真耳耦合差异的测试就有误差了。

②进入真耳测试模式，在设置中选择校准助听器测试麦克风条目，把助听器测试麦克风与真耳参考麦克风放置在一起，朝向测试箱中的扬声器。扬声器如图 7-2 所示处于半关闭状态。选择开始测试条目进行指令的操作，完成校准。然后按常规对真耳参考麦克风和真耳测试麦克风进行校准，同样的靠近两个麦克风，距离扬声器 30cm 左右，选择探管校准条目，进行并完成校准。

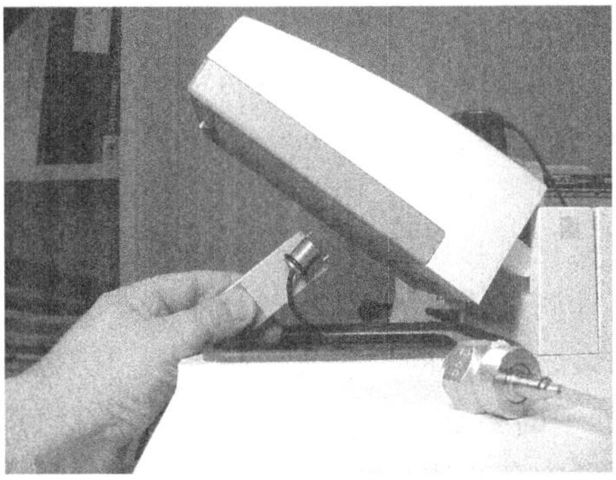

图 7-2　真耳测试时助听器测试麦克风与扬声器位置

③如需要可改装一下 HA-2 耦合腔，在它的体部钻一个 1mm 的洞(见图 7-3)，可以让真耳测试麦克风的探管进入耦合腔的空腔中，同时探管进入得越少越好，并用橡皮泥等物品封住一些会漏气的连接处。该法实际操作中不常用。

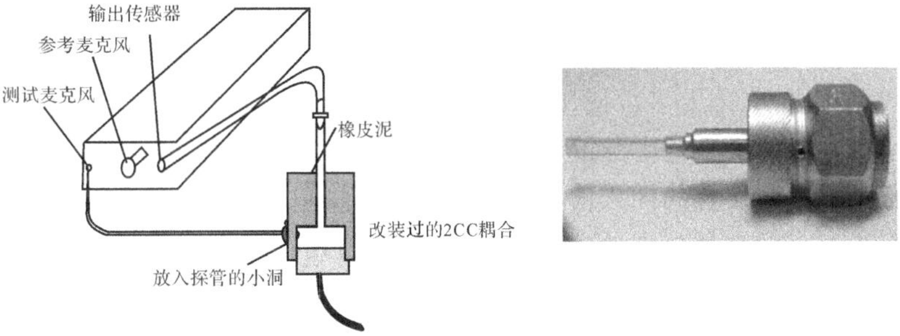

图 7-3　改装过的 HA-2 耦合腔

④分别在设置中选择测试模式和耦合测试模式，都选择啭音，在模式中选择真耳耦合差异测试，然后可以进行测试。

⑤第二步骤获得的响应是测试麦克风对啭音的响应，上一个测试模拟真耳耦合测试，本次测试模拟真耳测试，两者的差异在理论上即为真耳耦合差异测试，如果校准得很准确，那此次的真耳耦合差异的值为零，界面所示是条平线。

⑥保存结论，进入真正的测试。

⑦先把探管放入耳道中适当的位置，戴好耳模或者插入式耳塞，把外挂耳机的声音产生端与耳模或者插入式耳塞的进声管一端相连，选择真耳耦合差异测试模式进行测试，就可以测得真耳测试麦克风响应。

⑧把外挂耳机的声音产生端与 2CC 耦合腔进声管相连后进行测试，测试箱中的麦克风就可以测试 2CC 耦合中的响应。

⑨对上述两个测试结果进行比较，它们之间的差异就是真耳耦合测试差异。

⑩上述的方法是用测试箱中的麦克风测试 2CC 耦合中的响应，用测试麦克风测试真耳中的

响应。也可以使用测试麦克风来测试2CC耦合腔和真耳中的响应，也就是说可以用一个麦克风来进行测试，这样对校准的要求就会降低。但是在测试中需要选择插入增益模式，因为设备把在真耳中的测试当成是真耳未助听增益，在耦合腔中的测试当成是真耳助听增益，真耳耦合差异以真耳插入增益的形式体现。

5. 真耳助听增益、真耳介入增益与耦合增益和耳模拟器增益的关系

有些书在介绍公式的时候会列出真耳助听增益与耦合增益或者耳模拟器增益之间的差值。一般来说，完全耳道式、耳道式、耳内式助听器，对一定的信号强度，真耳助听增益的值大于耦合增益或者耳模拟器增益（耳模器见6.1.2）。因为在测试情况下，声波到达头部表面后产生的衍射被参考麦克风消除了，参考麦克风与反馈回路相连，目的是使扬声器的给声到达外耳道口的强度与目标强度相符合，但在真耳测试情况下，助听器麦克风产生的衍射效应比头部表面的衍射效应要大，耳甲腔的位置空得越多，麦克风的局部效应越大，尤其对高频的声音。另外，在真耳中测试的残余耳道容积比在耦合器中的要小。这是与真耳耦合器有区别的主要原因。其他的影响因素比如通气孔，因为在耦合测试中存在这个情况，而在真耳中就会有这些情况。综合上述几点我们可知，真耳增益大于耦合增益。

真耳助听增益和真耳介入增益值的差异与真耳未助听增益有关，可以通过耳助听增益与耦合增益或者耳模拟器的增益关系来计算真耳介入增益。

6. 助听阈值测试和功能增益

在声场中，助听器助听和未助听情况下的阈值之间的差距称为功能增益。除非在特定的环境，功能增益与介入增益一样，但两者各有优点。介入增益更精确，测试时间少，反映的频率比较全面。与功能增益相比，临床上多数使用介入增益。但是助听阈值在测试过程中无反馈振动，可以反映每个频率上听到的最小信号强度，这个检查在临床上对有重度听力损失的患者来讲尤其有价值。因为有时候尽管设置的插入增益很大，但OSPL90的输出对它有限制，实际就没有什么作用。还有对不能配合做真耳分析的小孩，可以通过在自由声场中的游戏测听来确定助听阈值。当然在测试完全耳道式助听器过程中，也可以选择耳机作为测试声源。

7.3 助听器选配

7.3.1 耳聋患者的症状描述

听障者的表现症状常常有：

①沟通上发生困难。与人交谈时常常答非所问，或反复地请对方大声重复说过的话，甚至需要对方加上一些手势及表情的帮助；无法与一群人同时进行交谈，特别是在公共嘈杂的场所，常常是听到声音但听不清语句。

②工作和生活困难。如听不到门铃声、电话铃声，看电视或听音响时把音量开得很大。

③个人性格也有所改变。沉默寡言，固执易生气，不愿主动与人交谈，避开社交活动。

7.3.2 影响助听器选配和使用效果的因素

感音神经性耳聋目前在临床医疗上并没有特别有效的方法，而多数是采用选配合适的助听器或人工耳蜗来进行听力补偿和听觉康复。虽然是否选用助听器最终由患者决定，但多数患者

还是怀疑本身是否需要助听器，并向听力学专业人员征询建议。听力学专业人员给出的建议除了考虑患者实际听力损失的情况之外，还必须考虑有关影响助听器选配的其他因素。

1.助听器选配的影响因素

只简单根据患者纯音听力损失的严重程度，判定助听器是否能为该患者带来帮助是不够严谨的。因为在多数情况下，助听器更能帮助听力损失重的患者；而部分听力损失轻度或中度的患者常常会抱怨助听器的使用效果，除了单纯的听力损失，其他因素也会影响使用效果。他们有各种担忧，比如考虑到自身的形象、他人对其佩戴助听器的看法等。选配助听器的动机是其他各种积极或消极因素共同作用的结果，这些影响因素有：

(1)听力障碍的影响及患者对听力障碍的态度

有听力障碍，但患者在工作和生活交流中，是否意识到并承认自己有听力障碍，并能积极寻求解决之道，以及患者听力障碍影响其生活与工作，是积极地还是消极地对待客观的听力障碍，是影响助听器选配效果的重要因素。

(2)自身形象的考虑与心理问题

听力障碍是一种隐性障碍，如果不在交流中是不易被人发现的，多数人认为佩戴助听器后，等于将其障碍缺陷公开化，影响自身形象，旁人会用好奇的眼光看自己，认为自己是“聋子”、“不聪明”、“衰老”等。因此许多患者过分注意自身形象，宁愿影响社交能力，也不愿意使用对他有一定帮助的助听器。长此以往，他们往往会因为越来越少的交往而影响到对语言的理解能力，造成严重的交流障碍及心理问题。

(3)对助听效果的担忧

关于助听后的效果，许多患者感到疑虑。至于究竟会在多大程度上受益于助听器，取决于他们从助听器使用者或听力学专业人员处听到或观察到的情况。还有部分患者甚至担心选配助听器后自己不能灵活操作助听器，不能获得理想效果。

(4)助听器的费用

助听器选配的费用以及后续费用支出与预期的助听器效果之间的性价比，也是影响助听器选配的重要因素。

(5)旁人的影响力

患者听力受损后，是积极使用助听器还是消极对待听力障碍，比较容易受他人的影响。据统计，将近半数助听器选配者是由于受到家庭的积极影响或接受听力学专业人员的建议才决定选配助听器的。

患者能否正确认识自己的听力障碍，并能否正确采取科学态度来对待，是决定其最终是否接受佩戴助听器的重要因素。患者初始的心理状态不同，可能会使患者对待助听器的态度完全不同，有的一开始就完全排斥助听器，有的一开始就表现出对助听器效果的过分乐观。而最终患者是否真正接受助听器，是要看上述各种积极或消极因素共同作用的结果。如果能够消除患者对于选配助听器后所担忧的各种顾虑，而且患者的听力损失也确实适宜使用助听器，在专业人员的有效指导下，则会改变患者对助听器的抵触与不接受态度。作为听力学专业人员，应该认真分析与研究患者对选配助听器的顾虑与疑问，特别是对一些助听器选配效果不明显或帮助不大的听力损失者来说，更要做耐心细致的心理咨询和详细的听力检查，并进行分析和引导。一旦患者正确地认识到助听器对其的帮助后，自然能愉快地接受助听器。

2. 助听器使用效果的影响因素

(1)助听器使用者担心离开了助听器就无法生活

在日常的听力门诊中，会常常遇到不同年龄的听力障碍者，他们对选配的助听器效果很满意，也确实感到助听器对自己的工作和生活帮助很大，但是在随访复诊时却发现他们又不经常去使用助听器。当你进一步去询问和调查他们的原因时，他们会很担忧地告诉你，怕使用习惯了助听器就无法再离开它，而在使用助听器以前他们在生活上的困难也仅仅如此，而用惯了助听器后他们会觉得离开了助听器将变得非常不适应。也就是这种担忧，往往影响他们继续有效地使用助听器。他们常常把助听器当作一个老花镜来使用，只是在看书和读报的时候拿出来用。持这种使用态度的患者，由于他们不能获得足够的听觉信号，长久以往不利于他们对言语的理解，也限制了助听器作用的发挥。

在评价一个选配合适的好的助听器的时候，最终是患者对它的依赖程度越高，说明这个助听器对患者的帮助越大。如果助听器对这一患者是可有可无的，那么要么是患者的听力损失程度很轻，要么就是助听器对他的效果不明显。其实人类对科学技术的依赖体现了人类社会的文明，很难想象今天的社会离开了电、电话、电脑与先进的交通工具等，人们还如何生活，对听力障碍者来说，没有理由排斥使用助听器。

(2)听力损失的程度及性质

据有关调查，患者受益于助听器及每天使用助听器的时间会随着听力损失程度的增加而增加，且一般是平坦形听力损失患者使用助听器的比例比单纯下降形听力损失患者要多。虽然任何频率段对患者来说都是非常重要的，但多数情况下低频听力损失比高频听力损失更容易引起患者的关注。

在临床实践中也有患者的平均听力损失值(根据三个常用频率 500Hz、1000Hz、2000Hz 的听力损失程度计算平均听力损失值)的大小，并不一定与该患者从助听器中得到帮助的效果成正比。如果要把纯音听阈作为选用助听器的指南，则对双耳轻中度听力损失者，应建议先选配纯音听力损失更大的一侧耳。

部分高频极重度损失的陡降形听力损失患者，由于其听力损失是逐渐下降的，往往不容易被患者发现，并自认为听力是正常的。这样的患者若选配助听器，早期对其帮助似乎不明显。而选配对低频不放大或很少放大、仅提高高频增益的助听器，可以明显改善这类患者的言语可懂度。但是听力学专业人员必须作出耐心的解释，并通过言语及功能测试证明戴助听器后的受益情况，否则患者会认为助听器无效。现有高科技的应用，使得助听器能提供高质量的声音而无堵耳效应或能有效地控制反馈发生，并且外观上可接受，价格对患者来说也不是太高。这样，如果助听器缺点极少，即使受益少些，患者也会觉得值得使用助听器。总的来说，任何测听及选配的标准都应考虑现有技术的处理水平。目前助听器技术的发展，对于特殊听力损失类型的适应已有了很大的进步。

评估助听器对感音神经性聋或传导性聋的效果，如果患者未戴助听器而处于低中等水平有声环境中时，听力损失程度相同的传导性聋患者比感音神经性聋患者的言语识别能力差。但传导性聋患者比感音神经性聋患者在言语识别上更能受益于助听器。因为传导性聋患者助听后效果更好，很可能是未受失真作用的结果；而感音神经性聋患者，蜗内或蜗后会出现这种失真作用。但是在临床上面对传导性耳聋患者要求助听器补偿听力损失前，首先应考虑是否有可能进行手术矫正或治疗。

总体上讨论纯音听力损失以及听力图的类型，并以此作为能否受益于助听器的唯一指标是不全面的。

（3）自觉的听力障碍程度

如果患者自觉的听力障碍程度或实际障碍程度较低，则他对选配助听器的迫切性就很有限。针对这部分患者可以结合其生活环境，进行调查问卷以帮助患者正确认识听力状况，同时确定助听器是否适用。

（4）不同环境的听力补偿需求和适度的期望值

患者在使用助听器时所处的环境不同，所能获得的有效受益也是不同的。往往在安静环境中聆听声音的效果比在有较大背景噪音的环境中要好得多，言语清晰度也更高。

一方面作为从未佩戴过助听器的新用户来说，他们总是期望在安静环境和嘈杂环境中同样能获得较高的满意率。综合患者的最终陈述，尽管患者的期望总是高于助听器的实际受益，但大多数还是认为助听器是有效的。所以针对怀有极高期望的患者，在最终决定选配助听器前听力学专业人员应该识别其中明显不符合实际的期望，并给予正确的解释。随着助听器技术的更新发展，方向性麦克风或多麦克风等技术的应用，有关助听器在嘈杂环境中使用时的言语清晰度正得到显著加强，逐步适应患者的较高期望。

另一方面，家庭成员的积极态度，能对患者助听器的使用产生鼓励作用。

（5）言语理解能力

患者言语理解能力越低，则受益于助听器的可能性也越低。听力损失程度并不是患者言语理解力高低的判断标准。最好的方法是为患者进行言语理解力测试。

（6）美观及操作方便等考虑

患者不同的年龄层次，对助听器的美观以及调控的方便性要求也不同。年轻的总是要求用小的助听器，年老的总是强调要调控方便，当然部分老年人也同样要求美观。从助听器的使用比率上看，年轻的听障人群明显高于年老的听障人群，年轻的听力障碍者越容易受益于助听器。但是听力学专业人员还是要强调助听器的效果，实践也证明大多数患者在连续使用助听器六个月后，更强调的是助听器的使用效果，而不是美观及调控问题。当然也有些患者为了某些固执的要求而拒绝使用某种助听器。

患者最终是否选用助听器或者决定选用哪一种助听器从某些方面来看，还取决于该患者本身的性格特征。比如，外向型个性的人比内向型个性的人受益于助听器的程度高，乐观的用户比固执、严要求的用户受益度要高等。

（7）中枢性听觉障碍

有许多患者的交流困难是由于中枢性听觉处理失调引起的，并且随着年龄的增加，言语理解力会进一步下降。中枢性听觉处理失调引起言语理解困难与纯音听阈的水平不一定会保持一致。这部分患者很难或者极少部分能从助听器中获得帮助，可以尝试使用助听输出系统等增加语言信号信噪比的技术。

（8）听力损失同时伴有耳鸣

许多听力损失患者同时伴有耳鸣，通过助听器放大的声音对一些耳鸣患者有部分或完全的掩蔽作用，对部分患者则无效。

总之，患者的担忧与困难总是多种多样的，从而影响了患者对助听器的正确理解和认知。听力学专业人员的职责就是估计患者使用中可能出现的问题，然后给予相应的建议，并反对错误认知。作为一名有经验的听力学专业人员,应该能够及时为患者排解疑难,让患者了解他们所需的全部信息,并应给予患者足够的信心以坚持使用助听器,让更多的患者能够受益于助听器。

3. 其他影响因素

助听器、电子耳蜗、触觉器等都可以帮助听障人士,但具体应该如何选择呢?参考的标准即该患者的言语理解力高低。助听器提供的言语理解能力的增加,与言语和噪声水平密切相关。助听器可以帮助大多数听障者解决困难,但是还有部分患者可能并不应该首选助听器。如对于某些双耳重度或极重度感音神经性聋患者,使用助听器后无法改善听力,在安静环境中的言语理解力仍小于40%,对于这些患者则应考虑耳蜗植入。有些患者的听力损失使他们只能感受到助听器的振动信息,他们能接受时态性的信息,但几乎不能接受频谱信息,如他们佩戴助听器无效或不愿接受耳蜗移植或不适于耳蜗移植,可向其建议使用触觉器。触觉器将言语信息转换成电信号再转换成触觉信号,可提供部分不能由唇读获得的信息,比如语调和重读,有助于言语发音。

以上详细介绍了影响助听器选配的各种因素,但是否建议患者使用助听器,要根据听力学专业人员对其听力各方面评估的结果。作为听力学专业人员的任务是确保让患者了解与助听器选配相关的每个因素。

对许多听觉障碍患者来说,承认自己有听力障碍比交流困难和孤独更痛苦。帮助患者改变这些观念,对听力学专业人员来说比选配助听器更难,否则追求技术上的进步几乎没有任何意义。

7.3.3 助听器类型的选择

我们在第三章中已经介绍了助听器的各种分类以及各自的不同特点。这里所讲的助听器类型主要是指根据助听器外观进行不同的分类,包括完全耳道式助听器、耳道式助听器、耳内式助听器、耳背式助听器、眼镜式助听器、盒式助听器等。

在选择助听器类型时需要考虑许多因素,不仅需要考虑不同类型助听器本身的优缺点,还应该考虑患者自身的许多主客观因素。下面是一些常见因素。

1. 隐蔽性、美观性

就单纯根据助听器外观进行选择的话,大多数患者首先会考虑这个问题,要求隐蔽性好,旁人不容易发现自己的听力障碍。从这点来看,完全耳道式最容易满足用户要求,耳道式次之。

2. 佩戴及使用的方便性

大多数老年患者以及一部分性格乐观的年轻人在面临选择时会倾向于助听器佩戴和使用的方便性。

从佩戴角度讲,耳内式、耳道式、完全耳道式助听器比较容易佩戴,整个助听器在一个装置中,不会与眼镜相干扰。

从调节角度讲,要直接调节佩戴在耳道中的完全耳道式助听器,对于佩戴者有一定的困难。盒式、眼镜式、耳背式助听器的调节就相对容易,体积也相对较大,操作方便。但是如果患者选配电脑编程控制的数字助听器,一般不需要直接调节音量,因为可以使用遥控装置进行调节,有极大的方便性。

另外,部分有慢性感染的患者,比较适合使用耳背式助听器,不适合使用耳内式、耳道式、完全耳道式助听器。

3. 费用问题

患者选配助听器时总是要求性能好、价格低。就目前助听器行业的情况来看，耳道式、耳背式助听器因为性价比相对较高，比较能满足他们的要求。

4. 高增益和最大输出的问题

一般盒式、耳背式助听器的功率大于耳道式助听器，因为麦克风与受话器出声口的距离越远，不发生反馈的增益就越大；受话器和电池的体积也相对较大，使助听器的体积、最大输出也相对增加。

5. 助听器的使用寿命

助听器的使用寿命是助听器硬件可靠性的一个部分。受话器放置在耳道中的助听器的可靠性最小，因为耵聍和潮湿限制了受话器的使用时间。耳背式助听器中某些机背上带VC微调的比较容易被汗水腐蚀，从而影响使用寿命。选配时应针对患者的不同心理及助听器的使用环境，选择相适应的类型。

6. 堵耳和反馈问题

低频听阈接近正常、高频听力有损失的患者是很难选配满意的。他们的低频听阈要求有很大的通气孔来减少堵耳效应，但高频听阈要求大的增益，就很容易引起反馈啸叫。加大通气孔的出声孔和麦克风近声孔的距离，可以解决这个矛盾。耳内式、耳道式、完全耳道式三种都会产生堵耳效应，目前有些较先进的助听器在设计时有专门针对堵耳及反馈问题的高级处理方法。

7. 患者的特殊功能需求

（1）电话兼容性

体形较大的助听器在机身内部可以设置电感线圈，用于拾取来自电话的磁信号。耳背式和盒式助听器可以选用电感模式，但必须把电话的听筒靠近主机，增加了使用的复杂性。耳内式、耳道式可以附加电感选择按钮，但是这样会使面板变得拥挤，增加了控制的困难度。另外，如果助听器已经有程序选择按钮，可以把一个程序设计为电感程序。而且多数完全耳道式和部分耳道式，可以把话筒放在耳朵上，助听器会放大声信号，患者不需要选择电感模式。

（2）对风噪声的不敏感性

多数风噪声来自头部和耳廓产生的湍流。完全耳道式比其他助听器拾取的风噪声要小，因为它的麦克风离产生湍流的部位远。而耳背式助听器受湍流的影响最大。

（3）方向性

耳背式、耳内式、部分完全耳道式助听器可以容纳方向性麦克风。也有耳背式助听器已经采用三麦克风技术，以增加方向性和言语可懂度。如果只考虑全方向性麦克风，完全耳道式的方向性最好，其次是耳道式，因为这些助听器很好地利用了头部、耳廓和耳甲对声音的收集和衰减作用。

（4）电池大小

电池的体积越小，操作的难度就越大，使用时间也越短。多数听力损失者是年长者，他们操作小的物体会有一定的难度。患者对不同类型助听器操作的困难程度与他们对每种助听器最终的使用满意率有很大的关系。电池越大，则储电量越大，待机时间越长，可方便用户同时节约费用。

7.3.4　助听器性能的选择

助听器的电声学参数包含增益、频响、压缩比、通道数等。可是这些性能并不都是必需的，所以听力学专业人员在帮助患者选择合适的助听器时，确定所需的性能是非常必要的。助听器常见性能的选择方法如下。

1. 音量控制

虽然目前自动增益控制的助听器及多程序助听器的使用已经比较普遍，患者对于音量控制的需求正在逐步减少，但是事实上还是有一部分患者明确要求助听器带有音量控制，包括部分已经使用自动增益控制助听器的用户。他们中有些人是因为习惯，有些是因为偶然的需要，有些是因为需要其本人对助听器有自主控制的能力，有些是因为怕电脑编程麻烦，等等。

虽然对于什么样的患者需要音量控制并没有有效的评估方法，但这一过程可以与患者协商达成共识。

2. 电感拾音

对重度和极重度耳聋患者，电感拾音是基本的性能需求。同时，它也可以帮助中度听力损失者使用电话。而轻度听力损失者不使用助听器也能应付电话。任何程度听力损伤的患者都喜欢由环路线圈中电感提供的只有很少噪声和回响的声音。当然它的缺点是增加了容纳电感和开关的体积，增加了耳内式、耳道式助听器面板的拥挤度，如果同时包含了音量控制和电感按钮，也使患者很难找到按钮进行操作。所以，在选配时应权衡优缺点：一般多数重度和极重度患者可使用电感，而轻度听力损失者可不使用电感。

3. 直接音频输入

直接音频输入对以下情况尤其有用：

①患者使用与助听器耦合的无线传送系统。成人和儿童都能从无线系统中获得很大的帮助。这项功能特别适用于聋童的听觉及言语康复训练过程，可有效提高信噪比和言语可懂度。

②患者使用手提式的方向性麦克风，与助听器通过导线相连。一般多数是重度和极重度的耳聋患者使用这种装置，通过连线输入增加信噪比。同时这些麦克风比佩戴在头部的麦克风有更好的方向性，而且它们通常更靠近声源，有效提高了信噪比和言语可懂度。患者在嘈杂或者回响环境中看电视，把麦克风靠近声源，或者把电视的音频输出与助听器相连，也可以提高信噪比，减少回响。

4. 选择方向性麦克风还是全向性麦克风

方向性麦克风的使用可以提高信噪比，可以有效降低环境低频噪音的干扰，提高了言语可懂度，但是方向性麦克风并不适用于所有的环境，在某些特定的场合，相比全向性麦克风有优势。所以，我们在为患者下订单时应尽量考虑选择可以让使用者在全方向性和方向性模式中进行转换的助听器。如果患者希望助听器（完全耳道式、耳道式）被看到的越少越好，由于体积的限制，在这些助听器中安装方向性麦克风有很大的困难。

方向性麦克风也有它的缺点和不适用的情况，比如方向性麦克风比全方向性麦克风对风噪声更敏感。在有些情况下，让患者总是对着声源是不可能的。儿童需要听到四周的声音，一般使用全向性麦克风。而且如果助听器佩戴者不在谈话者的直接范围中，即使使用方向性麦克风，也可能不提供任何的好处。

5. 多记忆程序的选择

多记忆程序助听器可以让使用者在不同的环境中使用。用户可以根据不同的环境声响变化选择相应的适听程序，比如安静程序、嘈杂程序、电感程序、音乐程序等。随着助听器智能化的不断发展，可以自动判定各种声响环境并及时设定相应适听程序的助听器将会有更广泛的应用。

6.选择助听器信号处理方式

对于多种声信号处理方式的选择或改变，将会对助听器用户感受到的音质及实际效果起到至关重要的作用。有关处理信号方式的选择更多的是出现在带有压缩控制功能的助听器。下面举例说明。

（1）压缩限制方式和削峰控制方式

在绝大多数情况下，患者习惯于选择压缩限制方式及大声保护特性所提供的音质，但是在某些情况下患者会考虑选择削峰控制方式，比如，重度或极重度听力损伤的患者需要更大的OSPL90，相对于压缩限制方式，削峰控制方式可能产生更大的最大输出，尤其是言语信号，这对于重度聋者非常有效。

有些习惯了削峰控制的患者一开始可能不喜欢压缩限制，但在一段时间适应后他们也会喜欢这种改变。

（2）宽动态范围压缩

我们把那些采用低压缩阈的压缩类型称为宽动态范围压缩（WDRC），目前宽动态范围压缩技术已经大量使用在各种助听器中。不管压缩阈值具体设置在哪里，与线性放大相比，大部分使用WDRC的用户可以体会到在各种不同环境中使用WDRC所带来的明显优点。事实证明，一级患者都适用WDRC技术。但是对于有极重度听力损失的患者，设置的压缩阈应相对较高，因为他们需要较大的输出。

（3）多通道压缩

虽然也有部分调查数据表明，平坦形听力损失的患者略微趋向于选择单通道压缩，但是只要设定相宜的压缩比，选择多通道压缩对多数患者不会产生负面影响。多通道压缩技术对于中度倾斜或者倾斜度很大的听力损失的患者能提供额外的帮助，因为在每一个通道中可以使用不同程度的压缩，提供更加精确的补偿效果。对2000Hz听阈超过500Hz听阈25dB以上的患者，最为可能的标准建议是使用多通道压缩。另外，分通道处理可更精细地调节降噪功能和反馈抑制功能。

（4）快速或者慢速压缩

目前多通道助听器使用者有的使用快速压缩，有的使用慢速压缩，还有的将快速和慢速压缩相结合。对个体来讲，如何选择合适的压缩速度，还是有不少争论。目前还没有方法来说明哪个压缩类型更适合某类患者。一般来说，快速压缩对所处环境声强变化比较大的患者比较适用，慢压缩对所处环境声强变化比较小的患者比较适用。

（5）可变的噪声压制

在嘈杂的环境中使用助听器几率比较高的患者，偏向在信噪比差的环境中自动降低增益的放大性能。在每个频率范围使用不同量的压缩和增益，可以潜在地增加聆听的舒适度，并略微提高言语可懂度。在每个通道有复杂的言语/非言语探测器的助听器比那些仅对总体输入强度起反应的助听器有更好的舒适度。

（6）反馈控制

对助听器有反馈啸叫的患者，就有必要采取减少反馈的处理方案。重度或极重度耳聋的患者和低频听力较好、高频听力很差的患者，会从反馈处理控制中获得较大帮助。

助听器自动控制反馈啸叫的方法有很多（详见5.5.4），下面是两种常用方法：

①反相位处理技术。即在助听器内部设立一个自动的声反馈监测器，可以随时捉到啸叫声

并同时判定其频率和强度，自动生成抵触消除信号，从而防止声反馈发生，并且不会衰减有效增益。

②自动增益限制。具体到不同的助听器一般有两种控制方法：一种是一旦发生声反馈啸叫，助听器就会立刻下降整体增益；另一种是采用陷波的方法，自动判定啸叫声的频率，然后自动降低该频率点的增益，从而抑制反馈。

7.3.5 助听器处方公式的选择

对于线性放大的助听器，NAL-RP 公式的研究证据多于其他公式。从大量临床反馈的信息来看，NAL-RP 公式确实取得很大的成功，所以可以很有信心地把这个公式用在线性助听器中。

相对于线性放大的研究量，临床上对于非线性处方的评估研究却很少。在这里，一般建议听力学专业人员应选择最可信的基本原理。如 NAL-NL1 公式或 NAL-NL2，因为它的处方响应中使用的70dB SPL的输入强度，与在 NAL-RP 公式中使用的非常相似，目前也有许多报告偏向该公式。儿童可选用 DSL[i/o]公式。

7.3.6 选配中的医学问题

一般将听力损失统称为耳聋，将听力损失较轻者称为重听。耳聋可按病变性质，分为器质性聋与功能性聋；按发病的时间特点，可分为突发性聋、进行性聋和波动性聋；按病变部位，分为传导性聋、感音神经性聋与混合性聋。临床上可以引起听力下降并致使耳聋发生的耳病是多种多样的。根据耳聋发生的不同特点，在临床上助听器选配时必须注意以下一些医学问题。

1. 传导性耳聋的助听器选配

要为传导性耳聋患者选配助听器，除必须了解引起传导性耳聋的原因及病症特点、诊断及医疗处理方法之外，还必须了解传导性听力损失所表现的共性特点，以及选配助听器的注意事项。

传导性耳聋的病变部位主要在外耳和中耳，系传音变压装置发生障碍，影响声波传导所致。纯音听力检查后发现骨导正常，气导下降，存在气骨导差。气导曲线多为上坡形，以低频损失为主，不适阈(UCL)值较常人为高。如果进行言语交流能力测试，发现可听度降低，言语觉察阀升高，但是如果给其戴上助听器再进行同样测试并与前次比较，可以发现患者对于助听器的受益情况非常满意，戴上助听器后明显提升了交流能力。另外，由于考虑传导性耳聋者的临床表现特征以及测试的 UCL 值比较高等因素，出于助听器音质和收听效果的考虑，一般都建议选择线性放大带有削峰控制的助听器，压缩限制的助听器也同样适用。在助听器外形选择上，较多偏向于大功率耳背式助听器。当然，在具体助听器类型的选择上，还有待于听力学专业人员与听障患者达成共识。下面就几种临床常见的传导性耳聋病症的医疗认知及处理和选择助听器的情况进行具体介绍。

(1)先天性小耳及外耳道闭锁引起的传导性耳聋

对于这类患者，临床上首选手术治疗，之后仍有听力损失的可以考虑选配骨导助听器(目前常见的是头夹式或植入式骨导助听器)、BAHA 或气导助听器。

(2)外耳道耵聍栓塞或异物堵塞引起的传导性耳聋

这类患者临床常见的症状有耳道闭塞感及听力减退，视栓塞的程度及异物的状况不同常并发有耳胀、耳痛、耳鸣或眩晕，严重者并发外耳道感染，皮肤发炎、肿胀、糜烂、疼痛加剧等症。这类病症所引起的听力下降都不建议选配助听器进行听力补偿，而是应该针对病因进行适当的医学治疗，例如器械取出异物法、外耳道冲洗法等。

(3)分泌性中耳炎引起的传导性耳聋

分泌性中耳炎是以鼓室积液及听力下降为主要特征的中耳非化脓性疾病，中耳积液可为浆液性漏出液或渗出液，亦可为黏液。中耳积液极为黏稠而呈胶冻状者，称之为胶耳。本病冬春季多见，有急、慢性之分。小儿及成人均可发病，为小儿常见致聋原因之一。慢性分泌性中耳炎之听力下降多于不知不觉中发生。小儿常因对声音反应迟钝，注意力不集中，学习成绩下降而由家长领来就医。如一耳患病而另一耳正常时，可长期不被察觉，而于体检时才被发现。

患分泌性中耳炎的患者，临床上不建议选配助听器，而是应该积极治疗。特别是一些本来就有耳聋再患上急、慢性分泌性中耳炎的患者，更应该积极地极早治疗，防止听力的进一步下降。

(4)慢性化脓性中耳炎有进行乳突手术的，存在传导性耳聋

慢性化脓性中耳炎患者术后听力损失状况稳定，有明确听力补偿要求者，可首选中大功率耳背式助听器。在佩戴助听器的过程中应时刻注意保持耳道的通畅或干燥，并经常定期至医院复诊。有特殊要求选配耳内式助听器者，则应注意选用较大功率的助听器，并保持耳道干燥。

(5)耳硬化症引起的传导性耳聋

耳硬化症是骨迷路致密的板层骨局灶性地被富含细胞和血管的海绵状新骨代替而产生的疾病。多数情况下因病变累及镫骨或耳蜗，产生传导性或感音神经性耳聋，开始出现临床症状。本病多见于中青年，女性多于男性。其中如果是因为累及镫耳的，在治疗上以手术为主，普遍将镫骨部分或全部切除，然后用“代替物”重建。部分不愿意手术但听力损失加重者可以选配助听器，效果很好，因为患者一般都表现为传导性耳聋或混合性耳聋。

2.感音神经性耳聋患者的助听器选配

感音神经性耳聋是临床常见并且较为复杂的耳聋病症，即使是医生作出了同样的诊断，但是由于个体差异性的不同，往往在医疗处理或助听器选择上也很不相同。由于感音神经性耳聋者的具体类型不同，在临床上表现的特点常有明显差异。感音神经性耳聋者进行纯音电测听测试发现，气骨导同步下降，UCL值较低。结合言语交流能力测试发现言语可懂度下降。如果给其选配助听器后再进行测试，患者可能会抱怨说受益于助听器的情况不是很明显，仍有部分言语听不清。所以，听力学专业人员必须综合考虑感音神经性耳聋患者的临床表现特征，再进行助听器选配。一般来说，有UCL值下降及重振现象存在的，比较适宜选择非线性放大的助听器，采用宽动态压缩控制比较能令感音神经性聋的患者满意。下面就几种不同的临床常见感音神经性耳聋病症的医疗认知及处理和选择助听器的情况进行具体介绍。

引起感音神经性耳聋的病因种类非常多，且病变机理不尽相同，目前临床医学上尚没有发现有哪一种特效药物或特效方法。总的治疗原则是，积极治疗恢复或部分恢复已经损失的听力，尽量保存和充分利用残余听力。常用药物一般多是支持和营养类的，如神经营养剂、血管扩张剂、能量剂等。而对于在残余听力的利用上目前助听技术的应用已非常广泛，主要是对症选配各种助听器或植入电子耳蜗，然后进行系统的听觉及言语康复训练。

(1)先天性耳聋

先天性耳聋是指婴儿出生时就存在的耳聋。在婴幼儿早期可以通过耳声发射仪、脑干诱发电位测试以及行为测听等检查确定患儿的听力损失情况。这类先天性耳聋的患者目前临床医学上还没有特别有效的方法可以治愈。现在已有较多的聋儿选择进行听觉言语康复训练(选配助听器或者安装电子耳蜗进行听力矫正并进行科学的言语康复训练)，取得了非常好的效果，使聋

儿们走出了无声世界，做到“聋而不哑”。这是一个专门针对语前聋患儿并经实践检验非常行之有效的方法。聋儿康复关键要做到“三早”，即早发现、早诊断、早干预。聋儿的助听器选配及康复训练应该充分注意婴幼儿的生理及心理特征。在选配之前首先要准确判断患儿的听力损失程度，并根据程度选择不同放大功率的助听器，主要是耳背式助听器，因为幼儿的耳道及耳廓尚未成形不适宜选用定制式助听器。选配耳背式助听器还应定制耳模，并常选用软耳模。选配的助听器应该尽量数字化、简单化，并有较高的信噪比和安全性。在助听器调整过程中要考虑到幼儿耳道腔较成人小，应选用适合聋儿的放大公式，并结合日常行为的观察，随时进行修正性调整。

(2)传染病源性致聋

传染病源性致聋是指各种急、慢性传染病产生或并发的感音神经性耳聋，包括单侧或双侧感音神经性耳聋。耳聋程度轻重不一，少部分轻度耳聋者可以自愈。耳聋程度稳定后，目前临床上无特效治疗方法，而应该选配助听器进行听觉康复。

(3)药物中毒性耳聋

药物中毒性耳聋常见于机体特敏或过量使用链霉素、庆大霉素、卡那霉素、小诺霉素等氨基糖甙类抗生素，或速尿、利尿酸等袢利尿剂，或铅、汞、一氧化碳等有毒物质等。药物致聋引起的耳聋多表现为双侧对称性感音神经性聋，症状在用药期始发，在停药后出现。耳聋大多数不能恢复，而应该选配助听器进行听觉康复。

(4)老年性耳聋

老年性耳聋是一种非常多见的感音神经性聋。引起老年性聋的原因是多方面的：与遗传的衰老基因有关，与一定的外界环境因素有关，与一些常见的老年性疾病有关，但总的来说基本上还是属于生理机能退化的结果。老年性耳聋目前还没有特效的治疗方法，这和脱齿不能治、老花眼不能治一样，他们都是伴随年龄的增长而出现的问题，多数治疗都很难奏效。伴随着耳聋程度的加深，老年人容易出现沟通障碍和性格改变。现在更多的老年人愿意选择助听器进行听觉康复。这也是我们在听力服务中最常见的一类客户。这类患者的听力曲线呈下坡形或陡降形较多见，临床主诉大多是听得见而听不清。中度听力损失者助听效果较好，而一些耳聋时间较长或耳聋程度较重者助听后效果较差，需要配合较长时间的听觉康复训练。老年人的助听器选配目前常用的一般是耳道式助听器或耳背式助听器，比较实惠且使用方便。

(5)突发性耳聋

突发性耳聋是指原因不明突然瞬间发生耳鸣、耳聋，且听力损失迅速加重而形成的感音神经性聋，因其突然性又称暴聋或特发性聋。少部分患者可在发病后1～2周内逐渐恢复，而不能及时恢复者则成为永久感音神经性聋。部分听力恢复不理想且损失不是很严重者待程度稳定后可以用助听器进行听力补偿。

(6)全身性疾病引起的耳聋

可以引起耳聋的全身性疾病临床常见的有高血压与动脉硬化、肾炎或肾病、地方性克汀病、糖尿病、甲状腺功能低下、血液病、免疫系统病变等。多累及双耳，随病表现出不同程度的听力损伤，治疗主要是“治标先治本”。对于部分耳聋较重影响交流者，建议选配助听器进行听觉康复。

(7)损伤性耳聋

损伤性耳聋比较多见的是头部外伤、大声刺激、电磁放射或长期的噪音引起的耳聋。这部分患者以神经性聋或中枢性聋为常见，听力损失较重，言语识别率较低。临床上没有特效的治疗方法，可以选配助听器。

(8)梅尼埃病

梅尼埃病是以内耳迷路积水为主要病理学特征的一种内耳疾病，表现为反复发作的旋转性眩晕、波动性感音神经性听力损伤、耳鸣和耳胀满感。听力曲线常表现为上坡形或平坦形及马鞍形，下坡形的少见。临床治疗以保守治疗为主，主要是对症控制。部分患者可选择手术，如内淋巴囊手术或前庭神经切断术。针对听力损失较重需要佩戴助听器者，要做好解说工作，配合药物治疗，控制听力波动。

7.4　助听器选配的程序和步骤

在助听器选配中，除了考虑患者的听力损失情况、助听器性能等细节问题外，需要遵循常规的步骤来完成选配。

7.4.1　病史采集

病史采集包括以下方面：

①了解患者现在的听力状况所带来的最大困惑和障碍，即想解决什么问题或来中心的目的，如听得到但听不清楚、口齿不清、不会讲话等。很多儿童是因为未通过新生儿听力筛查来就诊。

②了解病史，判断有无其他医疗康复(药物、手术等)的可能。

③了解耳部手术史，判断其是否需要特殊的处理及是否有特殊的注意事项，如乳突术后取耳样时的注意事项等。

④了解患者的期望值和特殊需求。

选配助听器的医疗禁忌证包括：

①先天性外耳闭锁或外耳道畸形、外耳道异物。

②耳聋状况不稳定，听力损失程度经常要波动的。

③主述伴头痛、头晕、耳痛、耳鸣等不适应症状明显者，或者突发性耳鸣及眩晕患者。

④近三个月内突发性耳聋、渐进性快速耳聋者，明显单侧聋或者同时患有其他急性耳病者。

⑤外耳道炎症、中耳积液或经常性流脓。

⑥中枢性耳聋、非器质性聋。

7.4.2　检　测

1.耳镜检查

了解患者的外耳、中耳有无助听器验配的禁忌证。听力工作者每次检查患者时，均应亲自常规检查外耳道和鼓膜。若发现有助听器选配禁忌证或其他需要专家确诊的指征时，应首先将患者推荐到耳科医生处就医。

2.检查原助听器

若患者已经使用过助听器，应先将其助听器予以电声功能检查，看其是否运转正常；若为耳背式助听器，还应检查耳模的功能状态。

3.说明

根据患者的病史及临床表现，选择适合的听力学检查方法，并向患者和家人简要介绍将要进行的听力测试的内容、步骤、所需时间等。

4. 听力检测

了解患者听力损失的状况，包括气导听阈、骨导听阈和不适阈的检测。

①成人。用纯音听力计测得气、骨导听阈和不适阈。必要时(期望值高、有严重耳鸣、重振严重等)进行响度分级(loud-ness scaling，loudness mapping)测试。

②儿童。详细的儿童测听法参照基础听力学或临床听力学。一般 3～7 岁儿童建议依次进行 1000Hz、4000Hz、500Hz 的听阈测试，然后进行 2000Hz、2500Hz 和 6000Hz 的听阈测试。该测试顺序的目的在于先尽快了解聋儿的听力损失概况，然后逐步完成听阈测试。6 个月至 3 岁儿童用视觉强化测听，即利用条件反射进行听阈测试，测试顺序同上。6 个月以下儿童用行为观察测听，如观察惊吓反射、眨眼反射、某种活动的突然停止或改变等。不能配合的聋儿要介绍到医院做耳声发射，有频率特性的电反应测听等。切记：电反应测听无反应或无波形引出时只能判断听力损失严重，并不一定是全聋。千万别使聋儿错过了听力康复的机会。

根据检测结果用生动易解的比喻向患者讲解影响助听器效果的几个主要因素：听力损失的病史长短、性质、程度；有无与听力相关的中枢病变、全身性病变及其程度；选择助听器的适合程度等。

对于上述情况严重的患者，建议首先到相应的医疗机构治疗或者待病情缓解后再来选配助听器。助听器并不适用于全部听障人士。

7.4.3 预选配

我们应与患者达成以下共识：①我的听力是有下降；②我的听力不好已经影响到我的生活；③我希望听得更好；④我的听力问题能够得到专业人员的帮助；⑤通过使用助听器可以听得更好。然后，我们从众多品牌的助听器中选择若干种不同档次的适合或较适合患者的助听器，简要向患者介绍所选助听器的主要功能、技术指标和相互比较等。

1. 助听器的选择方法

助听器的选择方法包括：

①根据患者的听力损失状况选择所需技术，如电子耳蜗、移频助听器或传统助听器等。

②选传统助听器时，根据患者的听力损失状况选择所需增益。一般的增益数据是在语言频段平均听力损失数除以 2，再加上 10dB。

③根据患者的听觉动态范围选择压缩线路。

④最大输出的选择。如果已测不适阈，可由选配公式计算；如果没测不适阈，在患者没有不适感觉的情况下尽量大，但尽量不要超过 132dB。

⑤如果不能确定小儿的残余听力，同时估计听力损失很严重，可选择特大功率助听器，增益开到最大，但最大输出不要超过 132dB。

⑥一定要考虑真耳耦合腔差(RECD)，因 6 个月内儿童其差别可达 20dB 以上。

⑦根据以上条件从高、中、低档价位中各选择一款助听器进行调试。

2. 除非有禁忌证，常规推荐双耳使用助听器

(1)双耳选配的优点

双耳佩戴助听器与单耳佩戴助听器相比有许多优点，这里所体现的优点是以双侧耳助听后都能接受到言语信号为前提的。

1)提高定位能力

双耳选配可更好地提高对声源的定位能力，因为当声波从不同的方向传播至两耳时，会产生

不同的相位差、时间差与强度差。时间差对低频声波定位有利，强度差有利于高频声源的定位。大脑便是利用两耳接收信号的微小差异，判断声音是从哪个方向传来的。若单耳接受信息就不会有这种定位机制的产生，从而失去判断声音的方向来源的功能。双侧助听器的定位优势明显好于单侧助听器。双侧助听器的优点在中度或者重度听力损失者身上体现得比较明显，由于其对声音感知力差，而对助听器依赖性强，因此双耳选配定位效果比单耳选配定位效果好在他们身上比在轻度听力损失者身上体现得要明显。任何程度的听力损失，双侧定位优点随着刺激强度下降而增加。

2)防止头影效应

在单耳佩戴的情形下，若声音从另一只耳的方向传来，则声音会经过头部的阻挡，再由佩戴助听器的耳朵接收。在这一过程中，声音的强度会衰减，尤其是高频部分，对于大于 1500Hz 的高频声，衰减可达到 10～16dB，这对高频听力损失很轻和那些高频听力损失很重以至于高频成分对言语可懂度没有帮助的患者而言影响是小的，但如果对高频听力不好的重听者而言，声音的接收将更困难，语言清晰度和言语理解力将受到很大影响，而双耳佩戴则不会有头部阻挡的问题。

3)更好地抑制噪声

我们的听觉系统是一个很好的降噪系统。如果双耳接受信号的信噪比有大小，中枢会偏向分析信噪比高的耳朵，这样可以减少噪声对言语理解的影响，同时听觉系统整合来自两侧耳蜗的波形后，会产生一个内在的信号，该信号的信噪比高于单侧耳。也就是说，双耳比单耳能更有效地减少噪声，在噪音中听得更清楚：两只耳朵在接收同一个信号时，会有微小的时间差及相位差，大脑可以利用这些差异，辨别出想听到的声音而忽略噪音，所以在噪音中可以听得更清楚。只配单耳就没有这种优势。双耳选配特别适合那些言语可懂度差的患者，因为双耳选配有助于对言语信号的察觉和分辨。当未助听耳的言语和噪声中的低频成分听上去不清楚时，双耳抑制会产生明显帮助。从抑制中产生的双侧选配优点对低频听力损失轻的患者的帮助不大。如果言语和噪声在单侧情况下言语和噪声高于双耳阈值，双耳抑制不能产生显著的双侧优点。

4)避免迟发的听觉剥夺

如果对称性听力损失的患者只在一耳中佩戴助听器，那未佩戴助听器侧耳对言语的辨认能力在以后的几年中会逐渐下降，这种现象称为迟发的听觉剥夺。有报告指出，没有戴助听器的耳朵，退化的速度比有接受助听器声音刺激的耳朵快，这就是我们所说的“用进废退”。它影响了大部分单侧助听的患者，并常发生在小孩、中年人和老年人身上。小孩由于成熟带来的正面影响部分抵消了未助听耳产生听觉剥夺带来的负面影响。因此，未助听耳的言语得分会有所上升，但上升的程度小于助听耳。听觉剥夺的发生有可能是因为助听耳向大脑输送足够的信息使得大脑不再去关注未助听耳，而持续的声音刺激，避免了助听耳退化。所以基本上只要是两只耳朵都有听力问题，即应该试着两边都佩戴助听器。听觉剥夺确切发生时间尚不十分清楚，但有研究发现其发生可从一耳佩戴后的 7 个月到 5 年左右，而在选配后一年左右未配耳发生听觉剥夺者居多。

5)压制耳鸣

使用助听器可以掩蔽甚至压制耳鸣。耳鸣通常是双侧的，所以在掩蔽耳鸣方面，双侧助听器比单侧助听器更有效。一项研究表明，66％的耳鸣患者称双侧助听器削弱耳鸣，13％的患者认为单侧助听器有效。但是，也有较少见的助听器使用者有加重耳鸣的报道。

6)双耳整合效应

简单地说，就是两只耳朵在一起所展现的聆听能力比一只要好，这种整合效应可使听力阈值至少进步 3dB,这对重度或者极重度听力损失患者尤其重要:助听器的音量不必开得过大即达到相同的效果,相应扩大了适配范围。另外,如果一个助听器发生故障,还有另一个助听器帮助去听。而且双侧助听器需要的增益略少于单侧助听器,其增益比单侧助听器不容易饱和,在高输入强度时就更能确保好的音质。同样的,高强度对言语可懂度会产生负面影响,这样双侧助听器的较低增益产生的效果会优于单侧助听器。还有,助听器的增益减少了,那反馈问题也会减少。最后,有两个助听器的患者还可以有自由的选择——他们可以选择双耳佩戴,也可以选择任何一耳的单耳佩戴。只有单侧助听器的患者的选择余地就小多了。

7)其他

双耳聆听产生的音质好于单耳聆听。这些优点包括清晰、饱满、空间感、整体的音质。双耳聆听使人们更容易对声音进行区分判断。

(2)双耳选配的缺点

1)费用高

双耳选配较单耳选配费用相对升高,除非助听器是免费的。在两只助听器使用过程中,电池的费用亦相应的增加,对多数听障者来说,经济负担的增长是其负面的因素。在福利好的国家,助听器是免费的,其费用由政府或者保险提供者支付。进行双耳选配,基金提供者支付了更多的额外的费用,因此他们会要求医生纠正他们双耳选配的行为,以达到他们认为的合理度。

2)风噪声

在单耳选配中,一个很轻的风噪声也会在助听器中产生相当于 100dB SPL 输入助听器产生的噪声,而双耳选配中两个助听器放大的噪声会更多,在有风的环境中,患者会认为双侧助听器未必比单侧助听器好很多。完全耳道式助听器相比其他助听器虽然可以较好地避免类似问题,但仍然不能做到完全解决。

3)更加不方便

对一些老年人或有肢体残疾人来说,双耳助听器会给其带来比单耳更多的不便,在佩戴、更换电池、打开开关、调节音量、保养等方面比单耳助听器要繁琐许多。尤其在双侧选配助听器音量平衡调节方面,比调整一个助听器复杂许多,且进一步增加了堵耳效应。这在部分生理情况和精神状态都不错的患者中亦有一定的难度。

4)心理因素

有些听障患者常把助听器和年老或者耳聋联系在一起,在选配双侧助听器时他们会认为自己更聋或者是更老。从美观的角度考虑,听障者会认为,佩戴两个助听器会更容易被别人发现或注意,尤其是一些年轻人,他们在选配深耳道式助听器时本身就有从美观考虑的因素,因此,双耳选配会使其在美观方面产生更大的心理负担。

另外,有些听障患者在佩戴单耳助听器后,即已经认为助听效果比较满意,因而会认为单个助听器已解决了自己听力方面的问题,对单个助听器过分地乐观。

轻度听力损失患者在选配时,由于助听器给其自身带来的效果不太明显,因而对第二只助听器的选配持犹豫态度,认为第二只助听器在短期内也不会有显著的改善。

应该说,双耳佩戴的优点是很明确的,但也有部分患者双耳佩戴的效果不如单耳,详细的原因还在研究中。在选配前我们可以通过各种相关的测试来评估双耳佩戴是否对个体患者的帮助多于单耳佩戴后再作出判断。

3. 单耳选配

当然，也有一些患者由于年龄、经济条件等因素不能或者暂时不能进行双耳选配，此时，单耳选配可以依据以下原则进行。

(1)根据耳聋的性质进行判断

临床上根据耳聋病变发生部位的不同，将耳聋的性质分为传导性耳聋、感音神经性耳聋、混合性耳聋三大类。

传导性耳聋的病变部位主要在外耳和中耳，系传音变压装置发生障碍，影响声波传导所致。传导性聋的气导听力损失一般不超过 60dB HL，在纯音听力图上气导表现的特点多为上坡形的曲线，以低频的能量损失为主，而骨导听力基本属正常范围，如图 7-4 所示。

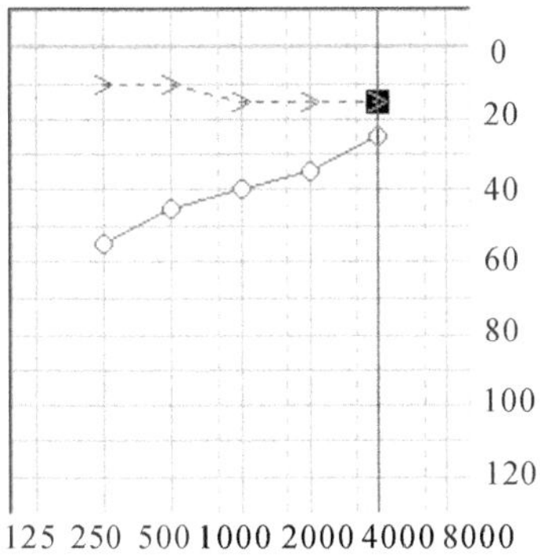

图 7-4　传导性聋纯音听力表现

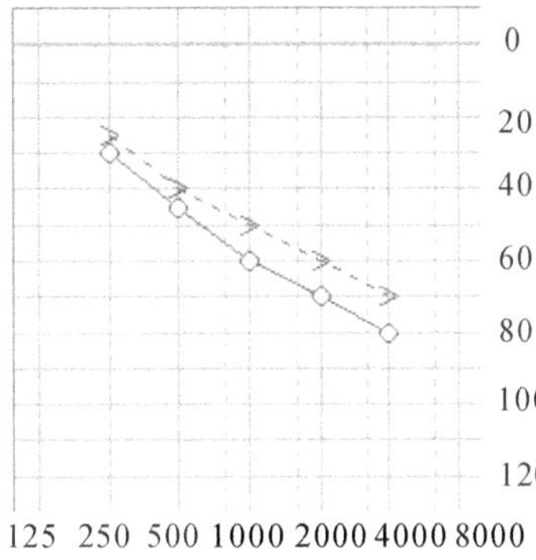

图 7-5　感音神经性聋纯音听力表现

传导性耳聋的主要临床表现为“听不到”，因为传音的障碍衰减了声音，早期患者的言语可懂度无明显下降。助听器本身的设计目的是放大声音，所以对传导性耳聋患者选配助听器的效果比较容易看到，受益于助听器是肯定的。

感音神经性耳聋是对听觉传导径路过程中发生的声音感受和神经冲动传导障碍的统称。其中若病变位于耳蜗的听毛细胞，又称为感音性聋或耳蜗性聋，多伴有重振现象；若病变位于听神经，则称为神经性聋或蜗后性聋；若病变位于大脑听中枢，则称为中枢性聋。感音神经性耳聋在纯音电测听图上常常表现为：听力曲线中气骨导一起下降；常常是高频听力损失较多，听力曲线多呈下坡形或陡降形。患者临床上表现为声音可以听到而语句辨不清楚纯音听力，如图 7-5 所示。

这部分患者的主述通常是：声音可以听到，就是听不清。感音神经性聋患者选配助听器后，往往需要一个相对较长时间的康复过程才能感觉到言语可懂度的增加。

一般情况下，患者双耳的诊断性质还是相同的多，只有很少部分会是例外，因此还必须结合其他考虑因素再决定选配耳。

(2)根据听力图的特点进行判断

根据听力图的特点来选配助听器，虽然不是最完美的方法，但它是患者能否受益于助听器的最直接的判断手段。纯音听力图的特点不仅反映了患者的耳聋性质，同时也初步预测了助听器使用的补偿效果。有经验的听力学专业工作者可以根据听力曲线的特点来推论助听器的受益情况。

选配助听器时一般选择纯音平均听力接近 60dB 的一侧耳。一侧是平坦形曲线，一侧是陡降形曲线,则先选配平坦形一侧。

当然上述观点还存在很多争议,个体差异的不同或者各种评估标准的不统一以及实验调查严肃性的欠缺,形成了不同的理论。根据听力曲线来选择助听器,需要大量的临床实践和丰富的经验。这里提供的选择方法只是一般性的通用方法,供听力学专业工作者参考。

(3)患者的主观感受及客观限制

部分患者会在主观上固执地指定选配耳,部分患者由于一些客观的限制因素而指定选配耳,比如部分肢体行动困难者、特殊职业者等。

选配耳的确定是医生与患者的互动过程,听力学专业工作者应帮助患者选择可以获得最高受益的聋耳,引导患者不要因为个人一些片面的错误认识而影响了助听最佳效果的获得。

7.4.4 试　听

选择好合适的助听器型号和确定单双耳选配之后,应让患者试听。目的在于查看患者所需的增益、斜率、最大输出,让患者体验助听器佩戴之后的聆听效果。

7.4.5 选　配

指导患者根据评估结果和自己的听力损失情况、听力要求情况,以及经济状况、年龄、爱好、文化层次和工作环境等具体情况和需求,从预选的几种助听器中选择最适合的助听器款式和耳模款式。

7.4.6 取耳样

根据患者的最终选择取耳样备用于制作定制机或耳背机的耳模。

7.4.7 确　认

请患者签名确认选择的助听器或耳模的订单。如果是定制机订单应写清楚助听器的型号、选配的耳侧、助听器价格及所付定金数额等,如与患者有特殊约定也一并在订单中详细写明,并约定取机时间和地点;如果是定制耳模应该写清楚定制的耳侧、耳模的类型、患者的听力损失程度及所选助听器型号等。

7.4.8 验　配

患者取机时根据患者的听力状况和感受对助听器进行微调,一定要先满足舒适的需求再满足听清的需求。

7.4.9 评　估

对于助听效果的评估,有条件者最好进行声场助听效果和真耳测试,尤其对于聋儿。我们可以由此进一步明确增益、频响等是否合适,是否提高了言语辨别率。时间允许者应进行选配前后的效果评估,而且也可以告诉患者助听器确实对他有所帮助。

1. 听到的评估

在声场中测试患者的裸耳听阈、助听听阈 A、助听听阈 B、助听听阈 C,初步判断患者戴不同的助听器前后在各频率"听到"的改善情况。

2. 听清的评估

测试患者戴不同的助听器前后听辨元音、浊辅音和清辅音的改善情况。

3. 听懂的评估

测试患者在戴不同的助听器前后语言理解的改善情况。听力损失在 70dB 以内的成人可现场测试。听力损失在 70dB 以上的成人和所有聋儿应在一定时期的语训后进行测试。可以用日常会话(10 句)的正确应答率或听辨图的正确率作为指标。

患者在未佩戴助听器和已戴助听器情况下作自身前后对照，通过比较，获得助听器的综合佩戴效果。

7.4.10　使用指导

助听器的使用指导包括以下方面：

①教授患者正常使用及日常维护助听器的方法，包括电池的安装及使用时间、防潮方法、防水方法、正确的佩戴方法等。

②与患者一起制订延续服务和保养计划。

②介绍适应助听器的四个阶段(1－2 个月)。

③提醒患者保管好干燥盒、付款凭证和保修卡。

④助听器定期保养及预防性检修。

7.4.11　随　访

定期联系该患者，一般情况下，第一个月每周一次，第二、三个月每两周一次，以后每月一次。了解“听得怎么样?”“有什么问题需要解决?”等一些使用情况(若有问题请随时与助听器选配中心联系，进行助听器使用效果的再评估并调整技术参数)。

7.5　儿童助听器的选配

儿童助听器的选配与成人有很大的不同，因为儿童耳朵的声学特点与成人有差别，并且儿童处于生长发育阶段，也是言语和语言发展的关键阶段，开发和保护残余听力将对其的一生产生重大影响。由于儿童往往不能配合表达其主观感受，因此，在为儿童调试助听器时，听力师常一面担心给予过多的补偿而损伤残余听力；一面又怕补偿不足，助听器难以发挥作用，使儿童失去学习语言的最佳时期。鉴于此，有必要对儿童助听器的选配单独进行讨论。

7.5.1　早期佩戴助听器的重要性

尽早选配助听器的重要性主要表现在对残余听力的唤醒及利用，使聋儿建立有声语言。例如，一个听阈为 90dB 的聋儿，很少能感受到日常周围声音及言语交往声音的刺激，他的听觉功能一直处于一种未加开发利用的状态，一旦戴上了合适的助听器，聋儿便能感觉到言语及各种自然声音的出现，渐渐地就会对各种声音作出反应，其残余听力得以开发，听觉功能得到锻炼，并逐步分辨、理解由助听器传来的听觉信号，从而能够做到聋而不哑，重返有声世界，回归社会主流。因此，在聋儿的早期干预、语言康复措施方法中，选配助听器是其进行听觉康复和语言康复的最基本前提。

小儿出生后的前几年是各系统、器官发育最快的时期，言语和语言的发展也同样如此。诸多研究结果表明，在出生后 6 个月内佩戴助听器的听力损失儿童，比 6 个月以后佩戴更能提高其对语言的理解和表达能力，并且其言语和语言水平的发展有机会达到正常听力儿童水平，这更表明了早期诊断和早期干预的重要性。

7.5.2 评估儿童听力损失程度的方法

同成人一样，为儿童选配助听器首先得知道其听力损失的程度和性质，可根据儿童的年龄和认知成熟的情况，采用不同的测听方法，来评估儿童的听力损失。

1. 新生儿、婴儿、不合作的幼儿和有认知困难的儿童

新生儿、婴儿、不合作的幼儿和有认知困难的儿童由于不能测出可靠的行为测听阈值，客观检查阈值是常用的选择，目的在于尽快选配助听器，发展适当的言语和语言。这些客观检查阈值将用于评估测听阈值，以指导助听器的选配。

脑干诱发电位测试已广泛应用于临床，作为新生儿及不合作幼儿的客观听功能测试，以短潜伏期听性脑干反应(ABR)最为普遍。这种测试应用表面电极，对受试者完全无创，记录方便，且可在睡眠麻醉下进行。因此，适用于自新生儿至各不同年龄的婴幼儿。使用 ABR 时，需要具有频率特性的气骨导测试反应阈。因为 ABR 反应阈作为客观听敏度的判断指标，短声刺激的结果不能代表真正的听力图，短声的能量集中在 2000～4000Hz，不能反映其他听觉状态。但波Ⅴ反应阈与 2000～4000Hz 行为听阈有密切相关性，安静睡眠状态下，正常听力的幼儿 ABR 反应阈可低至 20dB nHL。另外，由于大多数聋儿存在残余听力，特别是中、低频区，故对 ABR 未能引起反应者，可选用能反映中低频听阀的电生理检查。

在获得 ABR 数据时，还要考虑进行耳声发射(OAE)测试，例如一些儿童有正常的外毛细胞功能，但 ABR 值很差，他们的 OAE 测试很正常，对这些儿童的处理方法则完全不同。一般来说，ABR 测试显示听力损失超过中度的儿童，不会有正常的 OAE。若 OAE 正常，而 ABR 显示重度听力损失，则应考虑是否存在听觉神经病或测试错误的可能。同时也要求有声阻抗、镫骨肌反射的检查结果。

根据估计阈值选配助听器后，还必须密切地对儿童进行随访，同时应考虑到儿童的成长因素，婴儿的 ABR 波形经过一段时间后会发生变化，将会影响阈值的鉴别。所以，过一段时间后一定要重复测试，以确保结果的准确性。当他们长大后听力学工作者能获得更多听力信息时，就必须更新助听器内的设置。

2. 6 个月到 2 岁的幼儿

随着小儿月龄的增长，声定位能力逐渐发育成熟，可采用视觉强化测听(VRA)法进行听阈测定。VRA 适用于 6 个月到 2 岁的幼儿，但若小儿不配合，也可采用 ABR 测试或其他电生理测试。

3. 3～5 岁的幼儿

3 岁以上小儿的行为测听有可能每次听到声音时做简单的动作反应，即让小儿主动参加检查，可得出双耳较精确的阈值。因此，3～5 岁的幼儿可采用条件游戏测听(CPA)法测得听阈。

4. 学龄儿童

5～6 岁的儿童进行听力测试和评估时，可以与听力专家配合至少半小时。这样他们通常能够做纯音测听，可采用标准测听方法，而不需采用视觉强化测听法。

最后，在评估听力损失时还需注意两个问题。首先是频率特性问题，由于儿童没有耐心配合做长时间的检查，可先估计每耳语言频率的听阈，如一个低频(500Hz)和一个高频(2000Hz)。虽然许多婴儿为对称性听力损失，但也有例外。其次是由于儿童的耳道容积比较小，对于同样的测听设备，儿童耳内的声压级比成人的大。因此，随着儿童耳道的成长，其听阈也会有所改变。这可以有两种解决方法，一种是用 dB SPL 标记听阈，另一种是用等效成人听阈来标记。等效成人听阈是指成人在鼓膜处与儿童有同样声压级时的听力级。

获得可靠的听力数据是为聋儿选配合适助听器的基础，我们至少应获得每一耳的低频和高频听阈才可以进行验配，而且目前鉴别性听力诊断手段已日趋完善，临床上也简便易行，可以帮助了解听力损失的性质，从而指导验配。

7.5.3　儿童助听器选配中的增益问题

1. 言语识别能力和放大要求

儿童尤其是婴儿所需的放大特征，与听力损失程度相同的成人是否有差别？关于这个问题主要有两个方面：其一，与儿童耳道较小及鼓膜处的声压级有关，儿童所需的增益与成人明显不同。要使增益以及在鼓膜处的最大输出与成人一样大，小儿所需的耦合器增益和输入声压级为 90dB SPL 时的输出声压级(OSPL90)应比成人小。其二，儿童的真耳增益和最大输出是否应与成人不同，这个问题难以直接回答。

成人听取言语时，会运用自己的语言知识及当时的语言背景，联系上下文，猜测那些难以直接听到的小声语言。儿童仍处于语言的获得阶段，其言语识别能力比成人差，则难以猜测这部分的信息。对于没有语意、句法或上下文联系的言语材料，比如对一些无意义音节的准确识别，听力正常的婴儿所需的声音要比成人高 26dB。同样，在单音节单词测试中，对于同样熟悉的单词，要有相同的得分，年龄较小儿童所需的声音要比年龄较大儿童高。

儿童与成人对言语的识别能力的差别，小声比大声更明显。对于听力损失程度相同的儿童和成人，其大声不适阈基本相同。因此，儿童所需的大声增益和 OSPL90 值不比成人大。

前面讨论的是有关总的最大输出和增益，还须考虑每个频率的增益大小，即频响曲线与成人的最佳频响曲线不同。对于儿童所需的增益有不同的观点，有些专家认为儿童需要额外的高频增益，因为高频信号最难为儿童所察觉。另一些专家则认为儿童首先需要额外的低频增益，因为语调和其他部分信号在语言发展初期是交流的重要组成部分。随着儿童语言知识的发展，可能需要不同的频响曲线。

要达到一定的言语识别率，婴儿所需的信噪比(SNR)比成人高 7dB，学龄前儿童所需的信噪比比成人高 3dB。这表明，在有些环境下，听力正常的成人能识别出语音，儿童却不能。

对于听力损失程度相同的儿童和成人，他们所需的平均增益值相同，但儿童所需的真耳增益值的问题比成人更难把握，因为对儿童需要考虑的不只是单一的增益，还有大声增益、中等声音的增益和小声增益。对于大声和中等强度的声音，儿童不需比成人更高的增益，若输入声超过 70dB SPL，应启动压缩以降低增益。而对于小声，如上所述，儿童识别小声的能力较差，则需要较高的增益，这样有助于对言语声的识别，丰富他们的语言知识。因此，儿童最好使用有宽动态范围压缩的助听器。

对于成人，可根据响度增长曲线确定处方公式，而对于儿童通常难以获得满意的响度增长曲线，只能根据听阈确定处方公式。一般对非线性线路，推荐使用 DSL[i/o]或 NAL-NL1、NAL-

NL2 选配公式。

2. 儿童的小耳朵问题

耳道长度决定其共振频率，因此决定真耳未助听增益（REUG）曲线的峰频率。随着儿童的成长，其耳道的长度和体积也增加，共振频率逐渐降低。出生时，REUG 曲线的峰频率约为 5000～6000Hz，但到 2～3 岁时，平均降至 3000Hz（只比成人的高 10%）。一个人的 REUG 值会影响其介入增益，在选配助听器时需考虑这些改变。

但是，如果根据真耳助听后增益（REAG）选配，而不是介入增益，个人的 REUG 特征则对选配没有影响。但我们可根据 REUG 曲线的峰频率，估计婴儿的耳道长度，这在做真耳分析时可指导探管插入的位置。

戴上助听器后残余耳道容积与年龄改变有关，残余耳道容积与中耳阻抗特性共同决定了真耳与耦合器的差别（RECD）。婴儿的耳道壁阻抗也会影响 RECD 值，在出生后的第一年，RECD 改变最快。通常，儿童约大于 5 岁时，其 RECD 值接近成人水平。这也提示应及时为儿童更换耳模。

由于儿童耳道容积较小，戴上助听器后的耳道残余容积也较小，因此对于相同的声强，在儿童耳内产生的声压级，可能比成人的大。所以，应根据儿童的真耳分析数据，校正助听器增益值。

7.5.4 儿童助听器的选配种类

助听器适用于单双耳听力损失、轻度听力损失和极重度听力损失的儿童。研究结果表明，即使是轻度听力障碍也会给儿童造成学习的困难。极重度听力损失的儿童，虽然不能引出 ABR 各波，但不能以此认为该儿童就没有残余听力，而使其失去了使用对他仍有帮助的助听器的机会，当然这样的儿童可考虑植入人工耳蜗。同时双耳都有听力损失的儿童，除特殊情况外，应双耳佩戴助听器。

气导助听器是儿童使用的常规助听器，骨导式助听器适合于外耳道闭锁、狭窄，或者慢性化脓性中耳炎反复化脓，传导性听力损失量比较大，无法使用气导助听器的儿童。

儿童的外耳仍在发育，一般推荐使用耳背式助听器，这样可以及时更换耳模，与其他听觉辅助装置相连。与定制式助听器相比，耳背式助听器返修率较低。

选择合适每个儿童的线路和信号处理方式，可根据公式灵活地调节助听器的频响和输出，保持可听度，比如宽动态压缩技术、多通道压缩、自动声反馈控制、多种的聆听程序等。

选配时，一定要考虑与年龄和个体相关的耳朵声学特征，可以使用真耳耦合差值，也可以使用真耳测试来验证助听器的输出特性是否与要求相符。

7.5.5 FM 无线转换系统的作用及辅助听觉装置的使用

频率调制（FM）无线转换系统或称 FM 调频系统，其目的是将说话者的声音直接传到聆听者处，而没有信号强度的降低，并同时提高信噪比。因此，FM 调频系统改善信号质量以及提高言语可懂度的程度，远大于单独使用助听器者。FM 系统适用于任何听力损失患者，但对儿童更合适，因为儿童比成人需要更高的信噪比，并且儿童大部分时间在学校里，主要听老师讲课，主讲者比较方便佩戴调频信号发射器。使用 FM 调频系统比较方便，在一定范围内不受聋儿活动的限制，因此也适于聋幼儿的户外教学。FM 调频系统除了在学校里使用外，还可在家中和其他地方使用。例如，在看电视时，可将调频信号发射器放置于电视机音箱附近，使聋儿能听清远处的电视伴音,并减少失真。FM系统的介绍详见12.2。

使用调频信号发射器对儿童讲话时,应保证儿童能接收到信号。

儿童助听器也可以通过电感线圈、拾音输入、红外助听系统和教室的声场放大等辅助听觉装置,使声音的来源接近或拾取最强、最清晰的信号。

7.5.6　助听器选配效果的评估

对于听障儿童的助听器效果评估,其主要因素有助听后的听力水平、言语识别能力、主观评估助听器的获益程度、不适评估等。对于那些患有先天性耳聋或语前聋的儿童还可增加言语发展水平评估,这也是电子耳蜗植入术后评估其效果的常用指标之一。

1. 助听后的听力水平

有几种测听方法可以测试出听力障碍儿童在不同频率范围的听阈。其中一种切实可行的方法是:测试在声场环境下的助听听阈,前提条件是在这种测听环境下患儿可以合作,例如用视觉强化测听法或条件游戏测听法等行为测听法进行测试。测试所得的助听后听阈与裸耳听阈相比较,可得到功能性增益,但该检查只对验证能否听到轻声有用。

2. 言语识别能力

助听器选配效果可通过言语测听来评估,因为言语是人类进行交流的最重要的一种手段,所以,根据言语测听的评估方法是比较完整的评估。但婴幼儿正处于语言学习的活跃时期,受其年龄和听力损失程度的限制,通常难以测出其言语识别能力。有报告指出,对于3岁以下的儿童不太可能获得可靠的言语识别能力的资料。这种测试方法适用于3～5岁的儿童,但有个前提是:要有一套为该年龄段儿童所熟悉的词语、相应图片和物品。在选择测听言语材料时,要考虑选择这个受试儿童词汇表中已有的词汇。言语识别能力测试的结果可进行横向比较,即与同年龄正常儿童相比,以找出差距;也可进行纵向比较,即比较同一儿童不同时间的言语识别能力,以显示其进步程度,而后一种比较更有意义。对于较年长的儿童有较多的言语测听方法可供选择,其中包括适用于成人的测听方法。

3. 主观评估助听器的获益程度

主观评估通常是指助听器用户在每天各种各样的环境里,在评价从佩戴助听器中获益程度的同时也评价助听器的缺点及限制。显然我们不能期望婴幼儿在这个过程中能够主动合作。但8～12岁年龄段的儿童可以在这方面提供有用的信息。因此,可通过询问儿童、其父母或老师,了解助听器在实际生活中对他们的帮助程度,以评估助听器效果。还可根据儿童当前的能力,参考听力正常者的听觉和聆听发展指数,制定相应的听力康复目标。若不能达到预期的有关目标,应检查助听器的调试是否合适,功能是否正常。

4. 不适评估

评估每个儿童对助听器的适应情况,主要是为了保证助听器不会引起响度不适。

5. 言语发展水平评估

在评估听力障碍儿童佩戴助听器效果时往往很少考虑言语发展水平。言语发展水平可用清晰度指数(AI)来表示,即测试某些特殊类型的言语(如句子)的言语可懂度,这方面测试是以受试儿童的年龄和语言能力为基础的。通过对年龄较小的儿童的言语产生水平与同年龄的正常儿童的相应言语产生水平的比较,可用来跟踪评估儿童个体言语产生的发展水平。

7.5.7 佩戴助听器后应注意的事项

1. 逐渐适应

聋儿戴上助听器后，不要期待听到声音马上就有反应，并理解所有的话语，这是需要一个适应学习的过程的。首先要培养孩子戴助听器的兴趣，同戴眼镜、镶假牙一样，初戴助听器时会感到不舒服，有的孩子一戴上助听器就又哭又闹，或者用手去抓，家长应设法转移其注意力或给孩子做示范动作，让其感觉戴上助听器后很高兴、很舒适，培养孩子戴助听器的良好习惯。应先在安静的环境中使用，练习孩子聆听熟悉的声音，如流水声、关门声等，再逐步到多样化声音的环境中佩戴，以培养孩子适应各种声音的能力。开始戴时音量不要开太大，然后逐渐增高，并逐步延长佩戴时间，如果孩子感到疲倦或不舒服，应立即取下来。

2. 对聋儿进行听觉言语训练

多数聋儿在理解别人说话和表达自己的意愿时，都会存在一些困难，如发音口齿不清，因此进行听觉言语训练是非常关键的。首先训练孩子对各种声音的辨别力，然后发展语言能力，先从单词开始，然后到词组，再从简单的句子到复杂的句子，逐步地训练，让孩子在正常的环境中成长，这样有助于孩子理解和学习语言。

对于极重度耳聋的儿童，戴上助听器后听力仍不能达到最佳补偿，单纯凭借助听器可能难以达到理想的交流目的，因此，除了尽可能帮助其充分利用听觉信息外，还可在视觉等其他感觉手段获得信息的协同下，让聋儿学习发展语言，学会说话。例如，手指语是其中一种，手指语其实是代表汉语拼音字母的指式符号。虽然多数听力障碍者不愿采用这种方法，但它对于聋儿完全可以起到有声语言对于正常儿童那样重大的作用。聋儿可以借助手指语学习说话和看话，手指语又可以帮助他们正音和辨音，还能帮助记忆拼音字母的字形，所以手指语是聋儿学习口语和书面语的极好“拐棍”。

3. 助听器的保养

助听器的保养最主要的是防潮，还要防止耳垢堵塞及防高温、防震，与成人助听器的使用保养类似。

4. 故障排除

当出现问题时，父母应知道如何排除普通的故障，如声管破裂或松动、电量不足、受潮和内部噪声等。他们应知道自己能解决什么问题，而在什么情况下需要帮助。

5. 安全问题

(1)误吞电池

各个年龄段的小孩都可能会误吞电池，建议父母将新旧电池放在小孩拿不到的地方，尤其是3岁以下的小孩。如果被小儿误当玩具或零食，那是非常危险的。

(2)损伤残余听力

助听器使耳朵暴露于强噪声中，有加重听力损失的可能。儿童的残余听力是很宝贵的，听力师可通过规定合适的增益及OSPL90值来保护儿童的残余听力。因此，选择低压缩比率而不是线性放大的助听器，可以减少此危险。

7.5.8 定期复查和随访

助听器的验配效果如何往往会影响儿童的一生，所以应该重视为他们所做的工作。前文已述，由于儿童的成长因素，对其听阈值的估计会有所改变，因而必须更新助听器内的设置。儿童助听器佩戴的前两年，至少每3个月做一次回访，回访的过程也应如聋儿初诊时一样认真仔细，评估其听力、助听器的工作状态，助听后效果等等。而且，助听器效果的评估不应是一时的工作，为了及时跟踪儿童的言语发展水平，应进行定期复查和随访。这样也可积累我们的验配经验，提高验配水平，促进聋儿康复的效果，使更多的聋儿尽早回归主流社会。

7.6　老年人助听器的选配

随着21世纪的到来，我国逐渐步入老龄化社会，因耳聋导致的老年人交流障碍和生活质量的下降，已成为影响社会发展的重要问题之一。最新统计资料表明，在我国2057万听力障碍者中，属老年性耳聋者有949万人。由于老年性聋在临床上缺乏有效的治疗方法，目前助听器康复已成为改善老年人听力障碍、增进社会交流、提高生活质量的主要方法之一。

7.6.1　老年性聋的听力特征

老年性聋(presbycusis)是指伴随人体老化过程而出现的听力损失。美国听力、生物声学和生物力学协会将老年性聋定义为受到噪声暴露、服用耳毒性药、内科疾患以及医疗措施等不同原因引起的，包括生理退化在内的，多种因素导致的听力损失的总和，即老年人的听力损失可能与年龄、代谢问题、血管问题、肾病、药物、噪声等有关。由于老年性聋致病因素的复杂性，其病理变化可涉及包括外耳、中耳、内耳、蜗神经及其中枢传导径路和皮层的整个听觉系统，组织学改变以耳蜗损害为主，表现为毛细胞、血管纹、支持结构、螺旋神经节细胞等的退化，其听力损失的特点与其他类型的听力障碍明显不同，可归纳为如下几个方面：

①纯音听力双耳呈对称性下降，无气骨导间距。

②纯音听力以高频损失为主，听力曲线以渐降形与陡降形为多，平坦形次之，其他形者少见。患者常常对如鸟鸣、电话铃声、门铃声、手表声等高频声响极不敏感。

③听力减退进展缓慢，听阈随年龄增长而逐渐升高。一般40岁以后高频听阈开始增高，50岁以后低频听力亦开始减退。

④言语听力减退一般比纯音听力减退明显。许多老年人的纯音听力图仅是轻、中度损失，而其言语识别率却明显下降，出现"音素衰减"现象，即听到语声而听不清语句，同时理解语言的能力下降，表现为"听觉性失语"现象，即虽听到了语言而不理解其含义。在嘈杂环境中，这种现象更为明显。噪声干扰下的言语、滤波言语、竞争语句、等敏化言语(或称畸变言语)试验可出现识别率降低。

⑤阈上功能试验可有半数重振阳性。耳蜗病变时重振试验阳性，如耳蜗病变和蜗后病变并存，阳性的机会也较多，或有轻度的重振或部分重振现象。由于听觉动态范围狭窄，表现为对小声听不到，但对过强声又不能耐受。

⑥对声音的辨向与定位能力差。

⑦ABR各波潜伏期随年龄而延长，各波潜伏期差与波间期差双耳呈对称性，波形分化与纯音听阈之间无密切的相关性。

⑧大多伴有不同程度的耳鸣。开始为间歇性，仅于夜深人静时出现，以后逐渐加重，可持续终日耳鸣，多为高调性；有些患者主诉有搏动性耳鸣，可能与合并的高血压、动脉硬化有关。

7.6.2 言语识别率检查在老年人听力康复中的作用

由于老年性聋的言语听力和纯音听力多表现为不一致，且在安静条件下和在噪声环境或竞争语句条件下，其言语听力常常表现出很大的差异，因此，仅按纯音听力检查的结果难以准确地判断老年患者听力障碍的程度，依此选配的助听器自然难以让老年人获得满意的康复效果。目前，在老年人听力障碍的诊治与康复中，以言语信号作为声刺激检查受试者言语识别能力的言语识别率(speech recognition score，SRS)测试已得到听力工作者越来越多的重视，言语测听为老年人听力评价和康复效果评定提供了科学的依据，给老年患者的听力康复带来了福音。在老年人听力障碍的诊断与康复过程中，言语识别率检查可起到以下作用。

1. 诊断老年性聋的病变性质与部位

单项言语识别率检查并不足以作为诊断老年性聋病变性质与部位的依据，但有非常重要的参考价值，与临床症状及其他检查内容相结合，往往能作出较明确的诊断。言语识别率曲线回跌(在高强度言语声时识别率反而降低)，常是蜗后病变的表现。纯音听力正常或相当好，言语识别率不成比例地降低至30%或更低，很可能是蜗后病变。传导性耳聋的表现主要为声音衰减，在言语测听的表现为言语识别阈(SRT)提高，而言语识别率不受影响。某些老年听力损失者纯音听力正常，但在噪声干扰下(甚至在安静的条件下)言语识别率明显降低，多由耳蜗病变所致。

在竞争噪声下检查言语识别率，对纯音听阈正常但主诉在噪声环境中听力差的患者有临床诊断价值。

2. 评价老年性聋患者的听力障碍程度及交谈能力

由于老年性聋患者的纯音听阈和言语交谈能力之间可有很大的差距，在对老年人的听力评价中，言语识别率检查比纯音听阈测定更能反映患者的实际功能障碍程度。有些老年患者，在安静条件下做言语测听，其言语识别率与正常青年人相比无明显差异，但在噪声或竞争语句竞争下，其言语识别率明显降低。因此，需根据患者主诉，选择在不同条件下进行言语识别率测试。同时，应认真听取(询问)和参考患者对自己听觉障碍的评价，了解听力损失对患者生活质量、认知功能、情绪、行为及社交活动的影响程度。

根据言语识别率检查的结果，结合交谈时患者的表现、与交谈有关的其他方面的信息及对影响患者交谈能力因素的综合分析，可以对受试者的听力障碍程度、社交的胜任程度和交谈的效率作一个总体的评价。

3. 指导老年人选配助听器

对老年性聋患者作言语识别率测试和其他测听检查，目的是为了全面了解其听功能状态，排除传音性和其他原因所致的感音神经性(耳蜗性和蜗后性)听觉障碍，了解其听处理能力，为助听器选配方案的制订提供各项参考数据和信息。根据这些资料，制订助听器选配方案，选择适当的助听装置。

如果言语识别率低，即使气导听力有明显的改善，也不能改善言语交流。在选配前检查言语识别率对于康复效果的预估有重要意义。

老年性聋患者的交往能力或他本人所感到的困难程度，往往是和纯音听阈或安静条件下的言语识别率不一致的。听力专业工作者应综合患者本人的感觉(困难程度)和在竞争条件下的言语测听，在较好地评价患者听力障碍的基础上，据以制订适当的听力康复方案。

4. 评定助听器对老年性聋患者的康复效果

在助听器选配后检查言语识别率，并与佩戴助听器前测试的言语识别率相比较，能较准确地评价助听器对老年聋患者的帮助程度。佩戴助听器后，定期的言语识别率检查，有助于对老年性聋患者听力康复的远期效果作出进一步的评价。尤其是在可编程助听器的使用过程中，适时地进行言语识别率测试，有利于对助听器程序进行必要的调整，从而使老年性聋患者的听力康复保持在较好的水平。

7.6.3　言语测听在老年人助听器选配中的应用

1. 通过言语测听评定老年人听力障碍程度，并预估助听效果

以往用纯音听阈来评定老年人听力损失的程度，常常不能真实反映其听力障碍的情况，因为许多纯音听阈正常或接近正常的老年人抱怨自己很多时候不能听清楚别人所讲的话语，与社会的交流受到不同程度的影响，故纯音听阈测试作为评定听力损失程度的手段，仅仅适用于那些无言语识别困难的听力障碍者。评定老年人听力障碍的程度，目前还没有一个国际标准可作为依据，合理的做法是：首先倾听患者的自诉，让患者自报听力情况，可发一张听力调查表，由患者自己填写；其次是模拟在各种聆听条件下，进行竞争噪声言语识别率测试，根据测试结果，评定听力障碍的等级。根据此等级，可预估患者佩戴助听器的效果。

(1)听力调查表

采用 Noble 和 Atherley(1970)分级法的调查表，具体如下：

下面答案栏内 5 个选项中与您的实际情况相符的，请打“√”。

A. 问：您在家里与一位家人谈话时有无听力困难？

答：所有时间　　大多数时间　　半数时间　　偶尔　　从来没有

B. 问：您在家里与全家人一起谈话时有无听力困难？

答：所有时间　　大多数时间　　半数时间　　偶尔　　从来没有

C. 问：您在室内与室外一个人谈话时有无听力困难？

答：所有时间　　大多数时间　　半数时间　　偶尔　　从来没有

D. 问：您在室内与室外几个人谈话时有无听力困难？

答：所有时间　　大多数时间　　半数时间　　偶尔　　从来没有

2. 听力障碍分级法

听力障碍分级法采用 Saloman(1985)分级法。

(1)用声场竞争噪声的言语识别率测试法，采用不同的信噪比(SNR)，模拟不同的聆听条件

①正常的聆听条件。言语信号用 65dB SPL，噪声 45dB SPL，SNR＝20dB，这一条件相当于在一安静客厅内，两人对面交谈，混响时间为 0.5s，背景噪声轻微。

②合理的聆听条件。言语信号用 65dB SPL，噪声 55dB SPL，SNR＝10dB，这一条件相当于在客厅内谈话，但客厅内还有电视机以及其他噪声，如风扇、空调等。

③恶劣的聆听条件。言语信号用 50dB SPL，噪声强度与言语信号相等，SNR＝0dB，这一条件相当于在很多人的地方听 5m 以外的人说话。更恶劣的条件背景噪声可比言语信号大 20dB，即 SNR＝－20dB，模拟在鸡尾酒会上或咖啡馆内，背景噪声可大至 70dB SPL。

(2)听力障碍分级

①0 级。当 SNR＝20dB 及 10dB 时，不用助听器言语识别率＞80%；当 SNR＝0dB 时，言语

识别率降低。

②1 级。当 SNR＝20dB 时，不用助听器能聆听言语，言语识别率＜60％；当 SNR＝10dB 及 0dB 时，不用助听器听不到别人说话。

③2 级。当 SNR＝20dB 或 10dB 时，可用助听器聆听别人说话，言语识别率＞60％；但当 SNR＝0dB 或－10dB 时，用助听器也听不到别人说话。

④3 级。当 SNR＝20dB 时，可用助听器聆听别人说话，但言语识别率＜60％；当 SNR＝10dB 或 0dB 时，用助听器也听不到别人说话。

⑤4 级。当 SNR＝20dB、10dB、0dB 时，均无法用助听器聆听别人说话，言语识别率几乎等于 0。

⑥5 级。即使戴上助听器也完全无言语接受能力。

（3）预估助听效果

根据上述听力障碍分级的内容，在为老年人验配助听器之前，可对其佩戴助听器的效果作出大概的预估：1 级以内使用助听器具有较好的效果；2～3 级者使用助听器会有一定的效果，但在噪声环境下效果较差；4 级以上者使用助听器的意义不大。

3. 根据言语识别率验配和调节助听器，评价听力康复效果

老年人在佩戴助听器前后都需要用竞争噪声言语识别率测试来检测和评价助听器的效果，在验配助听器以及调整助听器时也需要用言语识别率来选择一只较好的助听器。Green（1987）认为，好的助听器应该能够使言语识别率提高，理想的助听效果应该是：

戴助听器后的言语识别率＝无助听言语识别率÷2＋50

例如，某患者戴助听器前的言语识别率是 60％，戴助听器后的言语识别率应为 60÷2＋50＝80，如果所配的助听器能使言语识别率达到 80％，那该型助听器对该患者而言就是很理想的。

在老年人的助听器选配过程中，由于其言语识别率还受到其他因素的影响，如年龄、纯音听力曲线是平坦形或高频陡降形、言语最舒适阈的阈值等，往往达不到理论上的理想效果，但可以选择与此理想效果比较接近的助听器类型。

该公式还可以用于比较两个以上助听器的效果，也可以用来判断助听器是否已经调整好。如经过努力调整，言语识别率仍与预期相差甚远，那就需要另行选配其他型号的助听器。

当然，老年人评判一台助听器的好坏，并不是以言语识别率作为唯一指标，助听器的外形、音调、音色以及对某个助听器的耐受力等都是需要考虑的问题，但提高言语识别率无疑是老年人选配助听器的主要目的。近年来，随着各型全数字电脑编程助听器的出现，在满足老年人对助听器的美观、音质、舒适感要求的同时，戴助听器后的言语识别率明显提高，语言清晰度显著增强，尤其该型助听器可根据患者听力的变化随时进行调节，根据患者在不同环境下对声音的不同要求设置相应程序，从而更好地满足了老年性聋患者言语交流的需要。在电脑编程助听器的选配过程中，利用声场竞争噪声言语测听法，测试在各种聆听条件下患者的言语识别率，根据测试结果对助听器进行调节，可最大限度地满足患者的要求，达到理想的助听效果。

7.6.4 老年人助听器选配后的辅导训练

由于老年性聋病理、生理的特点及助听器电声性能的局限，严重影响了助听效果，使老年人对助听器的经济投入与助听效果的回报有一定差距，难以满足部分患者对助听器的过高期望值，并因此而产生某些社会心理问题，进而影响老年人的听力康复。为此，在选配助听器后，选配人员应向老年患者详细讲解老年性聋的听觉特点与相关的助听器知识，对其进行适当的辅导训练，

从而使老年人乐于接受助听器，并提高助听效果及康复质量。

1. 向老年人介绍老年性聋的听觉特点

向老年人介绍老年性聋的听觉特点，有利于老年人对助听器的期望值趋于合理，并耐心、自觉地进行适应性训练。老年性聋的听力特征见本书§7.6.1。此外，老年人的理解力、文化程度、思维、体力精力的衰退等也是影响助听效果的因素。

2. 指导老年人学会放置助听器及调节助听器上的各功能钮

一些老年人因为助听器放置不到位，产生刺耳的声反馈啸叫而不愿意佩戴助听器，因此，选配助听器后耐心地指导老人反复操作放置方法，直至老人能自己正确放置特别重要。向老年人详细讲解助听器上各功能钮的作用，并教会他们如何调节，可使助听器发挥更好的声响效果。如音量的调节，应以声音听起来舒适又能听清对方讲话为宜，避免声音放得太大产生噪声放大和重振。

3. 辅导老年人掌握适应助听器及与人交流的方法

语言是人类大脑的高级神经活动，它的接受与认知是人的主动过程，通过对老年人进行适当的训练，开发其综合潜能，可克服佩戴助听器早期听觉不适和听觉不习惯现象，提高社会交流能力，增强助听效果。

①首先告诉老年人戴助听器后听清每个字是困难的，只要能听与交流就不必追求100%的言语识别率。宜采用近距离(1m以内)放低语言声的交流方式。

②决心与耐心是取得良好助听效果的保证。开始先在家中与家人面对面交谈，家人声音应慢而清晰，句子应简单易懂，并耐心、亲切，使老人感到温暖。当听懂80%交谈内容时，就可提高说话速度，注意不要让老人疲劳，切忌长时间与老人交谈。

③因助听器的声音和原听到的声音存在差异，所以要适应一段时间，开始每天戴1～2小时，3个月内逐渐递增佩戴时间，能听清自己讲话声和室外声后可以多和人交谈，直到整天戴用为止。

④老人聋耳长期处于“安静”状态，戴助听器后一旦听到外界各种声音，一时不能适应，因此不要一下子接触噪声大的环境，要先在安静环境下使用助听器，适应后再接触噪声环境，同时要再次学会精神集中去听想要听的东西，把要听的东西从背景声音中分开。

⑤初戴助听器后听自己的声音要比听外界语声大，有时甚至听不清自己的声音，应每天自己练习朗读，控制发音。

⑥听力下降时间越长，在噪声环境中聆听语言的功能就缺失得越多，需要再次学习这种能力。

⑦在和众多人交谈的环境中，只集中听一位讲话者的声音，并尽可能接近他，不要因为要求与别人近距离交谈而害羞。

⑧经过一段时间的训练后再去听电台与电视台的播音，因为这些复制声不是自然声，速度也快，只要听得懂讲话的内容即可。

除上述方法外，交流时还应把听力、理解力、注意力、兴趣以及视觉所得的信息整合起来，加以分析运用，必要时请别人讲话慢些，以充分发挥大脑皮层潜能。

7.7 助听器选配中患者面临的问题与解决对策

7.7.1 耳聋患者面临的问题及解决对策

在临床听力学家所面对的患者中，罹患感音神经性听觉障碍的数量很大，一般来讲，他们的主要表现是高频听力损失、无气骨导差距、有重振、高调耳鸣、频率分辨力差、言语识别力低，特别是在嘈杂环境之中。中度听力损失的患者在很多聆听环境下听不到部分言语信号。

1. 听觉障碍

听力损失的患者有些声音是听不到的。重度、极重度听力损失的患者只能听到很响的言语声，轻中度听力损失的患者可以听到部分声音，但对这些患者来讲，一些比较轻的音素，如辅音，他们难以辨别，或听不到。例如，将“da”听成“ta”，分不清“g”与“k”等。助听器则能把这些声音放大。听力损失者因为听不到一些音素(位)的基本部分，在言语理解上也存在困难。人们对声音的辨认是通过富含能量的频率进行的。低频部分主要提供声音的能量，而高频部分主要包含声音的信息量，约 90%听力损失的成人和 75%听力损失的儿童，他们听力损失的程度从 500～4000Hz 逐渐加重。因此，听力损失人群对高频信息的丢失是最常见的。因为言语的响度是通过低频部分来控制的，听力损失的人可能没有意识到他们听到的言语信号有缺失，即使在许多场合他们听不懂部分言语。在这种情况下，他们经常会埋怨：声音是够响的，能听到，但听不清楚。

为了解决这个问题，助听器对言语中能量最弱而听力损失中损失最大的部分提供更多的增益，即助听器能为不同的频率提供不同的增益。选择合适的助听器，可通过改变音量控制来达到目的。

2. 可听动态范围缩小

听觉动态范围是指人耳对某一频率的声音或某一类的声音从刚刚听见(听阈)到感觉难以忍受(不适阈)的声强范围。

对于感音神经性听力损失的患者，其听阈提高(听力变差)的程度远比不适阈提高的程度大。事实上，对于轻中度的听力损失者，即使其听阈提高到 50dB，而其不适阈仅提高了一点点，即远小于 50dB，甚至没有提高。必然的，感音神经性耳聋患者的听觉动态范围(听阈至不适阈之间)比正常耳的动态范围要小得多。因而出现小声听不到、大声受不了的情况，即响度重振现象。如上文所提示的，轻的声音放大后可以被听到。但是，如果仅仅为了听到轻声而放大所有的声音是不合适的。

对于正常人，环境中宽范围的声音在正常听阈和不适阈之间，而对感音神经性听力损失者来讲，环境中声音的范围超过了他的动态范围。例如较轻的声音，在没有被放大的情况下，患者无法听到；轻声被足够放大的情况下，患者能听到，但中等强度的声音就变得太响了，以致受不了。要使环境中的声音在患者的听动态范围内，就要求助听器对轻声的放大必须比大声的放大要多，以将强度宽的言语声压缩至听力损失者残余听力的动态范围内。这种将输入信号较宽的动态范围的声音压成输出信号较窄的动态范围的声音，称为压缩。压缩其实是对小声给予足够的放大，对于大声的放大量减少。

3. 频率的选择和分辨率下降

听力正常的人能够从复杂声音中选择性地听取某一频率的声音，例如在喧闹的环境中听懂言语，这是基于正常的频率选择。听力损失患者所面临的另一个问题是，不容易区分不同频率的声音，即频率的选择和分辨率下降。

耳蜗基底膜的部位不同，所感受声音的频率不同。对于未受损的耳蜗，一个窄带的声音在基底膜上某个部位产生确定的清晰的振动，相应的，在听皮层产生一个清晰而肯定的兴奋。对一个复杂的言语声音，集中在特定频率周围的能量也可以在耳蜗中产生窄带的、清晰的、确定的兴奋。如果在信号的邻近频率中包含着一些能量的噪声，听力正常的耳朵能向大脑输送不同的信号，信号在耳蜗中有一定范围的兴奋，大脑可以获得所有频谱的信息，同时大脑能够选择性地忽略噪声所引起的兴奋，从而破译言语所表示的兴奋，这就是耳的频率分辨率，或称频率选择性。

感音神经性聋患者的频率分辨率下降，是因为他们的耳蜗外毛细胞失去了增加耳蜗对声音频率敏感性的能力。虽然言语成分和噪声成分有不同的频率，但如果这些频率很相近，耳蜗则会有单一的较宽部位的兴奋，而不是两个精确调谐分开的部位，这样，大脑就很难从噪声中区别信号。

即使在没有噪声的情况下，频率选择性的下降即可影响言语理解力。如果频率分辨率下降得过多，言语中较强的低频部分（如在言语声中的第一个共振峰）可以掩蔽较弱的高频部分（如第二个共振峰和从声道中产生的摩擦音），这称为向上掩蔽。随着听力损失的加重，频率分辨率逐渐下降，对言语理解力的影响也增加。

感音神经性听力损失患者的瞬时分辨率也下降，即其对瞬时声音的强度变化远较正常人难以适应，并将会对言语的理解能力产生负面影响。在有背景噪声的情况下，听力正常的人当背景噪声瞬时减弱时能捕获有用的信号片断，而听力损失者就失去了这一能力，而且这一能力与年龄有关，年纪越大，这种能力越差。

综上所述，听力损失的各部分（听力的下降、宽动态变小、频率分辨率下降、瞬时分辨能力下降）都可引起理解力的下降。总的来说，在相同环境下，听力损失的人即使佩戴了助听器，他们听懂的内容也比听力正常者要少。从另一方面来说，听力损失者如果想获得与听力正常者相同的言语量，需要更高的信噪比。随着神经性耳聋程度的增加，要达到一定的言语可懂度，信噪比也要相应的增加。

传导性耳聋的情况就简单很多，这类患者的不适阈也相应地提高了，因此其动态范围没有变窄。它只是传入内耳的声音被衰减了，所以只要助听器能充分放大声音，正常的耳蜗就能像听力正常者一样处理进入的声音。

7.7.2 耳聋带来的心理问题及解决对策

1. 不同年龄患者的心理问题

耳聋可导致患者的心理变化，其具体表现可因耳聋的程度和患者的年龄而各异，一般来说，心理变化和耳聋的程度成正比。

(1)聋儿的心理

聋儿在两三岁以前，由于还不知道自己的生理缺陷，天真活泼，无忧无虑。但当长大稍懂事后，因为交流困难，就容易在心中留下阴影，使其健康的心理发展埋下潜在的隐患，主要表现在：缺少同环境交流的能力和机会而导致心理发育迟滞；当与健康幼儿在一起，看到别人说话，自己无法与其他小朋友交流时，就会产生强烈的孤独感。还可能引起个性发展失常，表现为行为退缩、胆怯、自卑、孤独。由于听力语言障碍的影响，聋儿对外界事物的认识和了解有着明显的缺陷，常过多地凭视觉来观察别人的表情、动作，让人感觉不太正常或不够灵敏，久而久之，会使他们的自尊心受到挫伤，情绪低落。但聋儿的想象力其实是非常丰富的，他们的观察力也极为敏锐，如果他们不被环境接纳，有的就会产生冷漠、退缩、自卑等情绪，造成其心理障碍，而表现出过分的依赖、固执、任性等。很多聋儿都对父母有很强的依赖心理。由此可见，常见的聋儿心理、行为失常的表现有缄默、孤僻、畏缩、多动、任性、自我中心等等。有的聋儿还会有冲动、攻击行为等表现。

(2)成年耳聋者的心理

单耳听力损失一般不影响正常交流，但会影响声源的定位和在嘈杂环境中的会话。一些轻中度听力损失的成人患者，一开始可能没有意识到自己有听力障碍，往往由于经常大声说话，与别人交流时经常要求复述或看电视时将电视机声音开得过大，别人怀疑其存在听力损失而建议其进行听力检查。而当听力检查结果证实了这一怀疑时，患者往往难以接受其听力损失的事实，并否认这一事实。他可能也已意识到自己存在交流困难，但由于将听力损失与衰老联系在一起，更将佩戴助听器看成是衰老的标志而不愿承认。这类患者在遇到重要事件需对话时，则表现出紧张感，久而久之，可因此而变得抑郁，脾气暴躁、易怒。双耳重度聋患者，会给工作、就业、婚姻等带来一定的限制，使患者存在不同程度的心理压力。有些感音神经性聋患者，四处求医，耗费大量钱财，又无明显疗效，常常造成心理上的失落、焦虑和压抑。

(3)老年性耳聋患者的心理变化

老年性耳聋患者，常因耳聋而使言语理解能力更趋下降，加之外出不方便，在家与子女交流减少，易使他们脾气暴躁，心理上易产生孤独感。

2.消除心理障碍的一些措施

(1)培养积极的情绪状态

通过社会和家庭的支持以及一定的指导措施，我们应鼓励聋人培养起乐观、自信、顽强、自尊的心理状态，开发残余听力，发挥听觉器官的潜能。

(2)纠正错误的认知活动，建立正确的求医行为

错误的认知会歪曲客观事实，偏见和偏信会干扰和阻碍听力康复的进行。纠正的方法主要靠宣传，包括介绍耳聋的症状、听力保健、助听器及听力康复的基本知识，指导聋人正确的求助行为。

(3)家庭的支持和照顾

家庭成员应首先了解和接受这一现实，正确对待已经发生的一切，尽最大努力来帮助自己的亲人进行听力康复，在精神和生活上给予更多的关怀和照顾。而家庭的理解和支持是患者听力康复的重要一环。

(4)发展社会福利事业

全面考虑聋人所面临的不幸和困难，在学习、就业、工作、恋爱、婚姻等方面，使其都能得到全社会的关心和支持，并使他们的人格受到尊重，能享受普通人应该享受的待遇。

第8章 助听器的编程技术

8.1 概 述

随着科技的不断进步，现代助听器的调整已经完全抛弃了传统助听器“一把起子”调整的方式，只要将电脑与助听器连接，在电脑中输入患者的选配信息，剩下的工作大部分可以交给电脑来完成。由于不再需要进行繁琐的公式计算，验配工作在电脑的提示下以及与患者的互动过程中，可以轻松完成。由于现在选配软件的智能水平越来越高，在很多情况下即使不使用真耳分析仪这类专业设备，选配的效果依然令人满意。科学、高效的选配软件是助听器验配必备的工具，掌握它们的使用方法是增加患者满意度的关键。

可编程助听器采用集成电路芯片技术，通过助听器编程器或数字模拟信号处理以及通过参数调节，使助听器能精确地补偿听力，而且还可以根据不同的声环境需要选择相应的频响。可编程助听器的调试设备一般包含硬件和软件两大部分。硬件主要包括：助听器编程器、电脑和辅助连接线。软件则是各家助听器厂商针对自己的产品专门编写的程序。编程的过程就是调试并确定最终参数的过程。硬件的要求一般都较为简单，且易于得到。而软件的要求则相对较高，不仅编程界面、方式及听力学效果需要明快、准确、便捷，而且软件的稳定性、兼容性和新品种的扩充能力也需要得到充分支持。

最早的可编程助听器厂家为了占领市场，不被侵犯，都有自己的一套编程方法，包括编程器及其软件，互不兼容。这种局面对厂家、听力工作者及选配者都造成了技术、资金的巨大浪费，不利于可编程助听器的推广。1993年，由世界上11家著名助听器制造公司联合开发的“Hi-Pro”编程系统基于计算机硬件设备，同时配接编程器和编程软件，在欧洲和美国同时开始推广并得到良好的普及。为了更多地兼容各个公司的产品，“Hi-Pro”系统最初的11家合作公司制订了一套通用的标准软件，并邀请其他对此有兴趣的公司参加。第一份通用软件于1993年问世，命名为NOAH。NOAH的软件结构较为松散，每个厂家都可依据NOAH的格式将自己的选配程序扩充进去。听力设备的制造商也可以将自己仪器的数据加到这套系统中。

8.1.1 可编程助听器的分类

可编程助听器主要是指调节方式是按照电脑可编程的手段进行助听器参数调整的助听器。根据其放大线路的特点，可以分为模拟放大线路可编程助听器（又称为数—模混合型可编程助听器）和数字放大线路可编程助听器（又称全数字可编程助听器）两大类。根据可编程助听器具有的调节通道进行分类，常见的有单通道、双通道、三通道等。可编程助听器都有一个与电脑相连的编程接口，机芯内部都有一个或多个数字芯片，可以存储患者的听力数据及助听器的各种性能参数。数字芯片类似于计算机的微处理器，可针对外界声输入信号的不同进行分析处理。

8.1.2 可编程助听器的优点及缺点

1. 优点

可编程助听器具有手调式助听器所不具备的多个优点，具体有以下几方面。

(1)多通道处理

数字芯片可把频率范围划分成多个通道分别确定其增益、压缩阈值和压缩比率，且通道的范围可以进行自由的分割，这对于非平坦形听力损失的患者尤为适用。

(2)更为精细的调节

数字芯片可以控制的助听器参数多达十几种。一台可编程助听器可适配于不同程度、不同听力曲线类型的听障者。相关时域和频域的控制是应用最多的参数，验配时可精确到1dB，并且在选配软件界面上有模拟的效果表现。

(3)压缩比率可调

传统的压缩放大助听器，在出厂时即已确定了固定的压缩比率，这并不一定吻合每一个听障者具体的响度增长情况。数字芯片使得压缩比率变得可调。

(4)多套程序的选择

这些设置可确保在多种声学环境下使用。当助听器使用者置身于安静的办公室和嘈杂的市场时，要求不同的声学参数对其听力进行补偿。在办公室，助听器使用者可能要求听清每一句细微的谈话；在市场里，他则要求在听清每一句谈话时环境噪音不要被放大。这时几个特定的程序和一个可以随时切换的开关，就可以自由地选择最佳聆听的效果。1～4个程序是目前可编程助听器普遍采用的数量。

(5)广泛的适用

可编程助听器广泛适合于各种听力损失曲线类型和不同的性质，如平坦形、斜坡形或陡降形，及传导性、感音神经性或混合性耳聋。对于渐进性听力损失患者，可以保留较大的余量，待听力发生变化后，参数可以自由地修改。对于有重振，且对助听器的要求极高的感音神经性耳聋患者，他们所需要的多通道、宽动态范围压缩、方向性麦克风系统等功能，都可在可编程助听器中得以实现。对于手指活动不灵活的老年患者，自动调节音量大小可以带来极大的便利。丰富的功能设置不但让助听器使用者感到舒适满意，而且让听力工作者体会到前所未有的自信感觉。

2. 缺点

同样，可编程助听器也具有一定的缺点，具体有以下几方面。

(1)严格的验配要求

对于听力工作者来讲，不仅需要购置电脑及编程器，而且要了解计算机软件知识。同时，一个完美的验配过程耗时较多。

(2)高昂的费用

对于助听器使用者来讲，可编程助听器的购买及维修价格是普通助听器的数倍，双耳选配助听器者尤甚。

8.1.3 可编程助听器的程序设置要点

可编程助听器是助听器领域的一次重大技术革命，它可以更精确、更直观地调整听障者所需要调整的频域和时域。尽管可编程助听器的种类繁多，但程序设置的基本条件、过程和思路本质上没有差异。程序设置首要的是患者基本档案的建立。在基本档案里患者电测听图又是最关键的，它是程序设置的基础。在程序设置中应注意的问题有：①听力补偿公式的选择；②压缩拐点及压缩比的设置；③熟悉程序设置的常见问题。

8.2　NOAH 系统的安装及使用

NOAH 系统是一个助听器选配软件的公共平台。1993 年 11 家著名的助听器生产商联合成立了助听器生产商软件协会（Hearing Instrument Manufacturers' Software Association，HIMSA），并推出了“诺亚”（NOAH）软件平台，NOAH 软件除了可以加载各生产商的选配模块外，还包括诊室办公模块、听力数据模块等，成为一个很多助听器选配商喜欢的系统。

8.2.1　NOAH 2 平台的安装及使用

1. NOAH 2 平台的安装

启动光盘，双击 NOAH 2.0 安装文件夹，双击 Disk 1，找到 Setup 应用程序文件，双击执行安装程序，电脑进入安装界面，如图 8-1、图 8-2 所示。

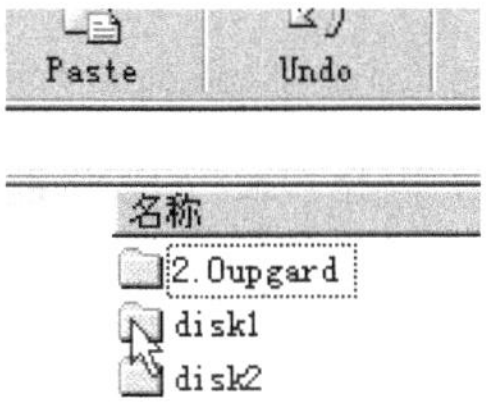

图 8-1　双击 NOAH 2.0

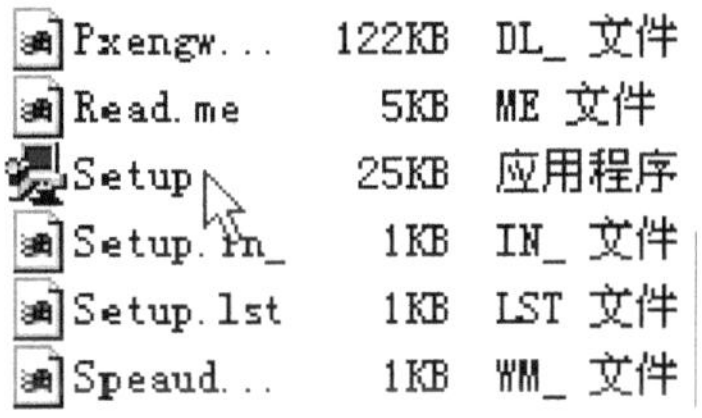

图 8-2　执行安装文件

单击 Quick Installation，按照电脑提示，系统自动默认把 NOAH 安装到 C 盘根目录下。或者点击 Custom Installation，按照电脑提示把 NOAH 安装到你指定的硬盘和目录下，如图 8-3 所示。

2. 进入 NOAH 平台

从电脑桌面工具属性栏“开始”、“程序”进入“NOAH 2.0”，单击 NOAH 打开软件，如图 8-4 所示。

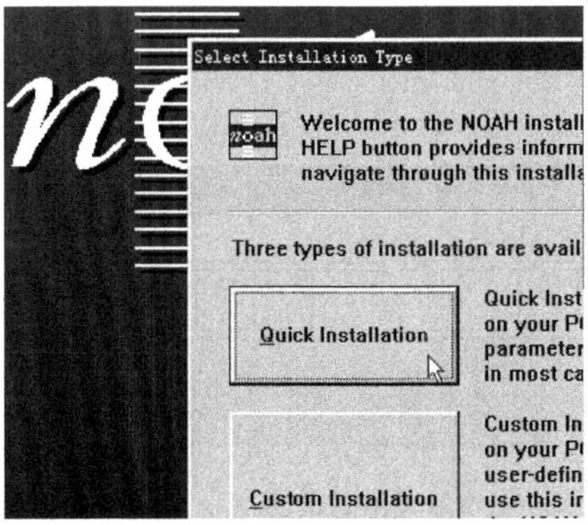

图 8-3　进入 NOAH 安装模块

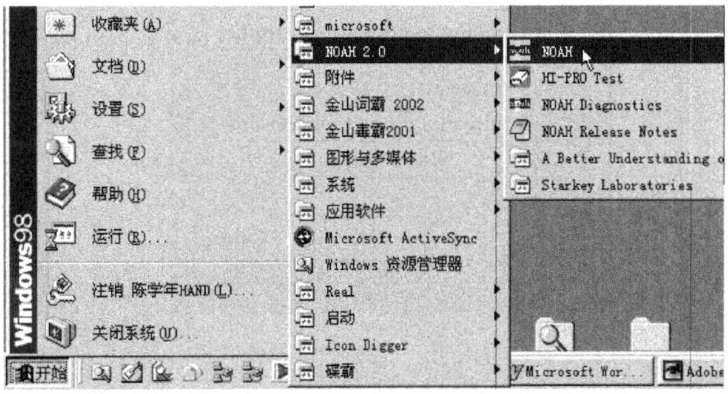

图 8-4　从“开始”菜单进入 NOAH

第一次进入 NOAH 界面时，必须先输入患者名和密码，默认患者名为“ABC”，默认密码为“123”，然后单击 OK，登录 NOAH，如图 8-5 所示。

如果觉得每次开机都输入这些数据很麻烦，可以设置自动登陆：从 NOAH 下拉菜单点击 Setup，选择 Preferences，进入以下界面，如图 8-6 所示。

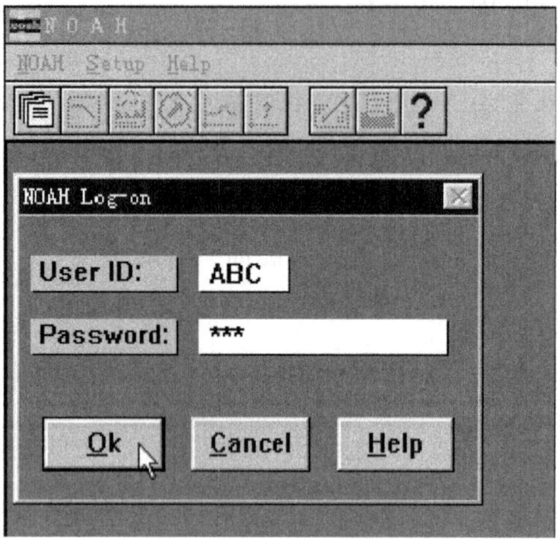

图 8-5 单击 OK，登录 NOAH

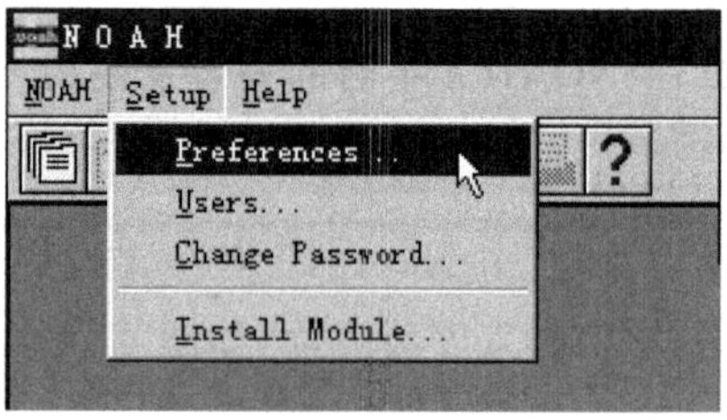

图 8-6 设置自动登录

输入患者名和密码，患者名为“ABC”，密码为“123”，然后单击 OK 完成设置。退出NOAH，在下次启动 NOAH 的时候就能自动登录了，如图 8-7 所示。

3. 患者信息模块

(1)建立新患者档案

单击 Client Module 按钮，进入患者信息模块，如图 8-8 所示。

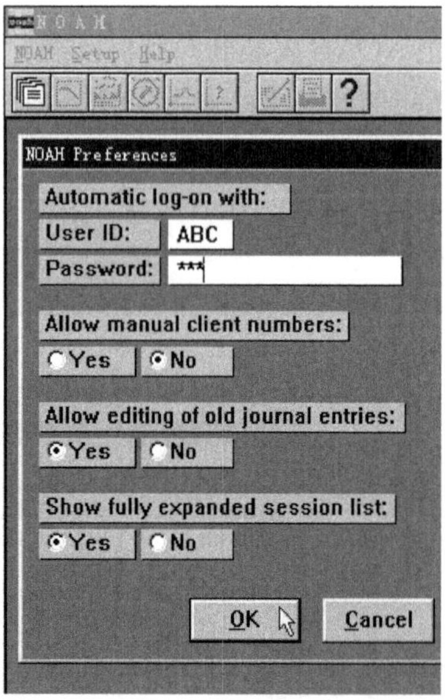

图 8-7 完成设置

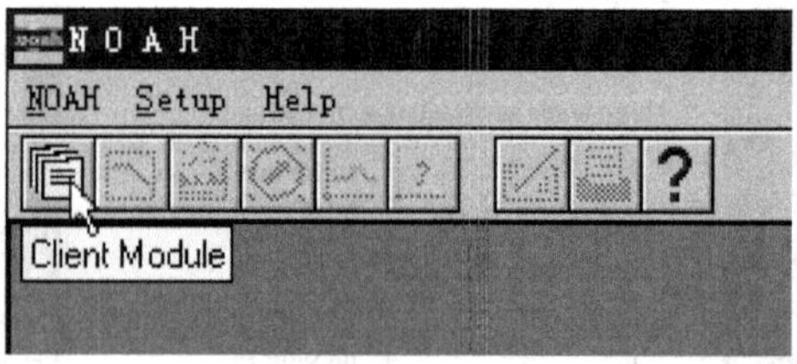

图 8-8 进入患者信息模块

在 Last Name 输入患者名，在 First Name 输入患者姓，Address 是地址，Phone 是联系电话，

Birth Date 是患者出生年月日，Sex 是性别，Male 为男，Female 为女。注意患者姓名、出生年月日必须输入，其他可以忽略。完成后点击绿色打钩按钮确认，如图 8-9、图 8-10 所示。

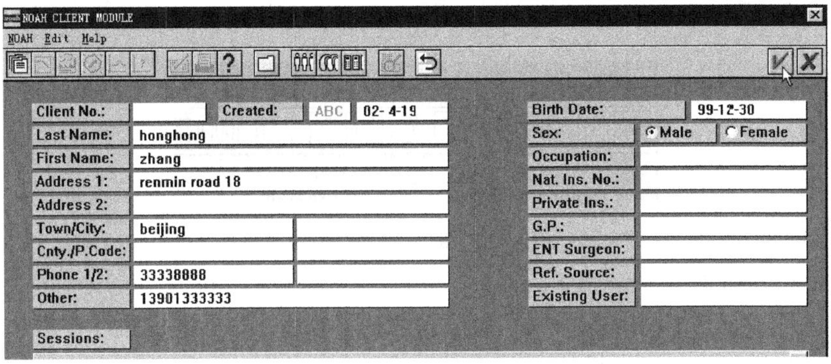

图 8-9　输入具体信息

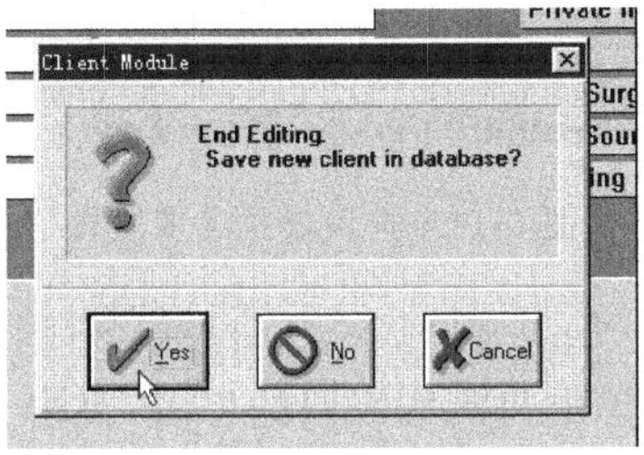

图 8-10　建立新患者档案

这时，菜单栏的其他按钮就被激活了，如图 8-11 所示。

图 8-11　激活的功能栏

点击听力图按钮，就进入听力图编辑界面，如图 8-12 所示。

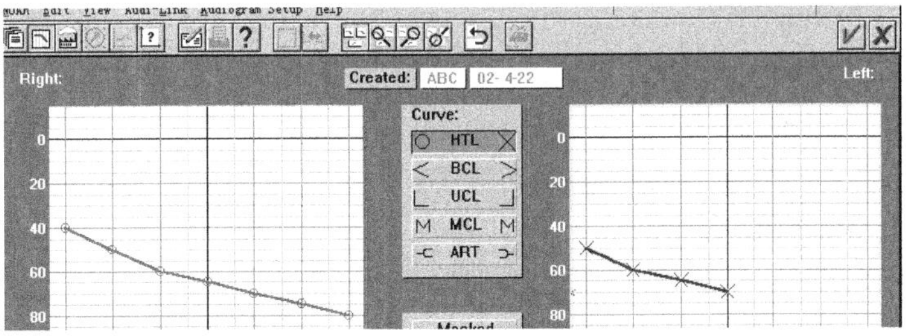

图 8-12　听力图编辑界面

以鼠标直接点击听力图上相应位置就可以输入听力图数据，左侧“○”为右耳，右侧“×”为左耳，输入完毕点击界面右上角“√”按钮完成。如电脑提示，点击 Yes 按钮保存听力图。

然后点击助听器供应商按钮进入助听器调试模块，如图 8-13 所示。

图 8-13　助听器调试模块

(2)查找老患者档案

登录 NOAH 后单击 Client Module 按钮，进入患者信息模块，然后再单击如图 8-14 所示中 Find Client 按钮，进入查找患者模块。

图 8-14　进入查找患者模块

可以输入患者的序号(Client No.)、姓(Last Name)、名(First Name)或直接点击 Search(见图 8-15)按顺序查找，在下拉的名单中找到您需要的患者，点击 OK 进入下一步，如图 8-16 所示。

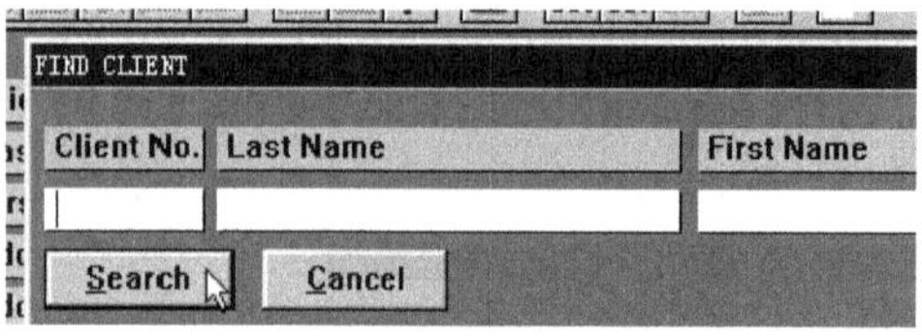

图 8-15　点击 Search 按顺序查找

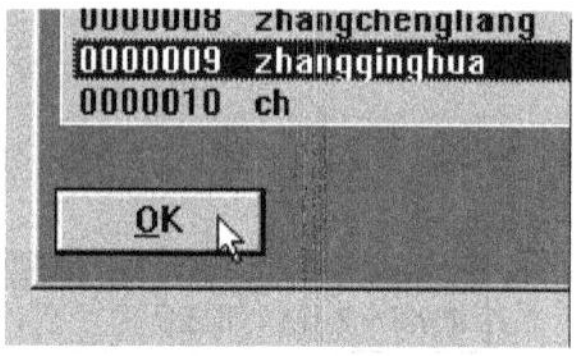

图 8-16　查找到老患者档案后，点击 OK，进入下一步

从下拉的任务栏里选择所需的日期(见图 8-17)，然后点击助听器供应商按钮进入助听器调试模块(见图 8-18)。

图 8-17　选择所需日期

图 8-18　进入助听器调试模块

(4)助听器选配模块

此时进入如图 8-19 所示界面,选择助听器公司。

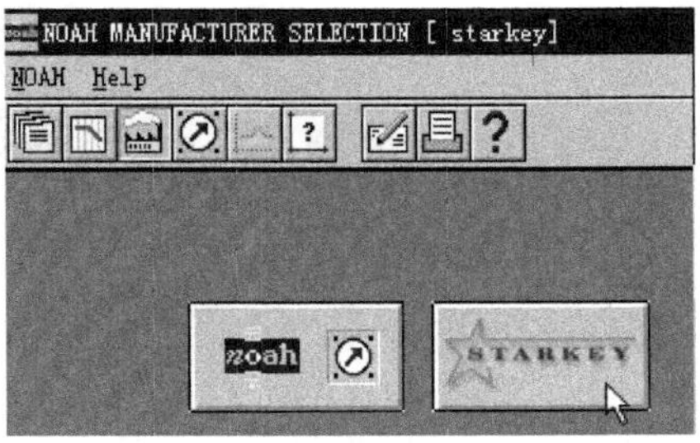

图 8-19　选择助听器公司

双击所选助听器公司的标记按钮(以 Starkey 为例),界面出现如图 8-20 所示标记。

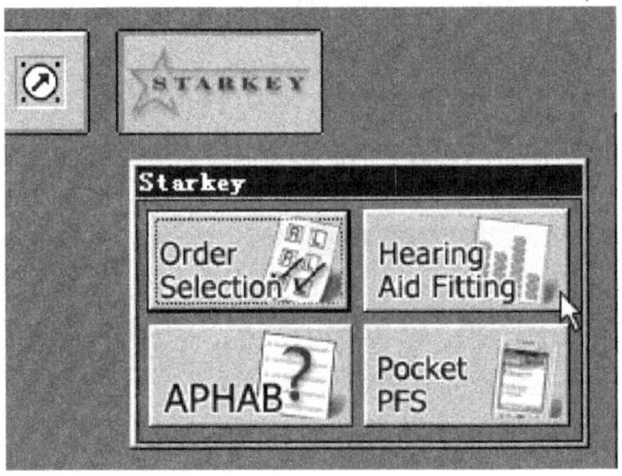

图 8-20　选择具体项目

左上为订单模块,右上为助听器选配模块,左下为助听器佩戴效果评估,右下为掌上电脑 PFS 模块。

单击右上标记,进入斯达克助听器选配模块,如图 8-21 所示。

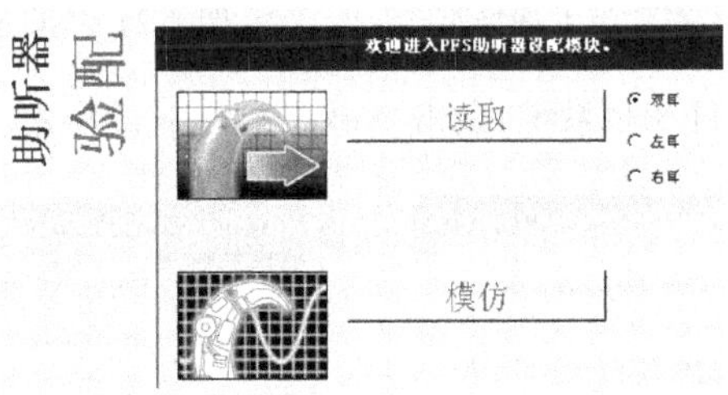

图 8-21　斯达克助听器选配模块

8.2.2　NOAH 3 平台的安装

NOAH 3.0 的安装步骤简要如下:

将 NOAH 3.0 光盘插入光驱,如果不是自动运行的,请点击打开光盘。

安装包括:Setup——安装

License——安装

NOAH 3.1.2 Patch D——安装

以下是 NOAH 3.0 安装的详细步骤：

点击 Setup，会出现如图 8-22 所示界面。

图 8-22 NOAH 3.0 安装首页

点击 Install NOAH System。出现 NOAH 3.0 各安装版本选择页，如图 8-23 所示。

点击 Non-network Version，开始安装。选择英语，如图 8-24 所示。

图 8-23 NOAH 3.0 各安装版本选择页

图 8-24 NOAH 3.0 语言选择页

界面显示欢迎安装 NOAH 3.0 系统，点击 Next，如图 8-25 所示。点击 Yes，如图 8-26 所示。

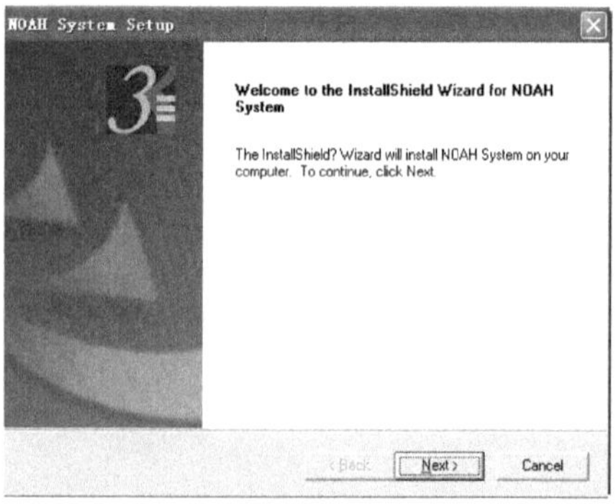

图 8-25 NOAH 3.0 欢迎安装页

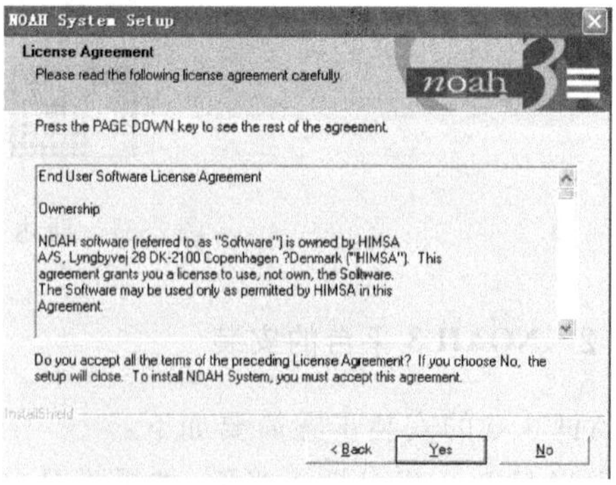

图 8-26 点击 Yes

选择默认值：United Starkey，点击 Next，如图 8-27 所示。

选择使用名 User name 和公司名 Company name，默认值为 User、Starkey，点击 Next，如图

8-28 所示。

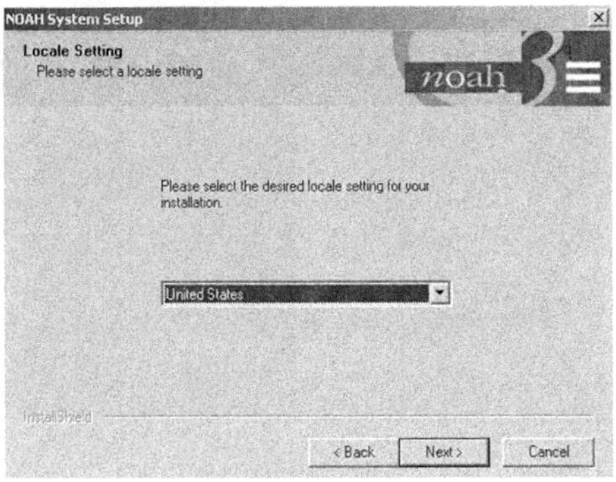

图 8-27　选择默认值

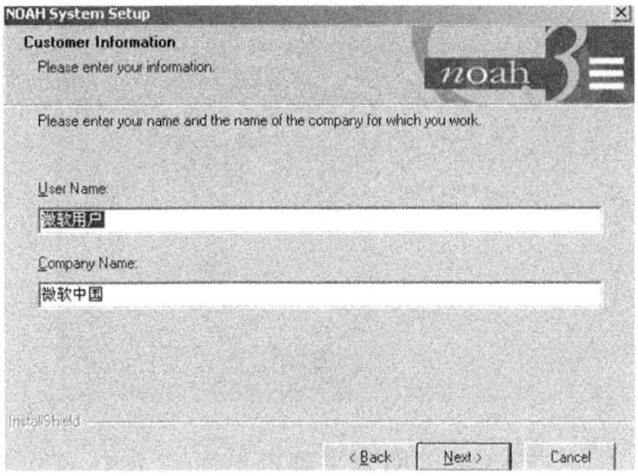

图 8-28　选择使用名和公司名

选择你要安装的根目录，默认为 C 盘，可以点击 Browse，选择你要安装的根目录，选择完毕，点击 Next，如图 8-29 所示。选择安装软件的名称，如图 8-30 所示。系统会显示还在安装，如图 8-31 所示。然后点击 Finish，安装完成，如图 8-32 所示。

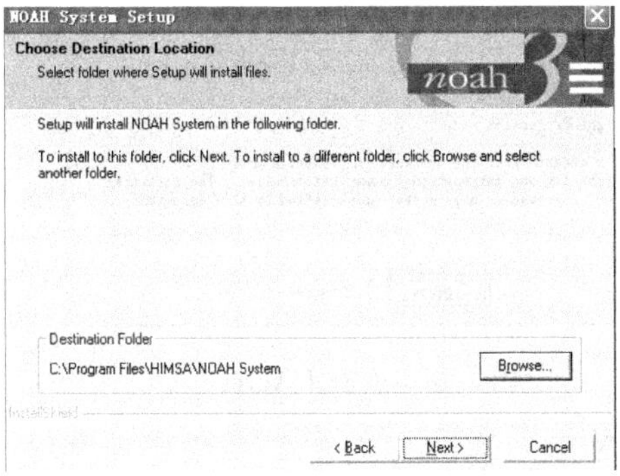

图 8-29　选择安装路径

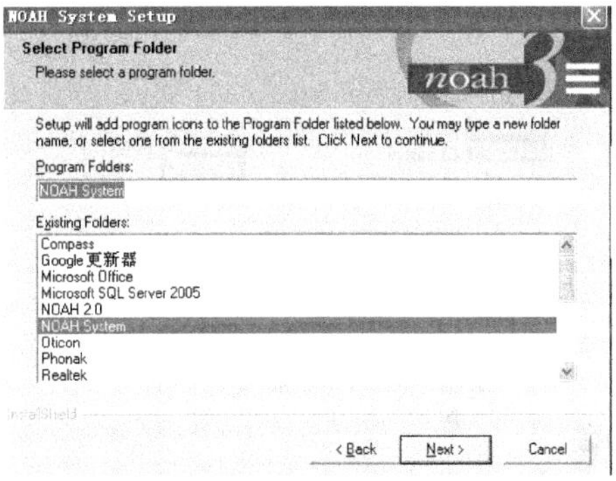

图 8-30　选择安装软件的名称

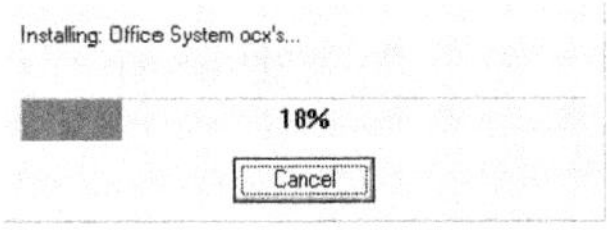

图 8-31　正在安装

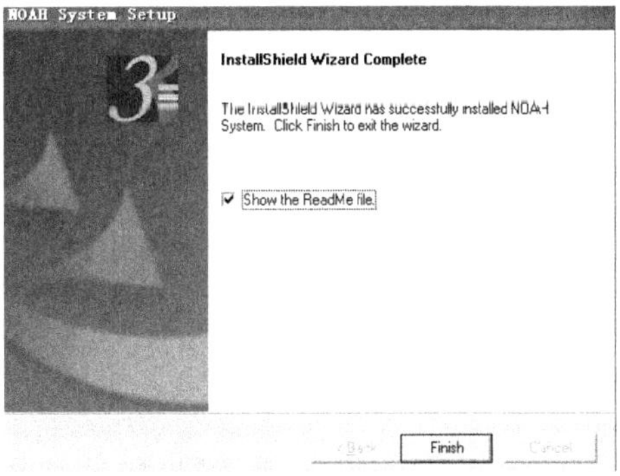

图 8-32　安装完成

注意此时不要重启电脑。直接回到光盘根目录，或者以以下形式回到光盘根目录如图 8-33 所示。点击 Browse Contents，如图 8-34 所示。

图 8-33　回到主菜单界面

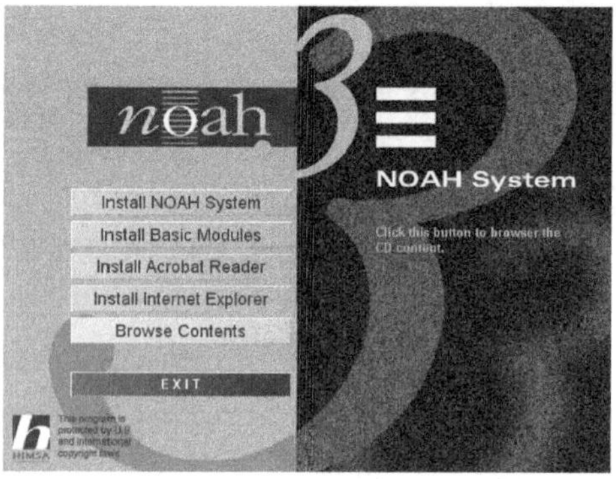

图 8-34　点击浏览内容

安装 License(许可证),点击 License(见图 8-35)→I Agree(见图 8-36)→Next(见图 8-37)→Install(见图 8-38)→OK(见图 8-39),接下来回到光盘目录。

图 8-35　许可证安装图标

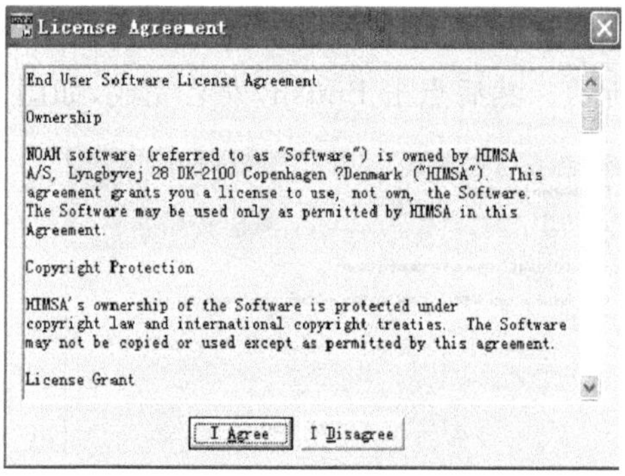

图 8-36　点击 I Agree

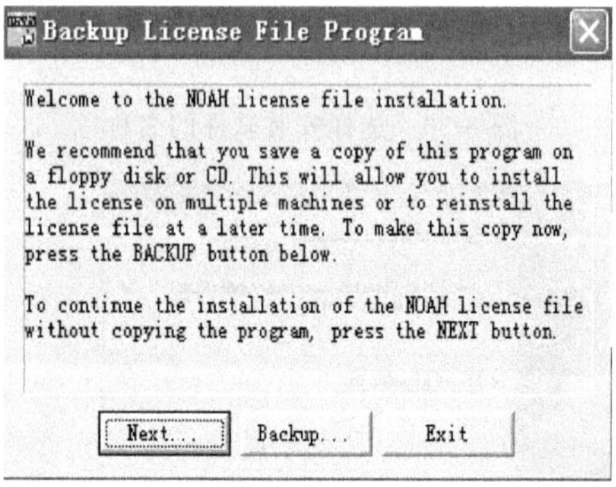

图 8-37　点击 Next

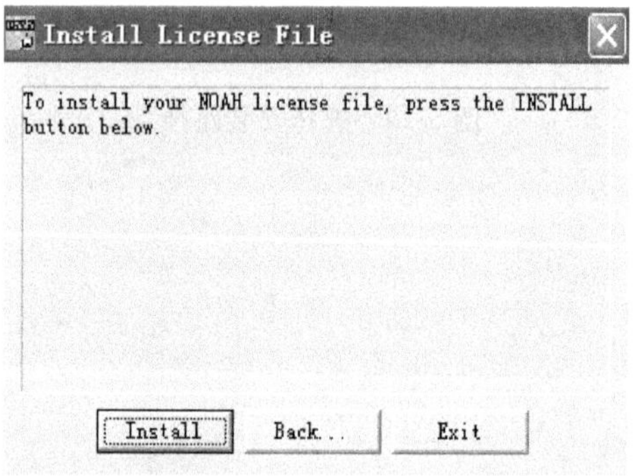

图 8-38　点击 Install

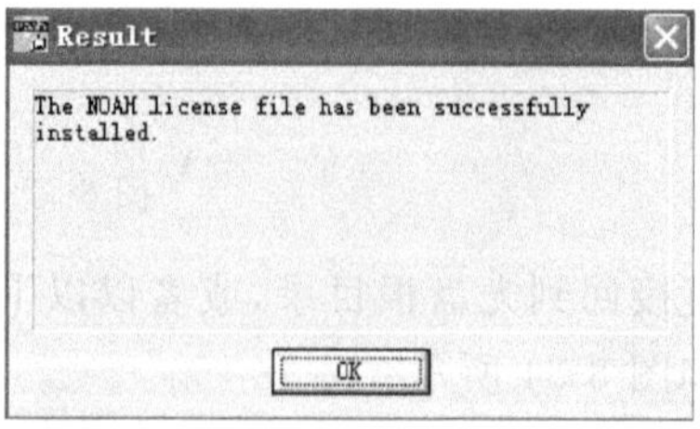

图 8-39　点击 OK,完成 License 安装

然后，安装 NAOH 3.1.2 Patch D(补丁)。

点击 NAOH 3.1.2 Patch D，如图 8-40 所示。

点击 Setup，如图 8-41 所示。

图 8-40　NOAH 3.1.2 Patch D 图标

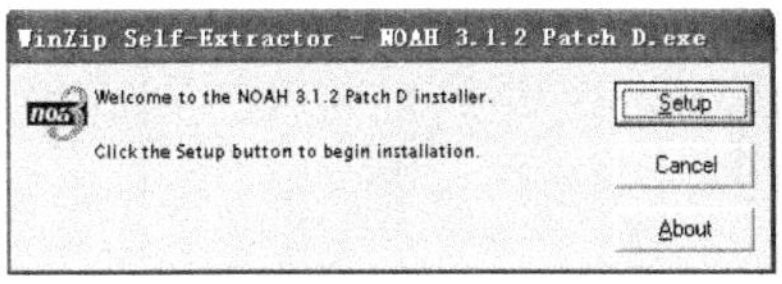

图 8-41　补丁安装界面

请在继续这个安装前确保所有的 NOAH 相关组成都是关闭状态，点击确定，如图 8-42 所示。

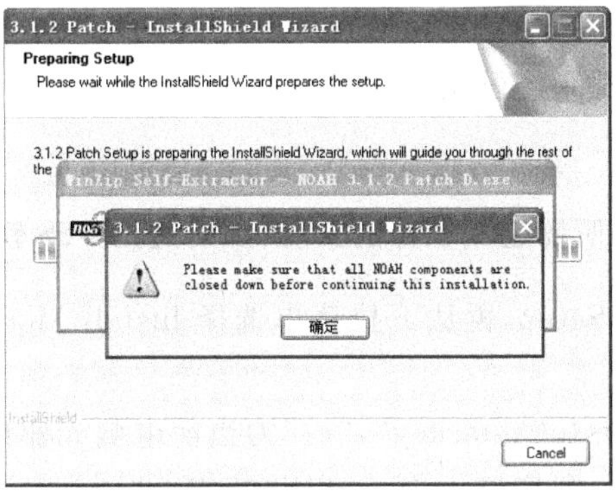

图 8-42　确保 NOAH 软件关闭状态界面

点击 Next，如图 8-43 所示。

如果你想回顾前一步安装或者改变前一步安装请点击 Back 回到前一步，点击 Cancel 的话退出安装，点击 Install 继续以下操作，如图 8-44 所示。

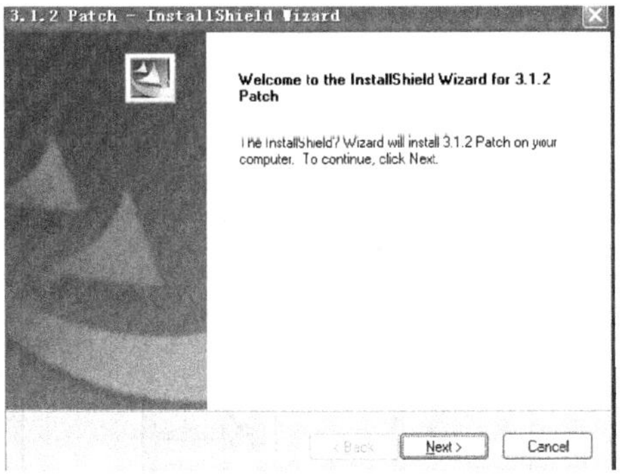

图 8-43　欢迎安装补丁界面

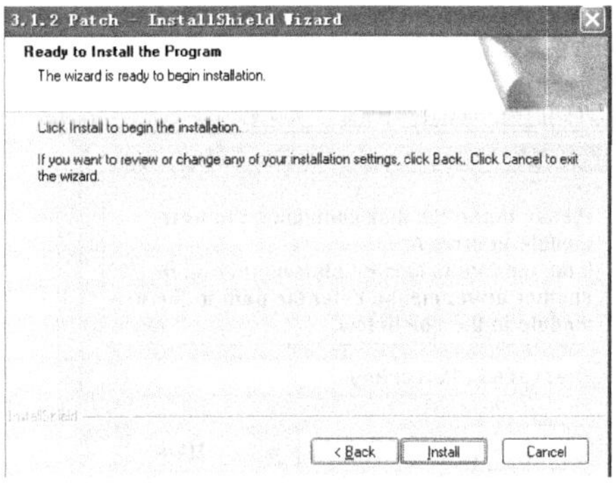

图 8-44　继续操作界面

点击 Finish，完成安装，如图 8-45 所示。

点击 Exit 退出，并重启电脑，如图 8-46 所示。

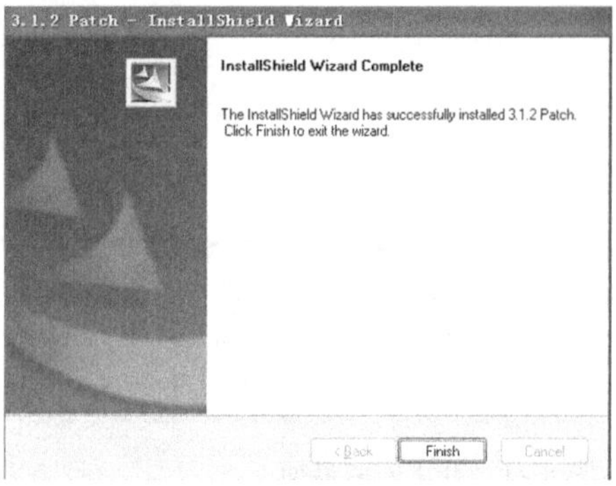

图 8-45　安装完成界面

图 8-46　退出软件界面

到此，NOAH 的安装完成。

8.3　助听器选配软件的安装

8.3.1　NOAH 2 平台助听器选配软件的安装（以斯达克 PFS 软件为例）

登录 NOAH 后，先选择 Setup，再从下拉菜单选择 Install Module...，单击进入安装向导，如图 8-47 所示。

在目录栏里键入："e:\pfs4.0\starkey"，"e:"为当前电脑光驱的盘符，如您的电脑光驱为"f"，则应键入"f:"，以此类推。"\pfs4.0\starkey"表示当前光盘中 PFS 软件的安装快捷指向所在目录位置，应视软件光盘内容而定。如果安装软件位于光盘根目录下（如原版 PFS 光盘），只需键入"e:\starkey"即可，如图 8-48 所示。

图 8-47　安装模式

正确输入安装位置后点击 OK 确认，如您的电脑上已经安装了低版本的 PFS 3.0 以上软件，电脑会提示是否覆盖旧版本。点击 OK 继续，如图 8-49 所示。

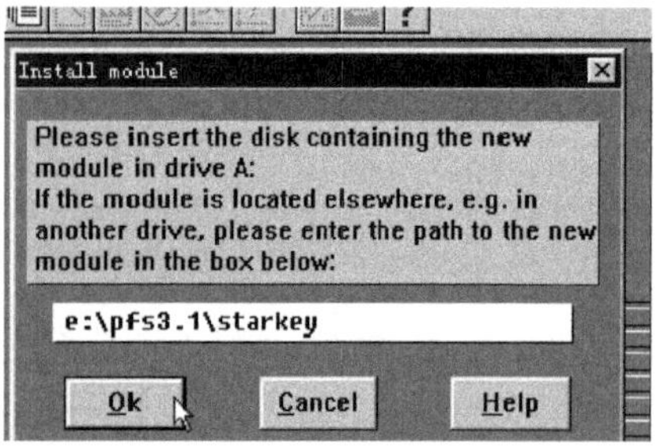

图 8-48　保存目录

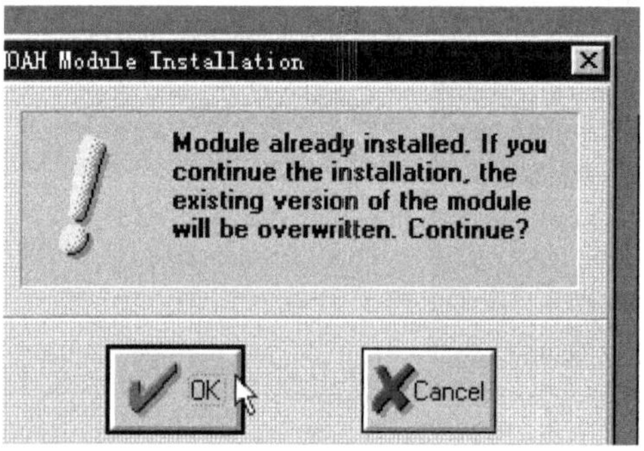

图 8-49　覆盖旧版本提示

如图 8-50 所示表示电脑已经找到正确路径并开始安装。否则电脑提示路径未找到，必须重新输入路径，如有问题可以请教公司专业人员，如图 8-51 所示。

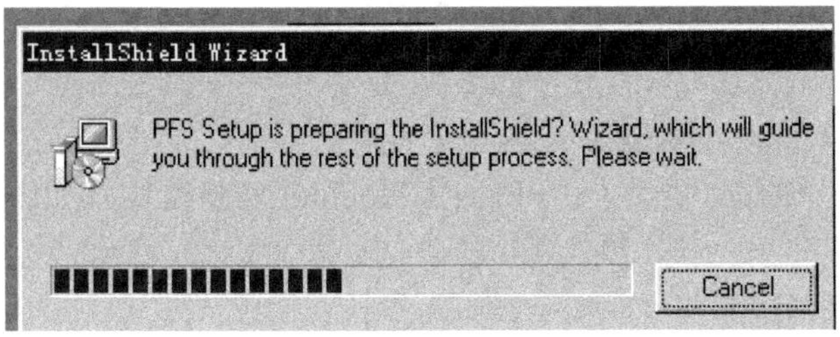

图 8-50 正确路径提示

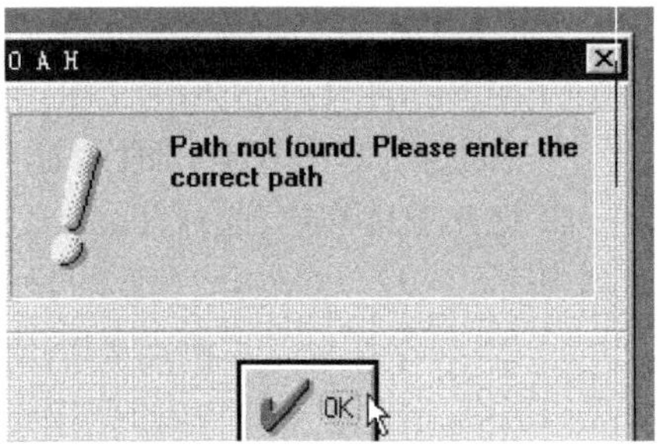

图 8-51 非正确路径提示

安装开始后电脑会提示安装何种语言，选择 Chinese（中文），点击 Next 继续，如图 8-52 所示。

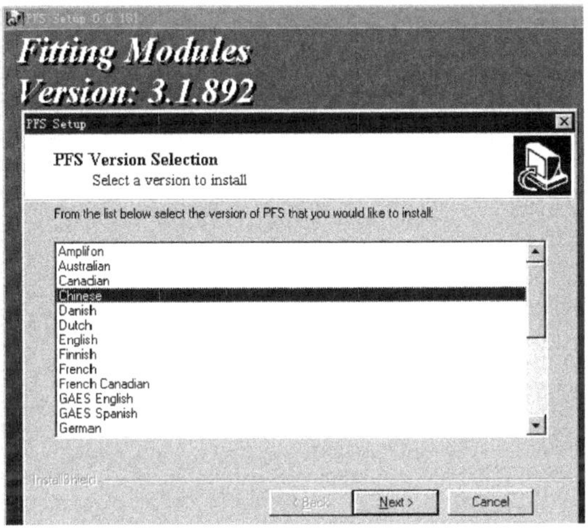

图 8-52 语言选择页

安装将持续进行 2～5 分钟，视电脑配置而定，电脑配置越高，速度越快。直到电脑提示完成安装，点击 Finish 完成安装。

电脑会再次提示：

Installation complete.

The new module has been installed.

点击 OK 结束安装。然后关闭 NOAH 软件并重新启动电脑。

注意：安装软件时请不要打开任何应用程序，以免影响安装速度或造成安装失败。

如果安装结束后遇到在从 NOAH 模块进入 PFS 选配模块时发生错误，请关闭所有程序后重启电脑，一般可恢复正常使用。如果还是发生错误，需要重新安装 PFS 软件，安装前请进入 C:\Program Files\，删除 Starkey Laboratories 文件夹。

某些特殊情况下，在长期使用后由于多次安装卸载 PFS 软件，造成注册信息丢失或冲突，会造成多次重新安装 PFS 软件不能使用。此时必须同时卸载 NOAH 和 PFS 软件再进行安装。注意：删除 NOAH 软件时患者资料也将同时丢失，需慎重。

8.3.2 NOAH 3 平台助听器选配软件的安装(以斯达克 PFS 软件为例)

1. 点击桌面 NOAH 3 图标，打开 NOAH 3.0，自动显示患者登记界面。

2. 打开工具菜单，选择 Tools(工具)⟶Setup(安装)⟶Install Module(安装模块)，如图 8-53 所示。

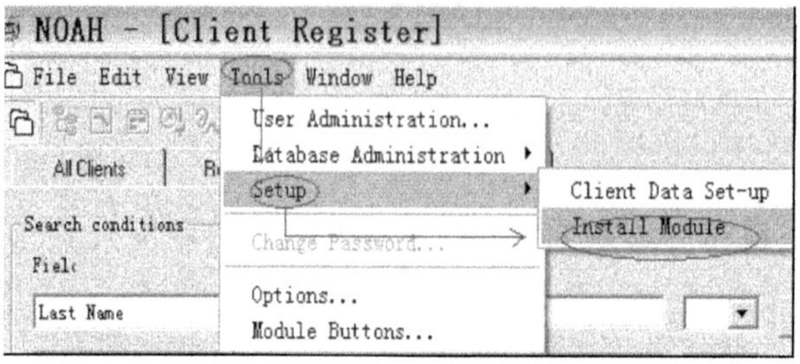

图 8-53　NOAH 3.0 安装页

3. 显示安装模块的界面，点击 Install New Module(安装新的模块)，如图 8-54 所示。

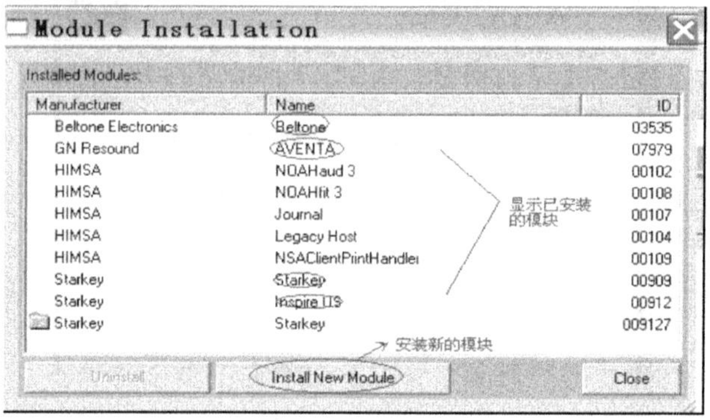

图 8-54　安装新的模块

4. 选择安装的 PFS 的所在位置，在 PFS 4.5 中双击 Starkey，如图 8-55 所示。

5. 双击 Install.ini(或者单击点 Install.ini 再点击右下角的打开)，如图 8-56 所示。

图 8-55　选择需安装的文件

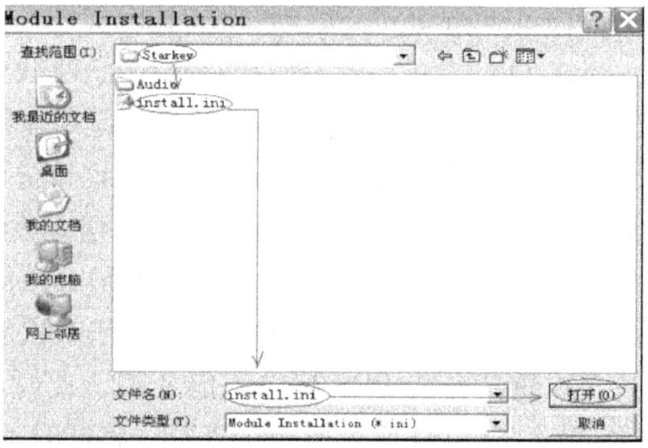

图 8-56　选择安装页

6. PFS 4.5 的安装过程将开始，当选择语言时请选择 Chinese，点击下一步。

7. 点击下一步安装音频播放文件，如果没有点击，将不在电脑里安装音频播放文件，点击下一步。

8. 安装结束，点击完成。最后在 Module Installation 对话框里点击 OK。注意，请不要在点击 Finish(完成)之前就点击 OK，要等全部安装完毕再点击 Module Installation 对话框里的 OK。

8.4 助听器选配软件的编程操作

下面以助听器选配中的常用的几种编程软件为例，简要说明助听器编程的操作方法，仅供参考。

8.4.1 Compass 选配软件的编程操作

Compass 是 Widex(唯听)公司的选配软件，基于 NOAH 听力平台可以充分发挥其作用，支持传统的编程接口 Hi-Pro，并且是支持蓝牙编程接口 NOAH LINK 的全球第一款选配软件。

1. 简明操作步骤

①在 NOAH 中，创建或选择你的患者。

②输入患者的听力数据，然后选择 Widex 选配模块(Compass)。

③探测连接的助听器，或手工选择。

④进入选配窗口，作 Senso 听力图测试(如果所选的助听器支持)。

⑤作反馈测试(如果所选的助听器支持)。

⑥作必要的基本设置。稍后你会进入微调窗口，调节各个参数，或根据患者的意见改进设定。

⑦关闭 Compass。

2. 选配方法介绍

下面以 Senso Diva 产品为例具体说明，如图 8-57 所示。

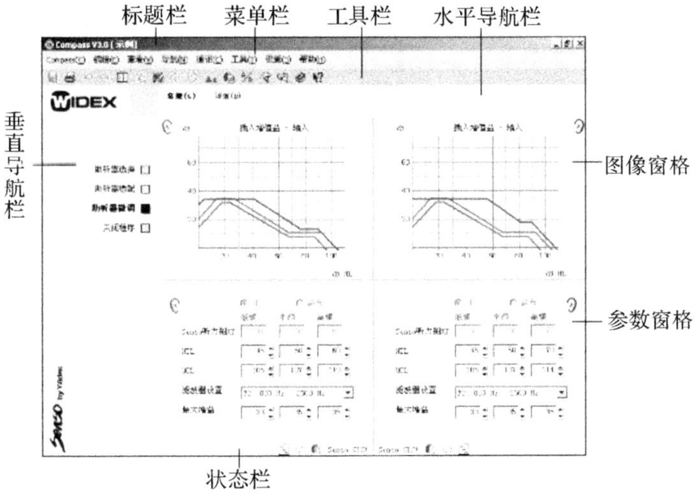

图 8-57 Senso Diva 选配界面

(1)助听器选择(自动探测与手工选择)

“助听器选择”窗口的下半部分显示的是助听器列表，列表中显示不同的助听器类型与型号。

将鼠标指向所选型号并停留片刻，会自动显示其功能简介。

窗口的上半部分显示的是患者的 HTL 气导数据与所选助听器的选配范围。如果有 HTL 骨导或 UCL 数据的话，也会同样显示。如果患者的 HTL 数据进入所选型号的适配范围（即阴影部分），说明选择是恰当的。

你也可以在实际选配前通过此功能来查看，但不能保存数据。

在进行下列步骤前，连接助听器到编程接口（Hi-Pro 或 NOAH LINK），如图 8-58 所示。

图 8-58　助听器选择

你可以让 Compass 探测可编程的助听器（点击工具栏中的按钮），也可以手工从两个列表（分别是两个耳朵）中选择。如果列表中型号太多，不能全部显示，可以使用滚动条。

作出选择后，就进入到下一个窗口："选配窗口"。

（2）儿童选配规则

输入年龄段和听力测试类型，选配时的参数会自动作出调节，由此到达小儿鼓膜处的输出就非常精确，如图 8-59 所示。

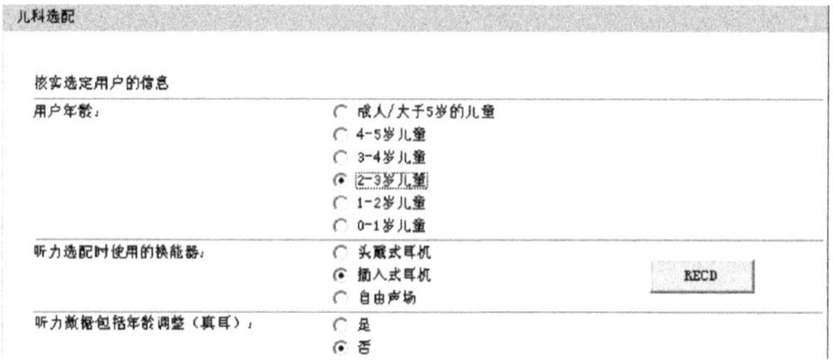

图 8-59　儿童选配界面

（3）Sensogram 测试

Sensogram 测试是通过 Senso 助听器内 DSP 的功能、配合 Compass 软件，来进行测听。测听时，个体的耳道以及耳模或耳道机的特殊情况已经考虑进去，不需要再做真耳测试。

Sensogram 的测试音为调频啭音，频宽为（言语范围内）1/3 倍频程，开放耳 11 个可测频段，耳背式 13 个，耳道式 14 个。

先测试 4 个基本频段，其余频段的阈值会自动估算出来，如图 8-60 所示。测试方法是：选中相应频段，点击上下箭头调节给声的音量，然后点击"发声"按钮，助听器发出相应的测试音。

测试完基本频段的 Sensogram 后，如有必要（患者的听力图较特别）时，继续测量扩展频段的 Sensogram，如图 8-61 所示。

对于传导性或混合性听力损失，如果在听力图中输入了骨导数据，并在 Compass 软件中的

“设置”菜单下作了相应的选择，选配软件会自动将气骨导差（ABG）计算在内。

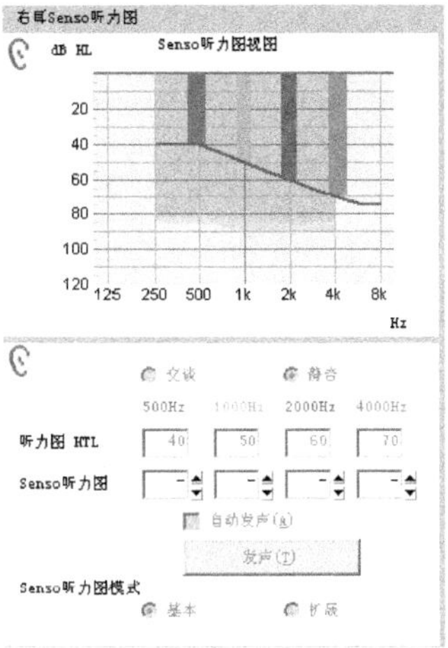

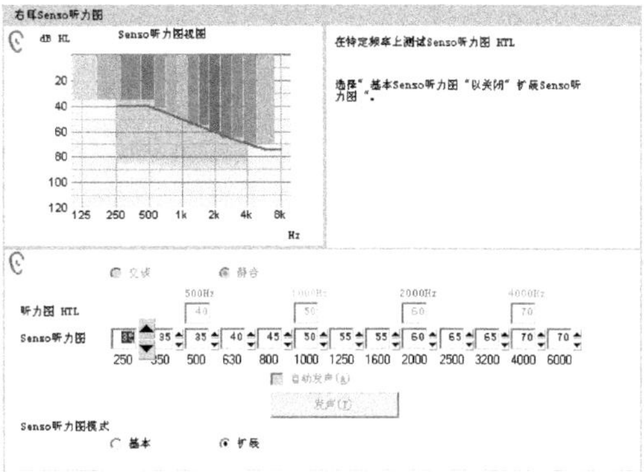

图 8-60　Sensogram 基本频段测试　　　　图 8-61　Sensogram 扩展频段测试

Sensogram 是 Senso Diva 选配时必须要做的第一步。有些患者无法进行此测听（婴儿或有认知障碍的小儿和成人），Compass 则可以估算 Sensogram，根据 NOAH 中的听力图和客户的年龄，估算的 Senso 听力图是根据相应年龄组的 RECD（真耳耦合腔差值）得出的，如已测得个体的 RECD 并在儿童选配向导中输入，估算将更为准确。

注意事项：

①重做（修改）耳模或耳道机外壳后，需要重新进行 Sensogram 测试。

②Sensogram 如有变化，将导致对所有输入声增益的改变，需要重做反馈测试，必要时重新微调，T、MT 和 Music 等收听程序中的增益均发生改变。

③在有通气孔的情况下测量 500Hz 以下的扩展 Sensogram 将导致 Sensogram 的阈值过高、增益过大，因为在有通气孔的情况下，低频输出从通气孔中泄露出去，所以 Widex 建议不做 500Hz 以下的扩展 Sensogram。

完成 Sensogram 后，进入下一步。

（4）反馈测试

反馈测试步骤包括：①首先要患者戴好耳模或耳道机；②向患者交代注意事项；③确保环境安静；④开始测试；⑤评估测试结果。如为 4 个 OK 则通过，如果出现 ＊＊＊，则需重新测试（噪音影响测试结果），如果仍然出现＊＊＊，就必须重做耳模或耳道机外壳。

Senso Diva 的反馈测试（见图 8-62）必须在使用者耳朵上进行，目的是为了让 Diva 反馈消除系统（DFC）正常工作。所以在 DFC ON 的情况下做强制性的反馈测试是不可能的。反馈测试完成后，基本选配即完成。

（5）微调

微调通常不是基本选配步骤中的组成部分，但在后续服务中可能需要对选配作少量的变动。Compass 提供了很多微调内容。

1）普通声音/大声音/小声音

在普通声音/大声音/小声音微调窗口中你可以设定与小声水平输入信号相关的参数。这样

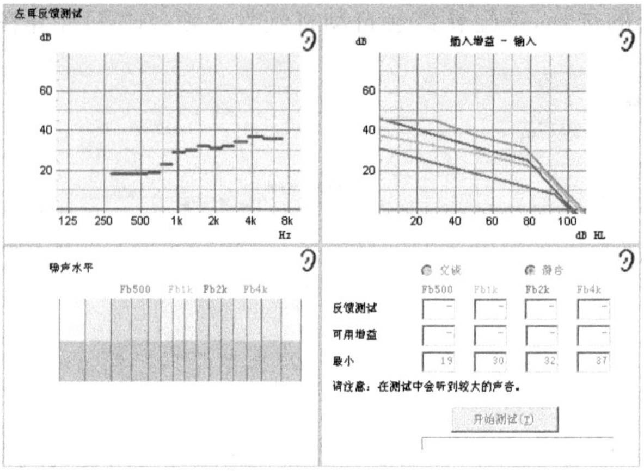

图 8-62　反馈测试

就可以调整普通声音/大声音/小声音输入水平时的助听器性能。窗口中的图像(见图 8-63)显示了助听前和助听后的普通声音/大声音/小声音输入水平的言语频谱和普通声音/大声音/小声音输入时的插入增益。

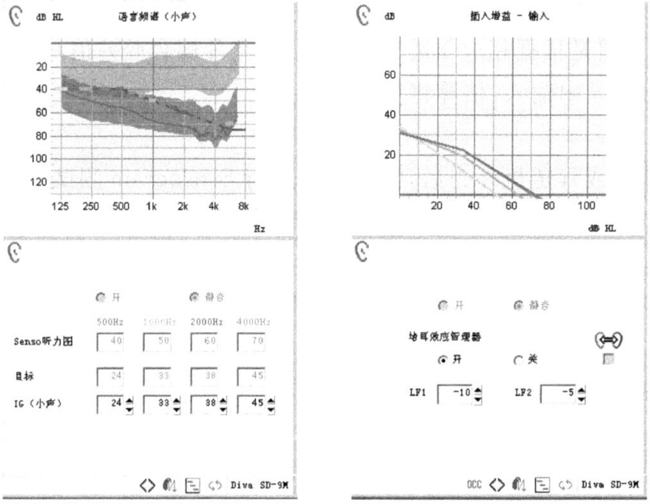

图 8-63　普通声音/大声音/小声音微调及堵耳效应管理器

2)堵耳效应管理器

一些患者在戴上助听器后，感觉他们自己的声音听上去不一样了。为了解决这个问题，你必须确保耳模或外壳的通气孔最佳。如果还不能解决，可以使用 Senso Diva 堵耳管理器，如图 8-63 所示。

默认设置下堵耳管理器是关闭的，但你可以打开这个功能，对低频区的压缩特性及高输入水平增益进行调节。堵耳管理器改变 500Hz 以下低频区压缩，可以降低对患者自己声音的增益，同时不影响对他人声音的增益。开启堵耳管理器后，你可以调节两个低频参数(LF1 和 LF2)的数值。LF1 控制 125Hz、250Hz 和 350Hz 三个频段的总体增益，LF2 控制 350Hz 和 500Hz 两个频段的增益。如果双耳助听器的状态一致，可以开启“双耳调节”选项。开启“双耳调节”后，你做的任何调节都对双耳助听器同时生效。堵耳管理器窗口中的图像显示 125Hz、250Hz、350Hz 和 500Hz 四个低频段的“插入增益—输入”曲线。

3)选项

在选项窗口中可以设置助听器的不同选项，比如定义收听程序的选择、电感(如果有的话)的设定。选项窗口中可以使用的功能取决于所选择的助听器。

PRG(收听程序):Senso Diva 的收听程序选项让你选择所需要的收听程序组合。默认设置时助听器使用“程序选项 1”，可以根据患者的喜好进行改变。“M”程序打开麦克风，作为通常使用;“M+T”同时从电感与麦克风的输入收听(定位器此时被禁用);“T”仅仅用于电感;“音乐”程序是源于选配的预编程选项，所有参数已为收听音乐而优化，如图 8-64 所示。

LCT(定位器):Senso Diva 定位器是一套基于双麦克风的交互作用及复杂的数字信号处理的精密方向性系统。定位器始终保持方向性特性的最优化。你可以在选项窗口中设置定位器的参数，如图 8-65 所示。

自动输出控制(见图 8-66):某些 Senso 助听器具有内置的自动输出控制(AOC)电路，在需要避免削峰效应的时候限制输出信号。Widex 建议仅在测量时关闭 AOC，而不是作为一个微调参数。

电感:电感增益反映每一个助听器出厂时的校正值，以保证 M 档和 T 档的增益平衡。电感增益的初始值是 0，增减这个值也就增减了电感增益(见图 8-67)。

注意:在微调中作过调整的参数的左侧会有一个感叹号“!”。Compass 将任何调整均看作是对原始设定的偏置，并且这一偏置会在特定输入水平的特定频率保持，直到再次调整或使用。“重新计算”功能让 Compass 估算选配数据。

(6)各种选配工具

Compass 具有非常丰富的选配工具。

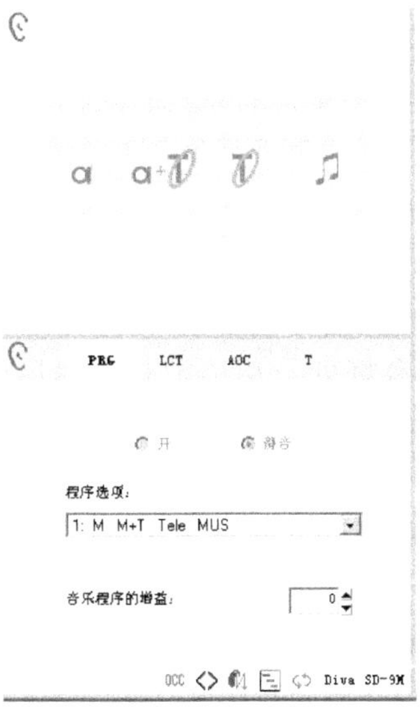

图 8-64 收听程序选项

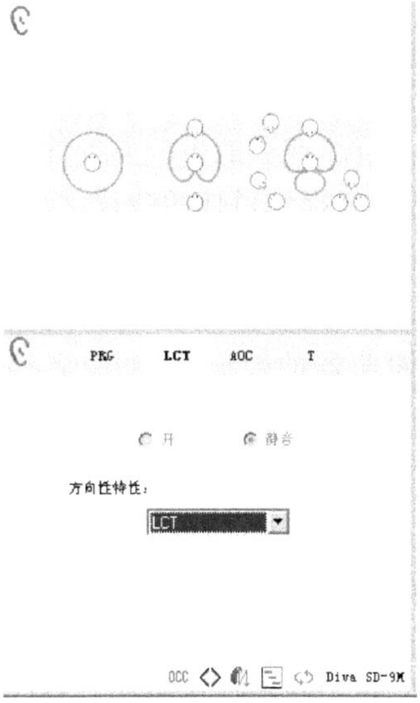

图 8-65 定位器选项

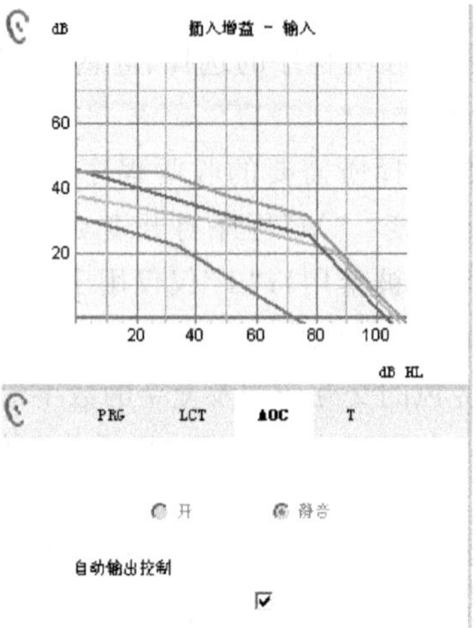

图 8-66　自动输出控制

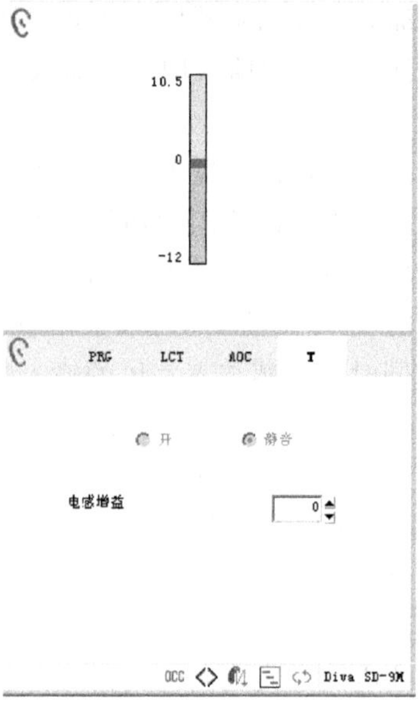

图 8-67　电感控制

1)微调向导

微调向导是为了帮助你解决客户的特殊问题,一般来说,当客户第一次来的时候,并不需要用微调向导,但是后来客户就会感到一些不适,例如佩戴助听器时感到马路上的噪音太响,这时微调向导有助于在 Compass 里调节相关参数。在详细微调向导里,你可以选择客户的某一个具体的抱怨,Compass 会指出该问题的原因和解决问题的方法。在综合微调向导里,你可以选择几个抱怨,让 Compass 帮助你找出解决这些问题的方法。这时你可以通过 A 或 B 比较,即比较新、旧两种设置,让患者感觉哪种效果更好。

2)患者档案

患者第一次选配时,选配是基于标准的患者档案。你可能想将某些特定的因素考虑进去,比如,患者是单耳选配,或可能另一耳是全聋的。你可以使用"患者档案"将这些情况考虑进选配中,并使你能为患者提供最佳的建议。

3)助听器档案

你可以使用助听器档案对话框来输入有关被选择的助听器的信息。这些信息不作为 Compass 软件评估助听器的数据,但如患者档案一样对你有好处。在选配打印时助听器档案也会显示。

4)反馈验证

当你执行反馈测试后,助听器通常会无反馈产生,但是在某些情况下,你的患者可以听到烦人的反馈声,而不管是否进行了反馈测试。

在这种情况下,你需要检查反馈数据,并且在细致调节好助听器后做这些工作。

①从工具菜单中选择反馈确认。对话框要求你确保周围环境安静。

②选择 OK,关闭对话框(选择"取消",你可回到 Compass 的主窗口)。这个窗口与被激活耳的反馈测试窗口非常相似。如果助听器已被连接在对应的耳朵上,只要反馈确认窗口打开,助听器就会自动成为静音状态。

③噪音栏显示助听器内是否存在反馈。如果噪音棒是红色的，反馈是存在的。选择应用框以改变助听器的增益从而避免反馈。你也可以手动改变提供增益的参数，就像你在 Compass 中改变其他的参数一样。

④如果你需要进行新的反馈测试，选择开始测试按钮。在被激活耳开始进行反馈测试。

⑤当你完成反馈确认，选择 OK 以确认所进行的改变，并关闭反馈确认窗口。

5)IOI-HA(助听器效果国际性调查)

问卷是一组问题，你可以询问你的患者，通过患者的回答了解助听器对其生活的影响。

此问卷既普遍又简明，并适用于所有助听器型号。每一个问题均是研究助听器选配对患者生活的某一个方面的个人影响。

患者完成这些问题，你可以在 Compass 中自动计算出得分，得到对患者整体情况的了解。

6)自测功能

如果助听器患者发现助听器有问题，可能很难确定是同使用有关、选配需要调节还是助听器本身的技术问题。自测功能能在 Compass 软件中自动测试出 Diva 助听器是否有故障，是什么故障。

8.4.2　PFS 选配软件的编程操作

PFS 是美国 Starkey(斯达克)公司的助听器选配软件，基于 NOAH 听力平台操作，支持传统的编程接口 Hi-Pro。

1. 与 PFS 调试有关的工具栏和界面上一些按钮的使用

按钮的功能如下：

点击

，读取助听器。

点击

，对助听器进行编程。

点击，可以对左右耳助听器同时调整。

点击，分别表示左右耳的最佳选配。

点击选配公式会出现一个下拉菜单，菜单中的公式 IHAFF、DSL[i/o]、FIG6、NAL-NL1为非线性公式，需要压缩功能或聋儿的可选用此类公式，DSL[i/o]尤其适用于聋儿，选择此公式时会提示先输入患者的出生年月，NAL-R、POGO Ⅱ、BERGER、LIBBY 为线性公式，适用于传导性耳聋或长期使用大功率助听器者，如图 8-68 所示。

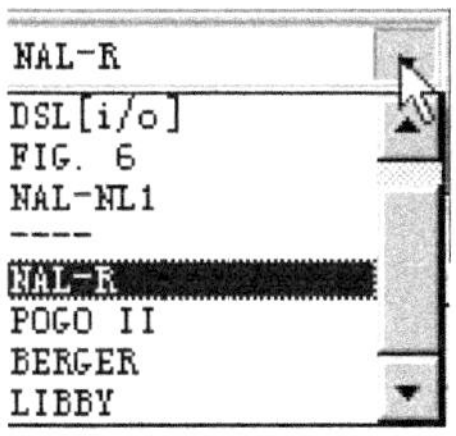

图 8-68　选配公式

PFS 软件默认的选配公式为“NAL-R”，选择“NAL-R”选配公式和“Best Fit”最佳选配，得到的是线性的选配结果。

在输出曲线图中，50dB 输出曲线图反映助听器的增益状态，90dB 输出曲线图代表助听器的最大输出。

2. PFS 选配软件的编程操作(以达芬奇系列助听器为例)

(1)基本选配程序

可以将患者信息直接录入 PFS(PROHEAR)或者 NOAH 患者资料库。必须记载 500Hz、1000Hz、2000Hz 及 4000Hz 处的听力图信息。

(2)助听器读取与粗调选配程序

在 PFS 模块对话框中双击

助听器验配选项。

单击读取按钮将电脑与助听器接通。先使用最佳选配进行粗调，可以在屏幕中间的操作界面上或者在上方的工具条上找到最佳选配按钮。

注意：一旦助听器与电脑接通后，助听器上的音量旋钮

将失去作用，这时可以通过软件调节音量。助听器与电脑连接断开后，音量旋钮将重新发挥作用。

(3)频响调整

频响调整包括四通道、三个分频线、低频削减、最大输出、峰值移动和整体增益，如图 8-69 所示。

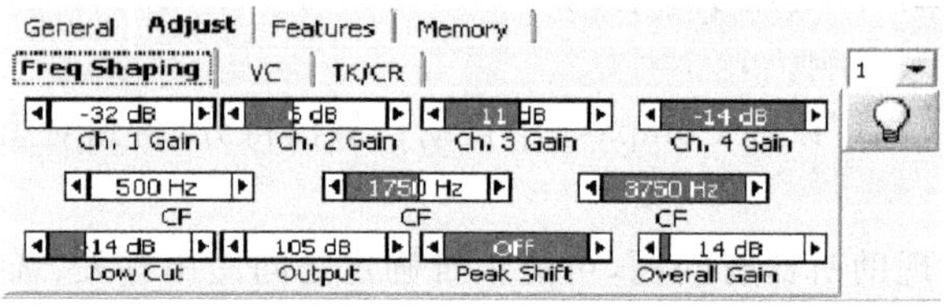

图 8-69　频响调整界面

对于以上各项目有三种细调方法：直接拖放选配曲线、调节控制按钮和使用选配专家助理。

频响调节可以在三个通道七个频段进行。低音和高音输入曲线在通道内同时调节(如当压缩比接近 3∶1 时，低音和高音输入的频响曲线将趋于一致；当压缩比调为 1∶1 或使用线性压缩时，它们的频响曲线有显著差别。)

选择拐点、压缩比界面可以调节通道拐点，压缩比及最大输出。

在调节音量控制条时患者可听到调节声。

还可以使用选配专家助理，即通过调整选项中的帮助窗口进入，选择患者所抱怨的问题(比如声音细小)，逐步按照对话框的提示完成调节，如图 8-70 所示。

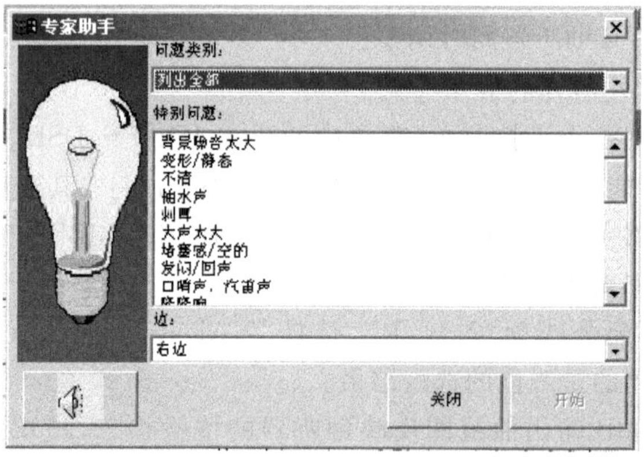

图 8-70　选配专家助理

(4)高级特性的调节

高级特性的调节包括扩展、方向性、反馈管理、峰值移动、低频削减的调节，如图 8-71 所示。

1)扩展功能

扩展主要是针对一些低水平的噪声，如电脑的风扇声、冰箱或空调的声音。最佳选配法(根据听力图)如下：如果任何一点阈值≤40dB，扩展默认打开；如果所有阈值>40dB，扩展默认关闭。如果患者反映背景噪音太大或者有噪音、有杂音，建议打开扩展功能。

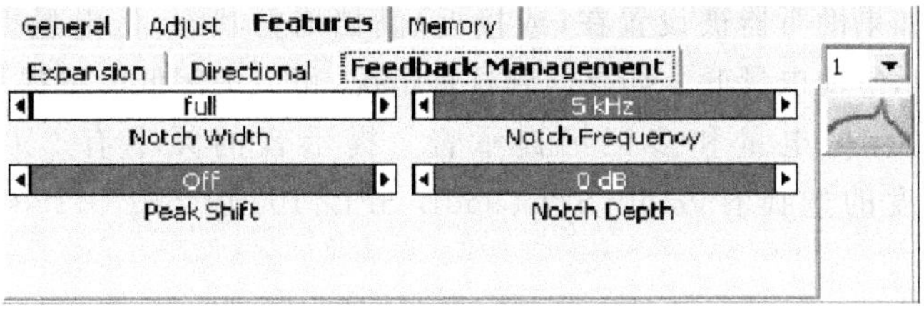

图 8-71　高级调节特性

2）方向性

通过特性目录中的方向性子目录选项进入。可以在每个记忆中设置打开或关闭，且在记忆嘈杂环境中默认方向性打开。在方向性模式下会降低一部分低频增益，但是系统会补偿这部分损失的增益，所以只有在方向性打开时才有补偿，会有低频补偿去除全部或部分的选择。

3）反馈管理

存在反馈或诱导反馈的情况下，点击反馈管理按钮系统自动处理。该功能必须是患者在安静环境下佩戴助听器时使用，整个调试过程应保持环境安静且助听器佩戴完好。在调整界面上点击啸叫管理图标或在特点选项中选择啸叫管理可启动该功能。反馈管理运算法则自动检测反馈发生点并且调节低音输入的压缩特性，在必要时还将使用陷波技术。反馈管理陷波宽度有全宽、1/2 宽度、1/3 宽度，陷波的频率在 5000Hz 或 800～4000Hz 之间。每隔 200Hz 的频率，陷波深度 0dB、6dB、12dB。在编程时如果点选了反馈管理界面上的主动啸叫管理选项，它将主动检测声学啸叫路径，且在适当的通道内自动调节增益。

4）峰值移动

本功能用来调整共振峰频率，默认关闭，调整范围为 200～2000Hz。通过峰值移动可以避开反馈峰，减少反馈的发生。另外，还可以补偿在 200～2000Hz 之间某一较差频率的增益，使患者在较差频率获得更多的增益补偿。

5）低频削减

以一个固定频率为支点，逐渐增加斜率。在不影响高频增益的同时，能有效地降低低频增益。如患者抱怨背景噪音太大或听自己说话太响时，可适当降低低频通道增益，也可调整低频削减，两者配合使用可以降低更多低频增益。低频削减不随分频线的改变而改变，和通道增益的调节有所区别。

（5）提示音

提示音有低电量提示音和多记忆提示音。提示音强度和频率可以选择，在活动菜单中选择提示音，根据患者听力及个人喜爱情况选择合适的强度和频率。尽量避开患者听力较差的那个频率。若患者不喜欢提示音可以选择取消提示音，如图 8-72 所示。

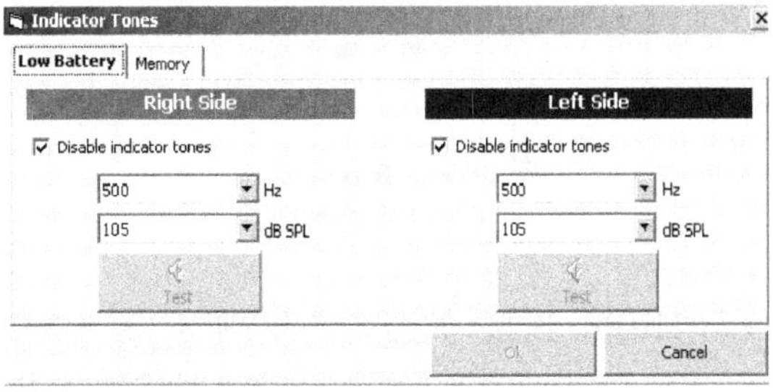

图 8-72　提示音界面

低电量提示音：如果助听器被设置在（或接近）满档增益状态，低电量提示音有可能被误激发，但这有时并不指示电池电量低。如果遇到这种情况，可以关闭低电量提示音。

可编程提示音：有低电量和多记忆提示音。提示音的频率有 250Hz、500Hz、750Hz、1000Hz、1500Hz，强度的选择有 85dB SPL、95dB SPL、105dB SPL、115dB SPL、120dB SPL、125dB SPL。

（6）编程保存

编程可以直接点击工具栏上或者屏幕中间的编程图标，将参数储存在助听器中。编程后，将助听器上的音量旋钮按屏幕上显示的音量位置 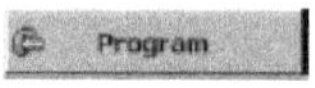

设置。

8.4.3 AVENTA 选配软件的编程操作

AVENTA 是丹麦 ReSound（瑞声达）公司的助听器选配软件，基于 NOAH 听力平台操作，支持传统的编程接口 Hi-Pro。

1. 助听器读取与信息输入

（1）输入患者信息

单击图标 ，输入患者信息，如图 8-73 所示。

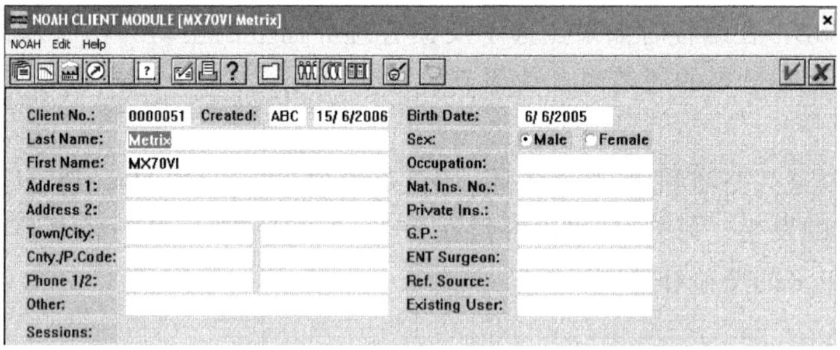

图 8-73　患者信息

单击图标 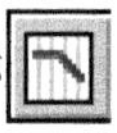，输入患者的听力图，如图 8-74 所示。

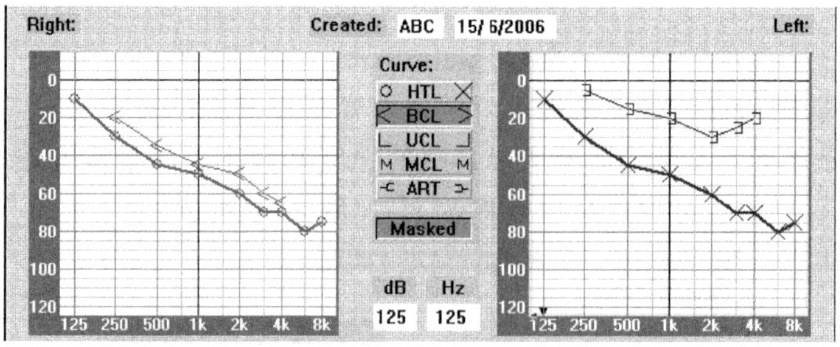

图 8-74　患者听力图

（2）正确连接助听器

耳背机用 CS44 编程线与 Hi-Pro 连接，如图 8-75(a) 所示，且编程时可以不安装电池。定制机用 CS63 编程线与 Hi-Pro 连接，如图 8-75(b) 所示，编程时需要安装电池。如正确连接，用听

(a)　　　　(b)

图 8-75　连接助听器

筒能听到经过助听器放大的声音。

(3)读取助听器(以 AVENTA 2.2,神曲系列助听器为例)

正确连接助听器后,双击 AVENTA 软件图标 ,进入 AVENTA 选配界面。

①型号选择界面(见图 8-76)。

②验配范围。虚线区域的浅色表示是开放式验配范围,如图 8-77 所示。

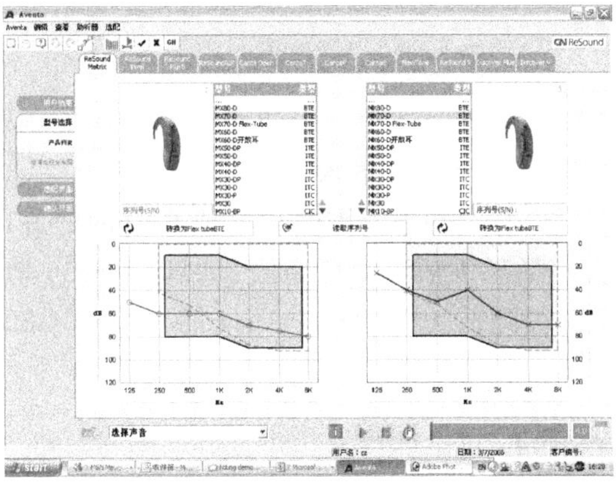

图 8-76　助听器型号选择

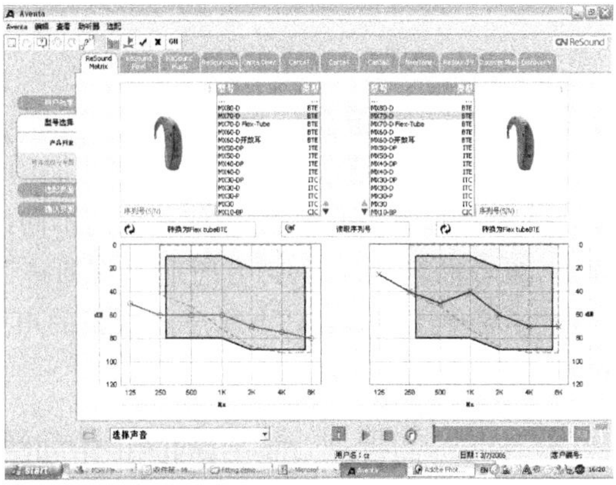

图 8-77　验配范围

③用户档案。输入客户助听器使用信息。默认设置是“初次使用用户”,如图 8-78 所示。

图 8-78　用户档案

2. DFS 反馈抑制与增益调节

(1)DFS 反馈抑制功能

进入选配界面会有一个对话框询问关于进行 DFS 校准的问题，如图 8-79 所示。

如果你选择“否”，那么稍后在选配界面中你也可以进行校准。

如果更换耳模需要重新进行 DFS 校准。

DFS 校正完成之后，会出现图中虚线所示阴影部分，显示增加的净空增益，如图 8-80 所示。

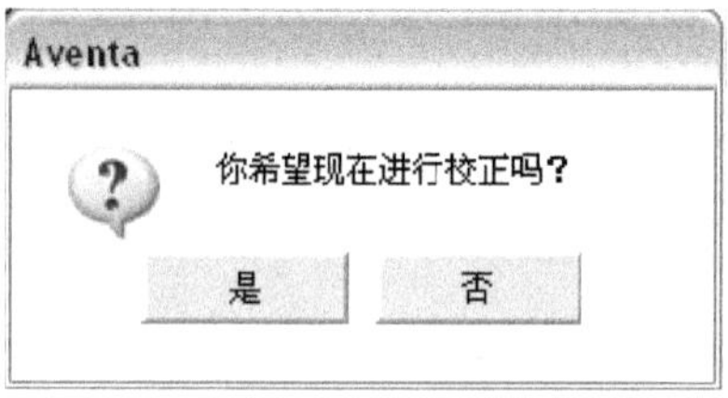

图 8-79　反馈校正

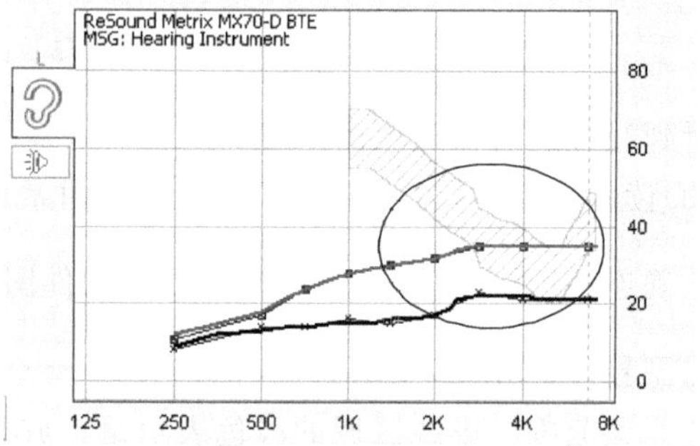

图 8-80　净空增益

(2)增益的调节

如图 8-81 所示，G50 表示小声输入时的增益曲线，G80 表示大声输入时的增益曲线。

通过与听障者的沟通，了解他们的不同抱怨，调节某一特定频率范围的 G50 或 G80 的增益。例如，患者抱怨“自己的声音听起来有回声”，“像是在木桶里讲话”，则可降低 250Hz 的 G50 增益。“声音干涩、刺耳”，“金属声或纸张的声音过尖锐”，可降低 4000Hz、6000Hz 的 G50 和 G80 的增益。

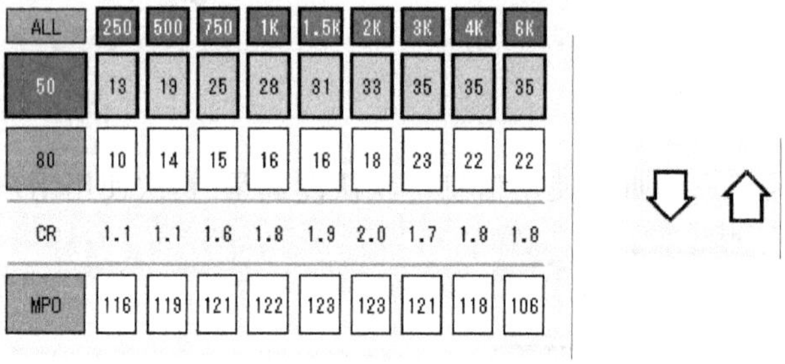

ALL	250	500	750	1K	1.5K	2K	3K	4K	6K
50	13	19	25	28	31	33	35	35	35
80	10	14	15	16	16	18	23	22	22
CR	1.1	1.1	1.6	1.8	1.9	2.0	1.7	1.8	1.8
MPO	116	119	121	122	123	123	121	118	106

图 8-81　增益调节数据

在调节 G50、G80 增益曲线时，CR(压缩比)会随之在 1.0～3.0 之间变化。当 G50 与 G80 的增益曲线重合时，CR 为 1.0；当 G50 与 G80 间距最大时，CR 为 3.0。

(3)程序的选择

根据用户的需要选择环境程序的数目和类型，如图 8-82 所示。

(4)功能设置

如果需要，可在功能设置界面改变默认设置，如图 8-83 所示。

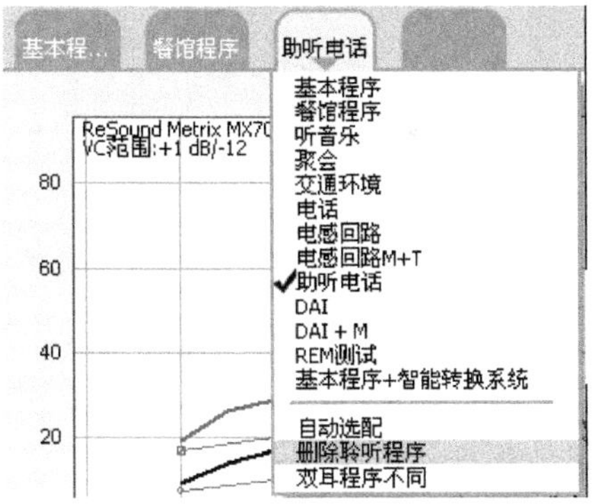

图 8-82　聆听程序选择

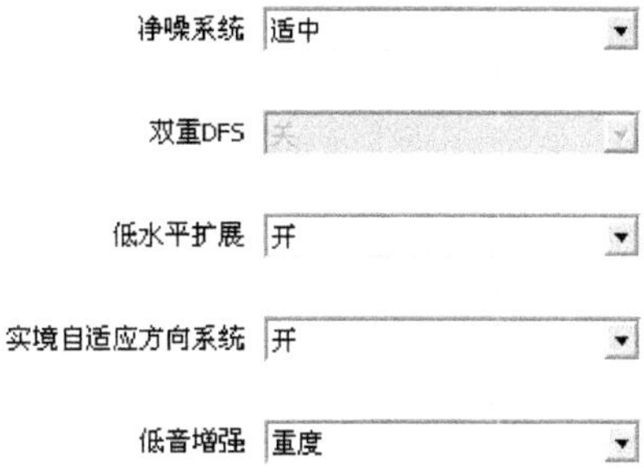

图 8-83　功能设置

(5)AVENTA 向导

使用 AVENTA 向导时，可在软件所列选项中利用滚动条，找到患者所述抱怨，如图 8-84 所示。也可在查找栏中输入关键词查找，如图 8-85 所示。

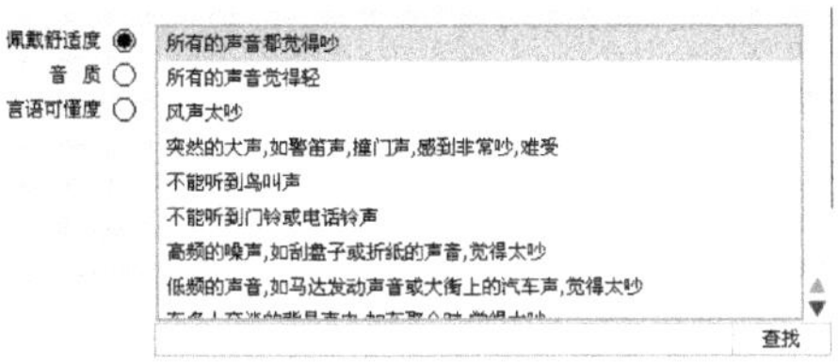

图 8-84　选配向导一

图 8-85　选配向导二

应用“撤销”图标  和“重做”图标  按钮对已做的调整做改动。从列表中找到解决方法并且应用，如图 8-86 所示。

(6)确认界面

在确认界面，可以激活延时开关和改变提示音音量，如图 8-87 所示。

1)提示音的设置

点击如图 8-88 所示圆圈，用箭头给用户演示提示音。

2)音量调节的设置

音量调节范围可以从 0dB 到＋12dB，－18dB 到 0dB。也可以禁用音量调节，如图 8-89 所示。

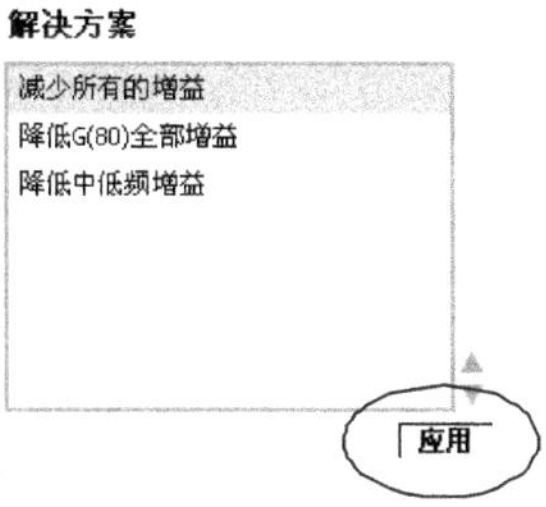

图 8-86　解决方案应用

8.4.4　GENIE 选配软件的编程操作

GENIE 是丹麦 Oticon(奥迪康)公司的助听器选配软件，该软件既可以在 NOAH 平台上运行，又可以在奥迪康公司自己开发的平台 Genieshell 上使用。下面以 GENIE 为例简要介绍该软件的操作。

GENIE 软件操作基本分五步：

①客户，输入客户资料；

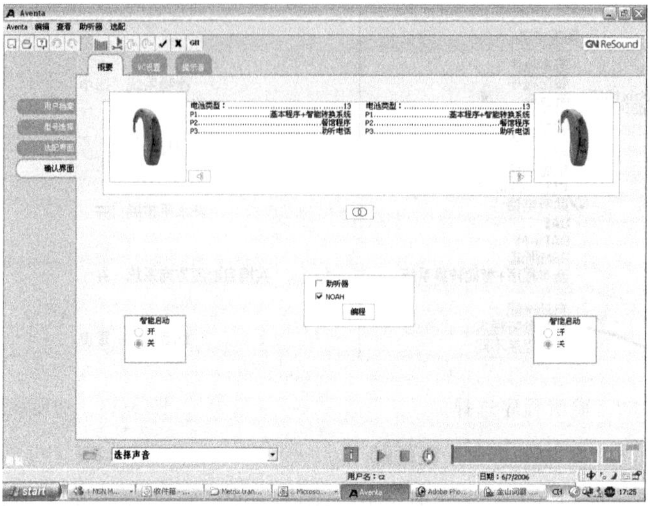

图 8-87　确认界面中的提示音项

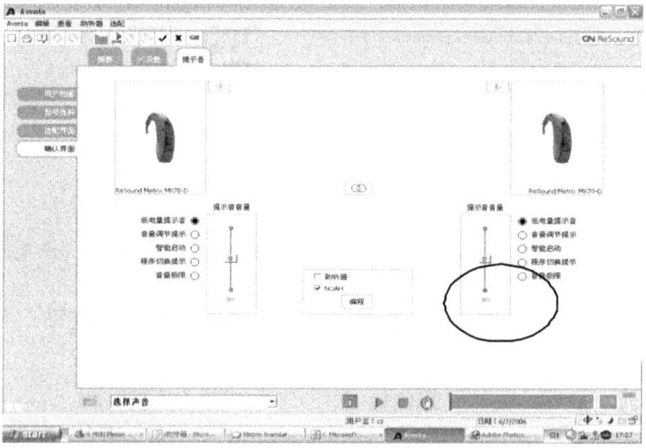

图 8-88　提示音种类

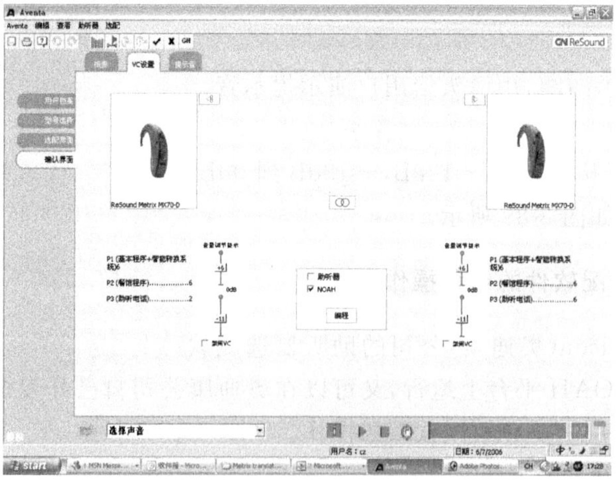

图 8-89　提示音音量

②系列，探测助听器；

③选项，个人参数和助听器配件；

④验配，调节助听器；

⑤结束，设置按键、提示音等。

1. 客户

(1)点击“新建”，然后输入客户姓、名和出生日期等资料(见图 8-90)

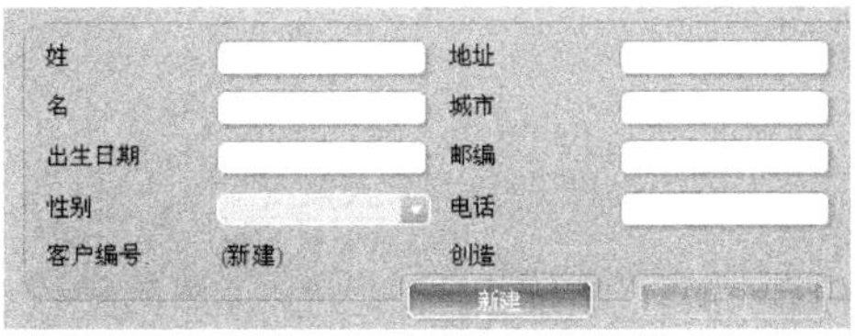

图 8-90　新建客户

(2)输入听力图(见图 8-91)

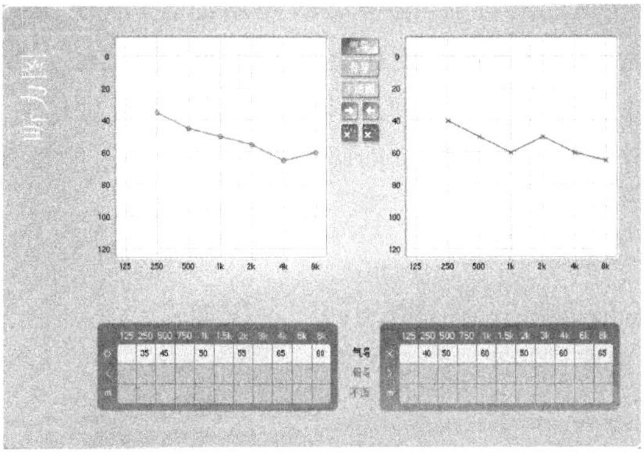

图 8-91　听力图输入

2. 系列

正确连接后，点击探测助听器。

将助听器与 Hi-Pro 相连，点击“探测”按钮，GENIE 可以自动检测到所连接的助听器，如图 8-92 所示。

3. 选项

(1)选择助听器相关配件(见图 8-93)

图 8-92　连接助听器

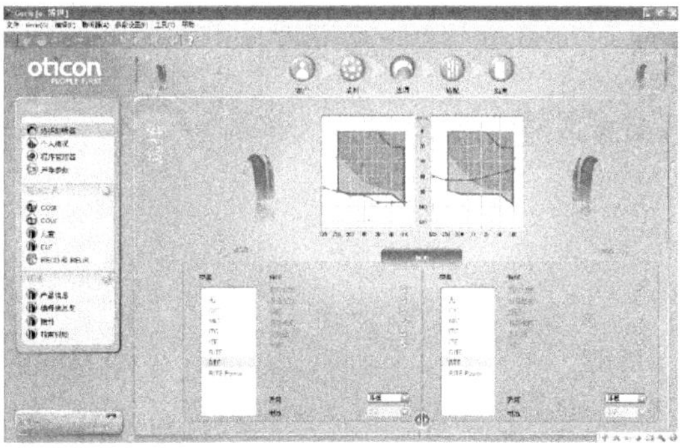

图 8-93　配件选择

(2)个人概况——输入客户年龄及助听器使用经验(见图 8-94)

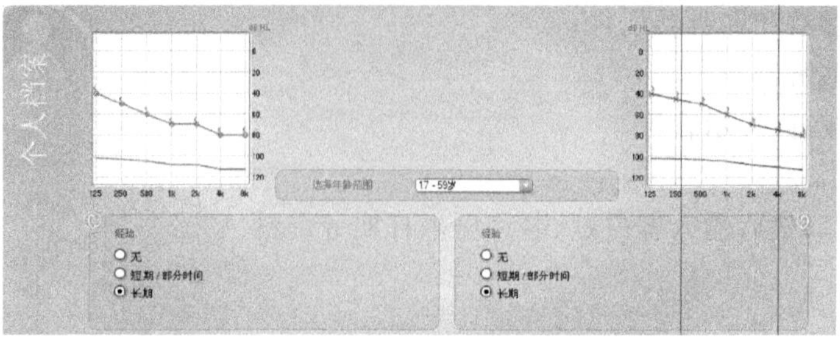

图 8-94　个人概况

使用经验被分成了三个阶段,即:①无使用经验,指的是第一次使用助听器的患者。由于很长时间听不到声音或对小声不敏感,助听器只需设置到较小的增益时,患者就感到声音足够了,提供给他们的插入增益小于目标增益,这样可以让首次佩戴者较容易接受。②短期/部分时间的使用经验。这部分患者曾经戴过助听器,有一定的使用经验,但现在需要更新助听器,或者原先戴助听器,但使用时间不足半年或非连续使用。③长期使用经验。这部分患者有着丰富的助听器使用经验,使用时间超过半年,提供给他们的插入增益即为目标增益。通过对助听器使用经验的分类,可较好地满足使用者在不同阶段对助听器输出声音大小的要求,而且也给听力学专业人员带来了较大的方便。

4. 验配

(1)调节,进行增益、输出等调节(见图 8-95)

(2)程序管理器,设置程序(见图 8-96)

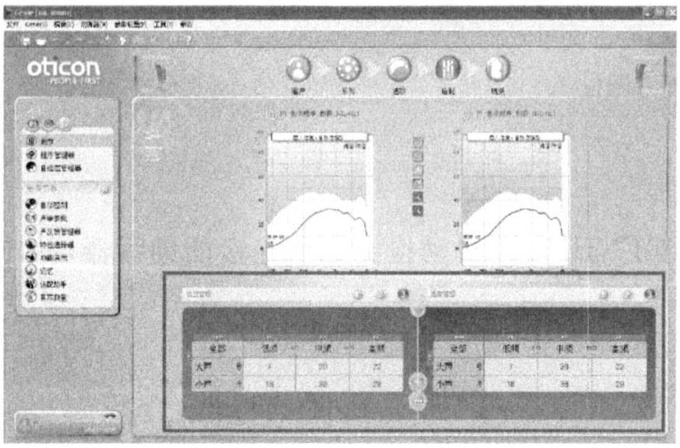

图 8-95　助听器调节

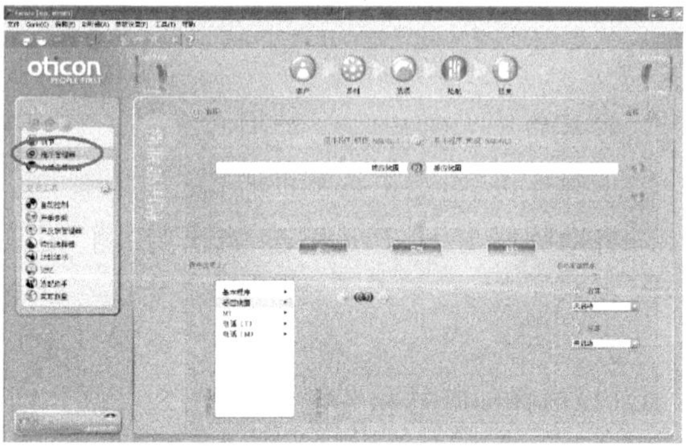

图 8-96　程序管理

(3)自适应管理器(见图 8-97)

图 8-97　自适应管理器

(4)选配助手(见图 8-98)

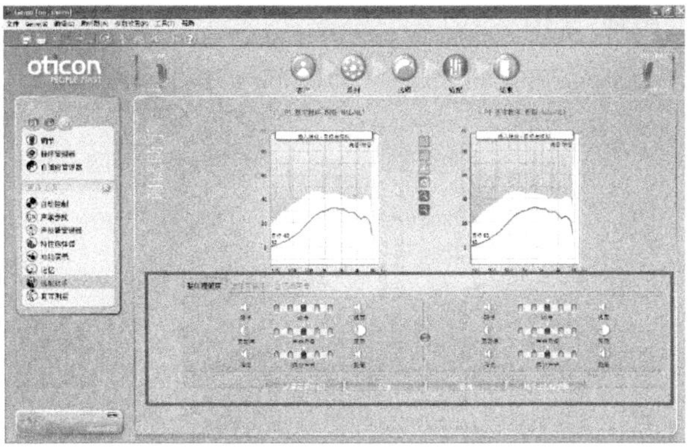

图 8-98　选配助手

5. 结束

(1)结束验配前进行按键设置(见图 8-99)

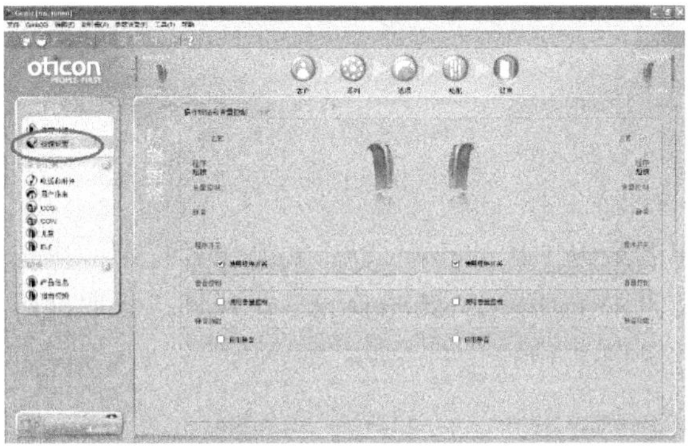

图 8-99　按键设置

(2)电话程序及其他附件(见图 8-100)

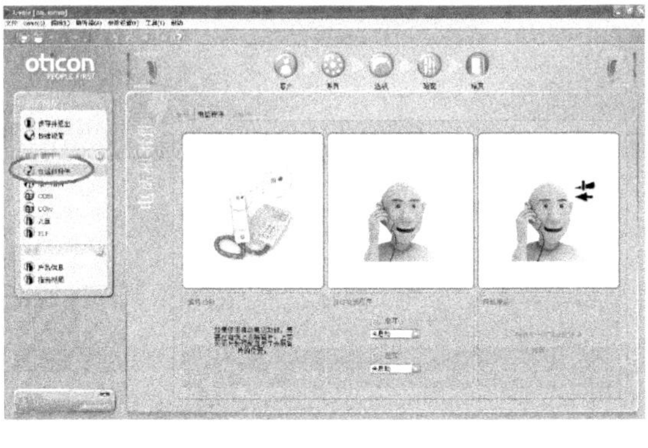

图 8-100　电话程序及其他附件

8.4.5　Connexx 选配软件的编程操作

Connexx 软件是西门子听力集团专门为编程助听器产品研制开发的,其基于 NOAH 平台,支持传统的编程接口 Hi-Pro。

1. 助听器的读取

(1)编程时的工具栏图标(见图 8-101)

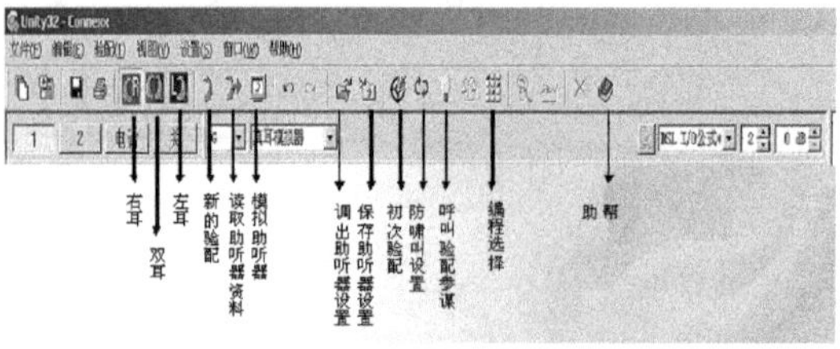

图 8-101　编程时工具栏图标

(2)进入 Connexx(见图 8-102)

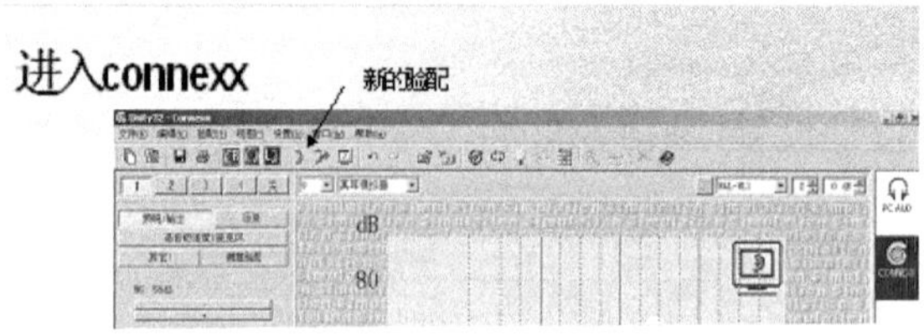

图 8-102　进入助听器选配软件

该界面显示的是该患者最近一次的选配结果,如果患者是第一次选配,频响曲线区域只显示目标增益曲线。此时需要点击工具栏上“新的验配”,让计算机读取助听器资料。

(3)读取助听器资料(见图 8-103)

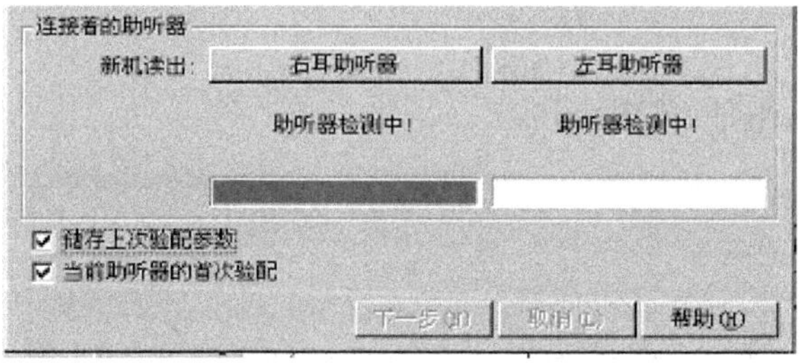

图 8-103　助听器资料读取中

读取结果显示助听器型号、生产厂家等,确认后点击“下一步”,如图 8-104 所示。

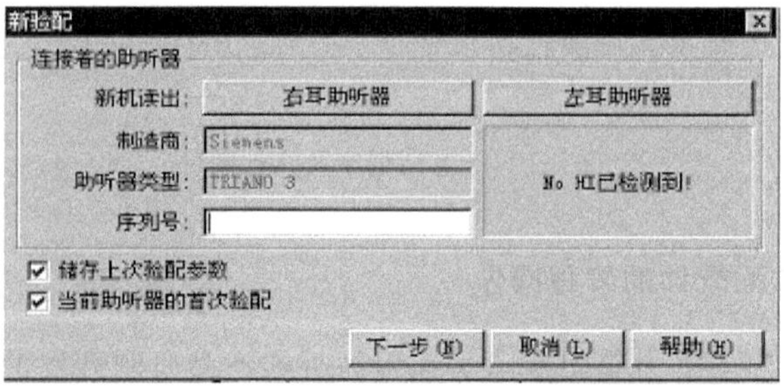

图 8-104　助听器资料读取结束

2. 助听器的编程操作

(1)自动验配

助听器读取后，您会看到一个“出厂设置”的界面，如图 8-105 所示，需要听力学专业工作者按患者实际情况进行设定。包括左/右/双耳、儿童/非儿童、双耳响度补偿、环境适应性级别(根据患者的佩戴经验)、选配公式、声学参数(耳模声孔、喇叭管、耳钩等)，设定完毕后，按“确定”，电脑会根据患者的听力图，运用选定的公式，计算出理论上符合该患者增益要求的频响曲线，这就完成了首次编程，也叫初次验配；按“取消”则是显示助听器里当前的设置。

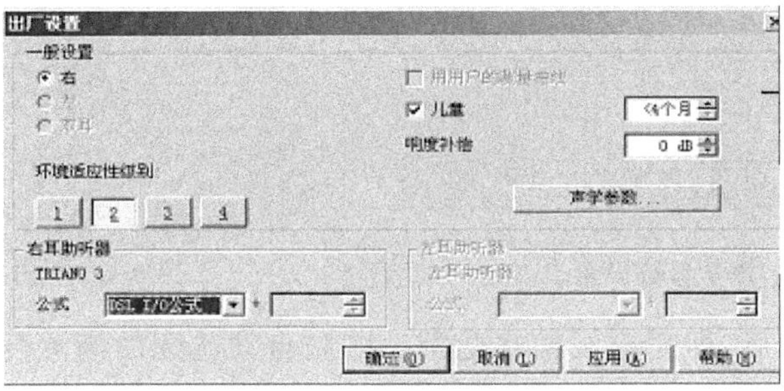

图 8-105　出厂设置

(2)初次验配

各项参数设置如图 8-106 所示。

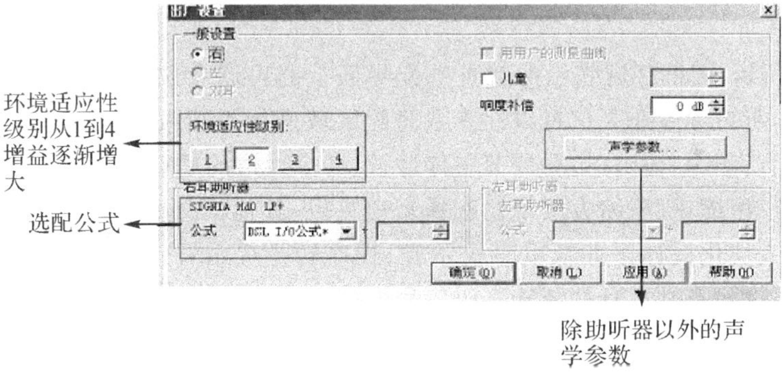

图 8-106　各项参数设置

如图 8-107 所示的公式是该软件里可选用的公式，这些公式是在全世界范围内通用的。

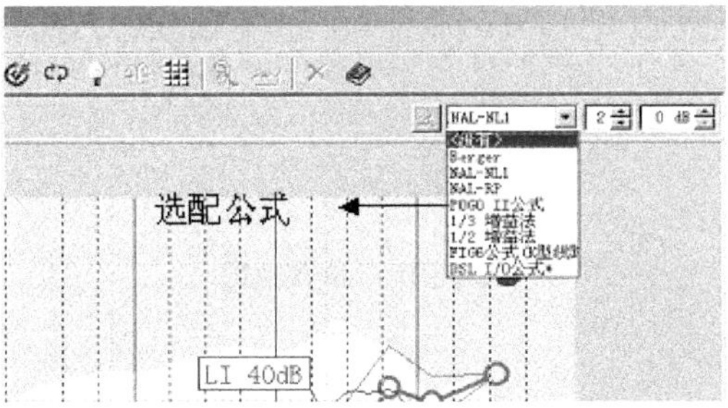

图 8-107　选配公式

如图 8-108 所示是声学参数设置。

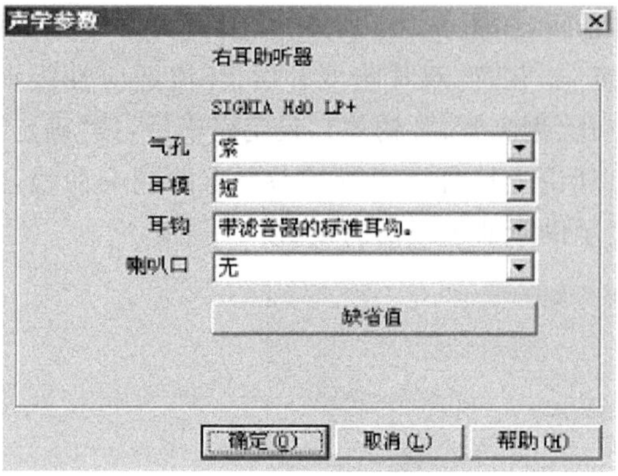

图 8-108　声学参数设置

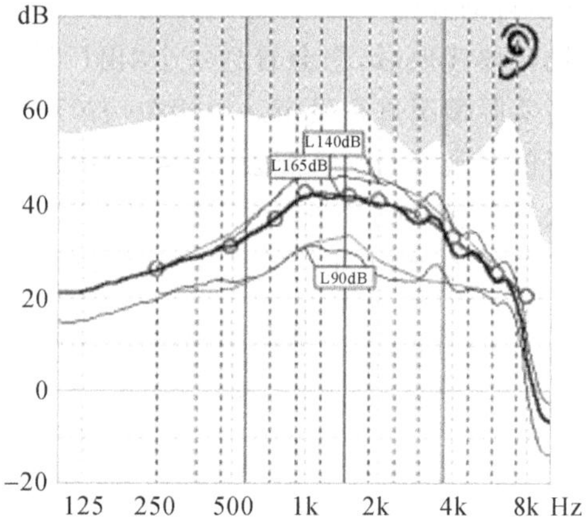

图 8-109　初次验配曲线

以上参数设定完毕后，即完成了初次验配。电脑自动选配的满意度通常都能达到 80%以上，所以，如果患者表示满意，将此结果保存后该选配过程即可以结束了。如图 8-109 所示的六条曲线有三条代表输入为 40dB(轻声)、65dB(中等强度声音)、90dB(大声)的目标增益曲线，是根据公式由电脑自动算出来的；另外三条曲线分别代表输入为 40(dB)、65(dB)、90(dB)时助听器的实际输出或增益，所以这六根线两两相对，理论上越吻合越好。图中的纵线是通道的分割线，它是按照频率划分的，在有些助听器中分割线的位置是可以改变的。

(3)参数验配

如图 8-110 所示，图框区域表示的就是选配界面上的可调参数。如果患者对电脑自动编程的结果不甚满意，听力学专业人员可以在参数验配区域进行更细致的增益调节。参数验配区域一般包括以下内容：频响/输出(主要调节整体增益、各个通道的增益以及助听器最大输出)、压缩(主要有压缩拐点、压缩比、压缩方式可供选择)、麦克风/其他(在此对话框中显示了各种麦克风的工作方式以及人性化设计比如低电量提示音、程序转换提示音、开机延时、电感模式等)。另外，不同的助听器里面有其自身的特殊言语信号处理微调。

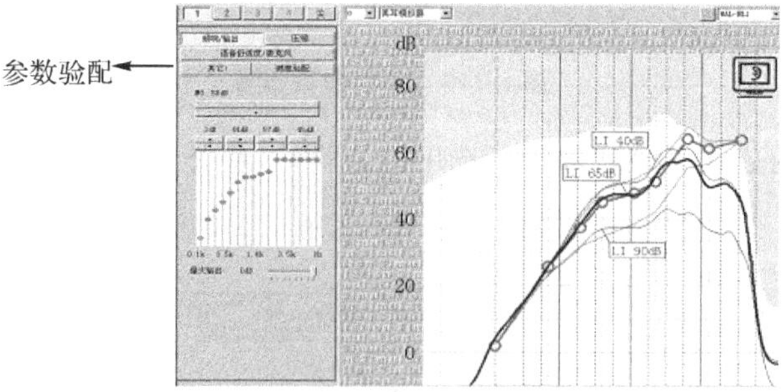

图 8-110　参数验配

(4)验配助手验配

除了上述的参数验配区域可改变参数设置外，在可调参数较多的助听器编程界面里，工具栏上都配有黄灯泡(验配助手，见图 8-111)，里面列出了患者可能抱怨的各种类型的问题，共分为五大类：反馈、可懂度、声音响度、音质、语音响度。

(5)防反馈设置

如图 8-112 所示为不同助听器型号略有不同的反馈控制功能

在高档的助听器里附带有自动防反馈设置，如图 8-113 所示。

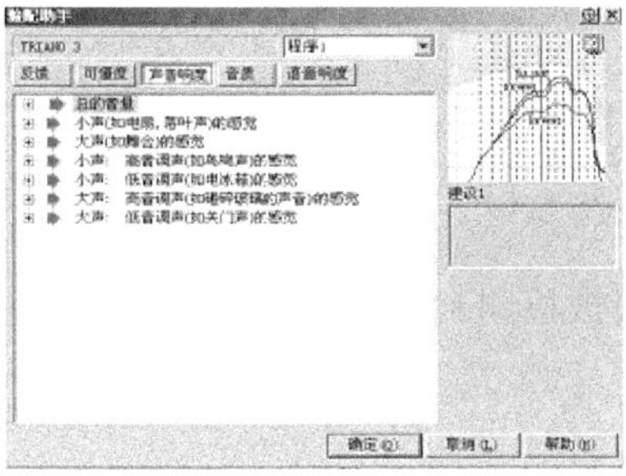

图 8-111　验配助手验配

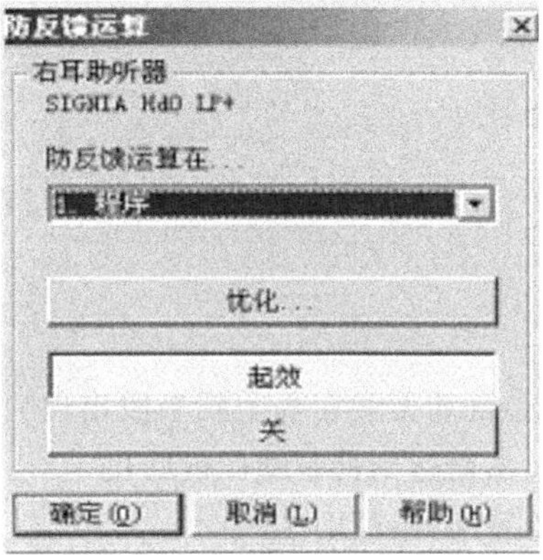

图 8-112　防反馈运算选择

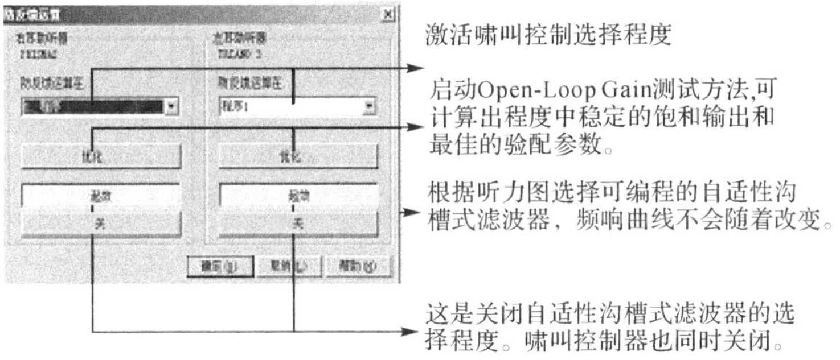

图 8-113　自动防反馈设置

在开环测试前电脑会自动提示您解除可能引起外部啸叫的因素，如图 8-114 所示。

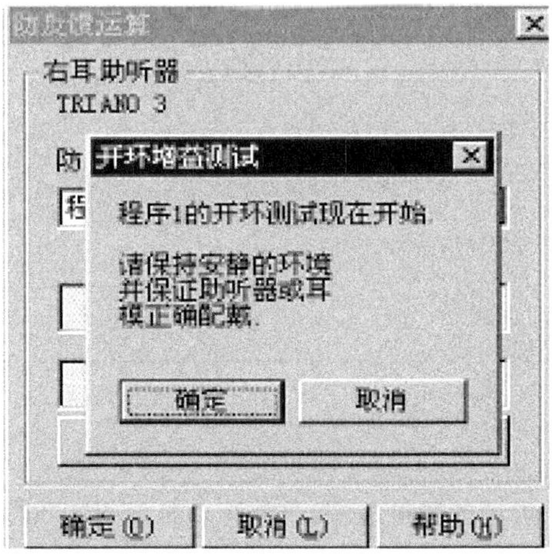

图 8-114　开环增益测试前的提示

开环增益测试如图 8-115 所示。

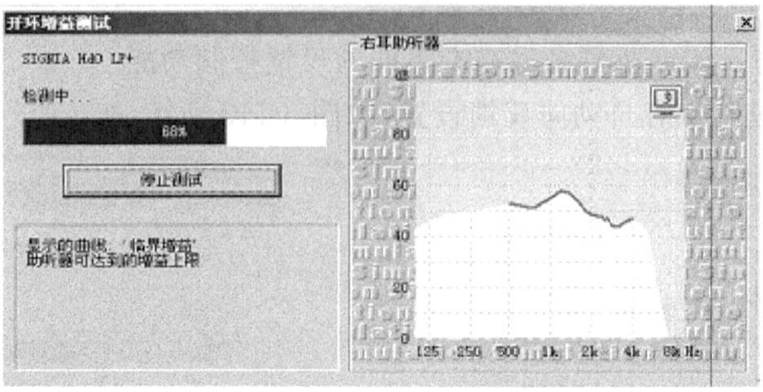

图 8-115　开环增益测试检测中

电脑会自动搜索在哪个频率段出现啸叫，一旦啸叫被检测到，凹形过滤器就将该频率段的增益峰抵消，从而达到抑制啸叫的目的。

(6)程序选择(见图 8-116)

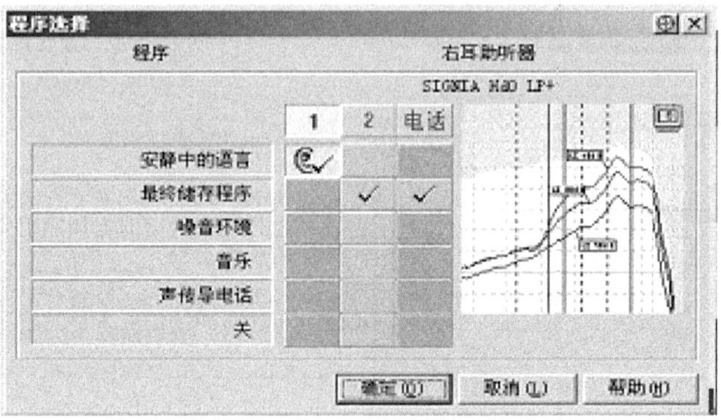

图 8-116　程序选择

助听器里还提供多种不同的程序使患者能适应更多听力环境，比如安静、嘈杂、听音乐等，可随患者实际生活环境情况而定，如图 8-117 所示。

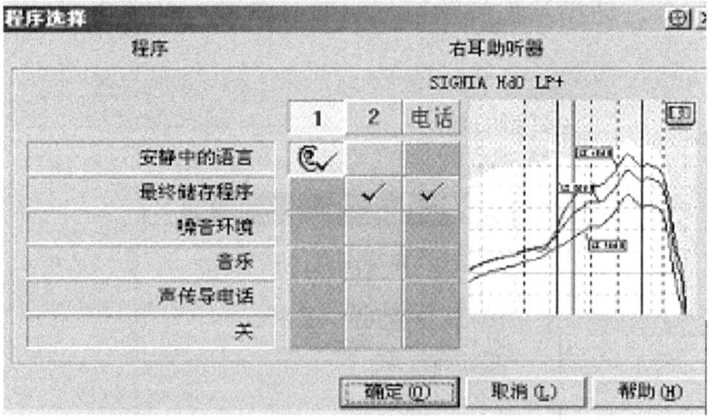

图 8-117　各种程序选择

(7)可编程的音量控器

验配师可以更改患者自己可调的音量范围，通常有 8dB、16dB、32dB 和关可选，如图 8-118 所示。

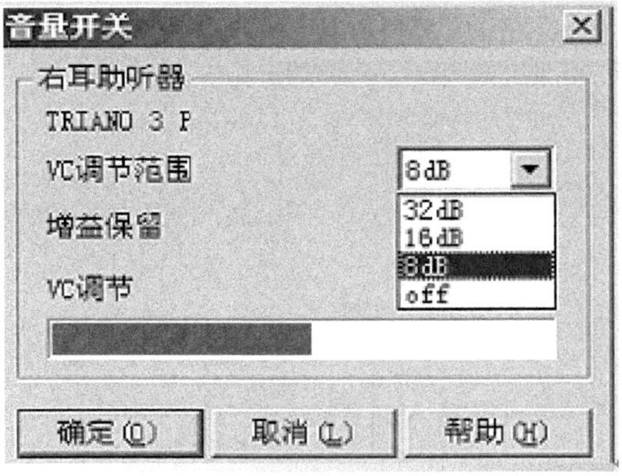

图 8-118　音量开关

3. 保存设置

各项参数调节完毕后，一定要保存设置，如图 8-119 所示。保存的目的是防止以后的设置患者不满意又无法回到原来的状态，如图 8-120 所示为保存具体设置。

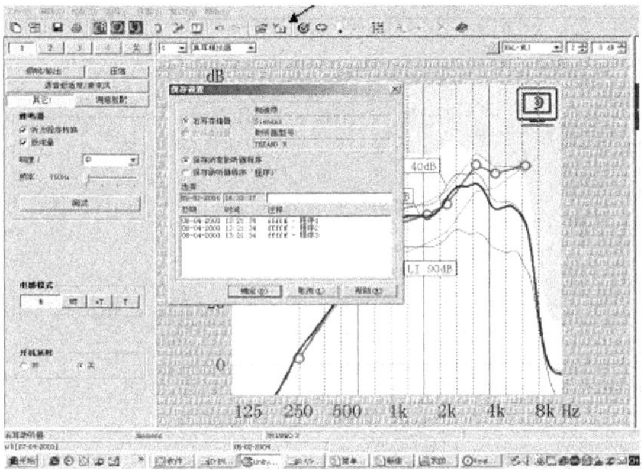

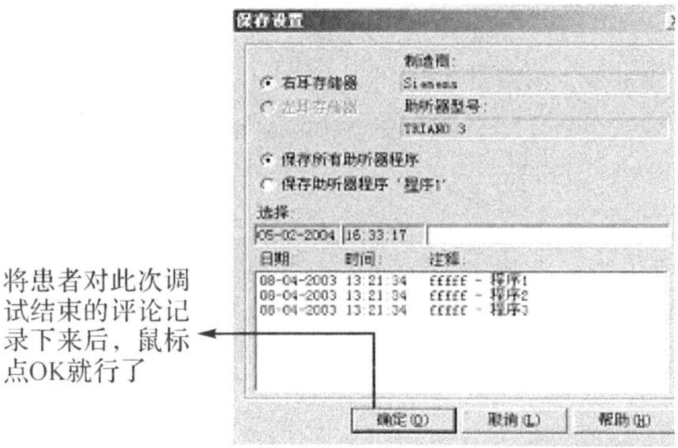

图 8-119　保存设置　　　　图 8-120　保存具体设置

在您退出 Connexx 软件时会自动提醒您保存验配记录，您点击“确定”即可。保存的结果在客户清单中可以显示出来，如图 8-121 所示。

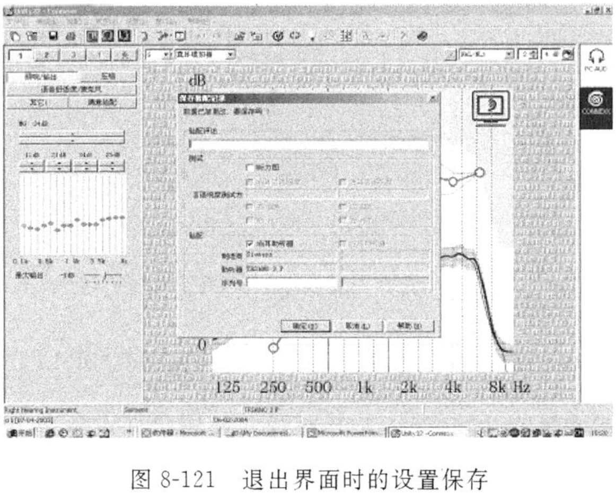

图 8-121　退出界面时的设置保存

4. 儿童选配(见图 8-122)

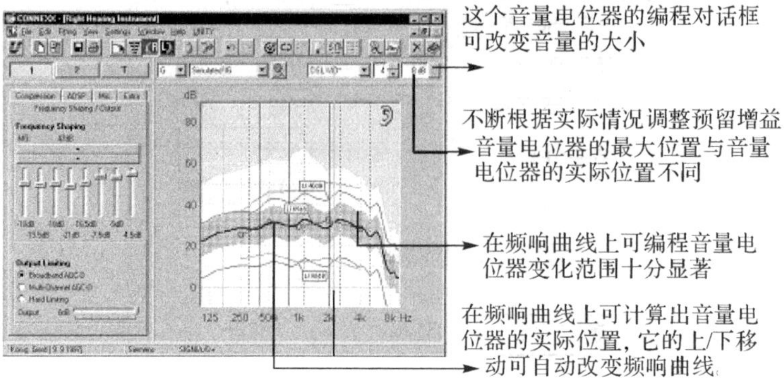

图 8-122 儿童选配主要界面

为了防止儿童自己乱动音量电位器，可以将其设置为关，如图 8-123 所示。

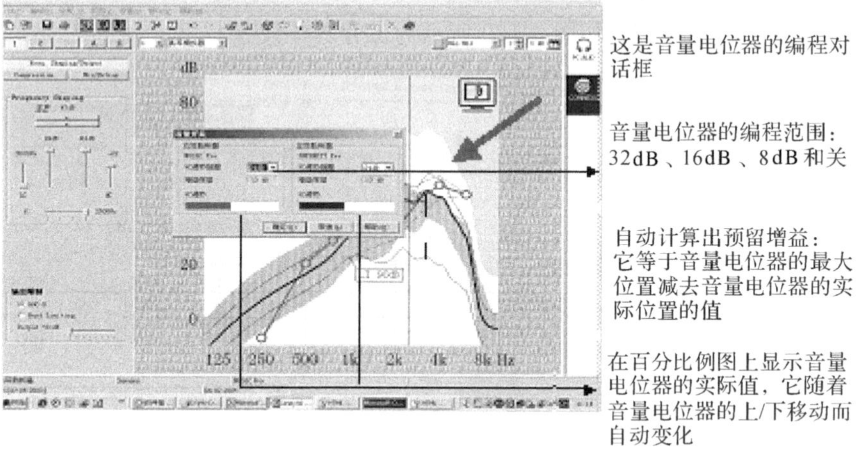

图 8-123 音量设置

环境适应性级别增添了超大功率非线性“SP-F”和超大功率线性“SP-LF”，如图 8-124 所示。

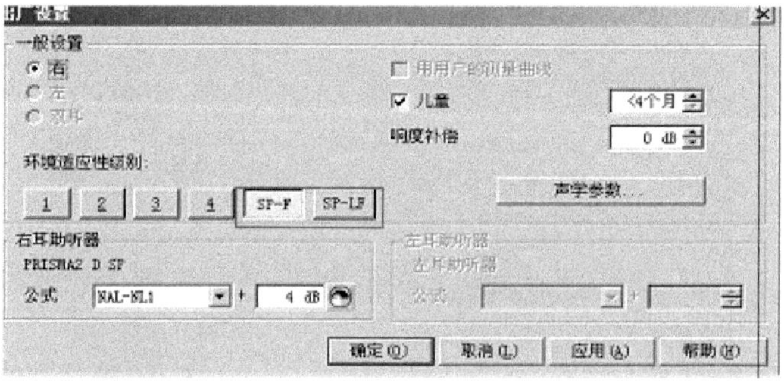

图 8-124 超大功率非线性“SP-F”和超大功率线性“SP-LF”设置

许多耳背式助听器都能接收音频信号，尤其对聋儿使用语训设备十分重要。当助听器接受到音频信号输入时，助听器会自动切换到“A”或“音频”程序，并且有提示音提醒，如图 8-125 所示。

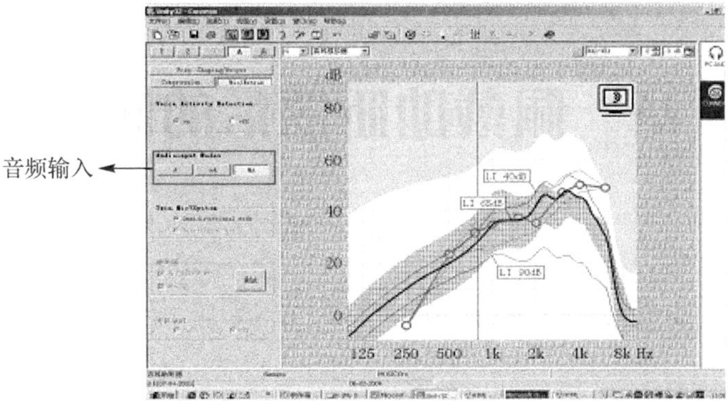

图 8-125　音频输入

第9章 佩戴助听器后的听觉训练

9.1 聋儿佩戴助听器后的听觉言语康复训练

聋儿康复的最基本前提是佩戴助听器，但仅佩戴助听器是不够的，还需进行康复训练。很多家长对此存在误解，认为孩子一戴上助听器就能听到声音，无需进行特别的训练。其实不然，若给聋儿选配助听器后，就听之任之，而不进行康复训练，那么助听器根本无法发挥作用。因此，必须早期进行科学有计划的康复训练，使聋儿做到聋而不哑，掌握有声语言，最终回归社会主流。近年来，我国各地进行聋儿康复训练主要有以下几种方法：①康复机构集中训练；②康复机构指导的家庭训练；③集中训练与家庭训练相结合。

本章主要讨论聋儿康复计划的大致过程，具体训练细节请参考相关书籍。

9.1.1 听觉训练

多数聋儿的残疾特点是他们的听觉损失严重，因此听觉训练是聋儿康复的第一步，也是现代聋儿康复医学成功的基础。为什么首先进行听觉训练呢？因为对听力正常的小儿，语言发音的次序是：第一，听；第二，说；第三，读；第四，写。听力障碍聋儿将阻断语言形成的第一链，造成他们语言能力方面的明显缺陷。听觉训练的作用在于唤醒聋儿的残余听力，提高聋儿对声音的注意、辨别、分析、择取和理解的能力。因此，听觉训练是聋儿康复训练最重要的方法之一，是聋儿康复的基础。

听觉训练的内容有以下四个方面。

1. 听觉注意

听觉注意也就是注意声音，培养聋儿良好的用耳习惯，对以后聋儿“听觉概念”的形成（也就是听得懂）起着关键的作用，也为今后长期对聋儿进行言语训练提供必要的条件，它是聋儿步入有声世界的第一步。因为我们都知道，一个人之所以能对各种声音产生认识，首先必须要能感到声音的存在，然后对声音产生注意，进而识别不同声音。如果没有这些感知作为基础，要想听懂声音，并进而作出反应是不可能的。

2. 听觉识辨

当聋儿能敏感地对声音作出反应以后，接着就可以进行更深一步的听觉训练。它要求聋儿不但能感受到声音的存在，而且还要对周围的各种声音加以辨识，包括对声音的响度、音调、方位的辨识。要让聋儿认识到自然界不但存在声音，而且声音是多种多样的。

3. 记忆声音

记忆声音和辨别声音关系非常密切。要能对前后两种声音进行正确的区别，就必须将前一个声音的特性在大脑中记忆储存起来进行对照，才能做得正确。聋儿记忆的声音“模样”越多就越有利于相互辨别，因此，训练就必须不断重复，加深大脑中的记忆痕迹。只有听觉刺激加深到一定深度，大脑才有可能形成长期记忆而终身不忘。

4. 理解声音

理解声音是听觉训练的最终目的。所谓理解声音，也就是我们常说的听觉概念的形成，只有理解声音，才会在大脑里呈现声音的表象。只有听懂语言，才会理解语义，准确地回答问题。训练聋儿形成听觉概念，是以前三个阶段的听觉训练为基础的。如果将前三个听觉训练的不断进步称为"量变"阶段，那么"听觉概念"的形成，能理解声音，是聋儿听觉康复的"质变"阶段。

9.1.2 发音训练

聋儿在听觉训练的基础上，可进行语言训练，而语言训练的前提是发音训练。因为正确的发音是聋儿开口讲话的基础，通过发音训练，使聋儿能正确掌握人的发音技巧，即培养聋儿在发音时对发音器官的控制能力，使发出的声音、讲出的话语，别人能听得懂。

发音训练内容包括呼吸训练、舌体口部训练、音素训练、声调和语调训练四个部分。

1. 呼吸训练

呼吸训练可按照深呼吸、声气结合锻炼法以及游戏的方法循序渐进地进行。

(1)深呼吸

深呼吸可让聋儿掌握正确的呼吸方法和状态，锻炼呼气肌肉群和吸气肌肉群的力量。在开始训练聋儿呼吸时，要强调运用触觉的感受。

(2)声气结合锻炼法

声气结合锻炼法主要用来锻炼聋儿说话用气和控制气流的能力。深呼吸和声气结合锻炼法，要作为聋儿发音训练的重要内容。抓住要领，持之以恒，这对聋儿的发音大有好处。

(3)游戏

为了提高聋儿呼吸训练的兴趣，可以采取集体游戏，锻炼聋儿呼吸器官，使其学会控制气流。

2. 舌体口部训练

人们对言语的正确发音，除了声带的振动发音外，还需要舌、唇、腭、鼻等器官的灵活配合。聋儿口语训练时，还应重视舌体口部体操的作用，通过有目的的操练，提高聋儿发音时舌、唇的协调能力。

(1)舌头训练

舌头是构成语言器官的一个重要部分。舌头的每一段都在发音，它的动作很灵敏。聋儿由于听力缺陷，语言发展受到障碍，使舌头得不到很好的锻炼，舌肌僵硬，故而舌尖转动不灵敏，舌头动作跟不上语言节拍的速度，有的字发不出来，或者发得残缺不全。因此，有必要进行舌头锻炼。

(2)嘴唇训练

嘴唇在说话时，出现不同的动作和形状，产生不同的声音。发音正确与否，与双唇有极大的关系，聋儿在发音说话时，嘴唇不用力、不活动或嘴唇位置不对，唇音就发不准，说出话来就含糊不清，因此要进行嘴唇训练。

(3)鼻音训练

鼻腔主要用于发鼻音，发鼻音常常需要双唇、舌头、硬腭、软腭等部分参加，鼻腔只是使气流通过。鼻音练习，是让聋儿体会气流从鼻子通过的感觉，为发好鼻音打下基础。

3. 音素训练

在汉语言里，一个汉字字音就是一个音节，构成音节的最小单位是音素，音素分元音、辅音两大类。音素训练是聋儿掌握发音技巧的关键。具体训练方法，要根据每位聋儿的听力、年龄和智力水平，制订出不同的音素训练计划。训练内容一般从拼音字母开始，先学元音，后学辅音，辅音是音素训练中的重点和难点。要从辅音的发音特点出发，耐心对待聋儿发音中的错误。突破辅音关，即为聋儿言语的发展打下了良好的基础。

4. 声调和语调训练

汉语字音构造分为三部分，即声母、韵母和声调。声调是汉语字音的特点，要掌握说话的技巧，一定要进行四声训练才能达到说话有声有调的效果，在聋儿掌握部分音素的基础上，即开始对聋儿进行四声训练，并和发音训练结合在一起，由易到难让聋儿学习四声，通过实物和生动的形象教学，引起聋儿的注意和兴趣。

9.1.3 言语训练

言语是人类最重要的交际和思维工具，人人都通过语言表达思想，发展智力，交流感情，学习知识。聋儿因听力障碍，使他掌握有声语言变得异常困难。由于没有有声语言，他们无法通过各种方式学习知识，也很难与健康人进行交流，这对聋儿智力能力的发展产生了极大的障碍。所以，语言学习和训练是聋儿康复过程中的重要一课。言语训练实际上就是对聋儿进行词汇的积累和语法规则的学习。言语训练分为理解言语和表达言语两部分。

1. 理解言语

要让聋儿能表达某一言语，首先要使他对这一言语有正确的理解，家长或语训老师在使聋儿反复重复获得各种各样的视觉、听觉、触觉以及其他刺激的同时，将语言的意义结合起来，发展聋儿的语言表达能力。

2. 表达言语

在训练聋儿掌握一定字和词汇量的基础上，着重康复聋儿的语言表达能力，培养他们学说话、爱说话的能力，让他们从简单地接受阶段，向模仿阶段、提示阶段，最终到流畅阶段发展，真正康复成能听会说，聋而不哑。

9.1.4 聋儿的智力开发和性格培养

聋儿的听觉言语训练从根本上讲是为了使聋儿的智力得到充分开发，培养其良好的性格，我们不能片面地理解聋儿康复只限于听觉言语上的康复，而应把他们培养成德、智、体全面发展的新人。在听觉训练和言语训练过程中，教师和家长要有计划、有目的地开发聋儿智力，可以从低到高、从简到繁、从易到繁，不断提高聋儿的智力。实践也一再证明，言语训练与开发智力是相辅相成的，要密切结合、互相促进。智力开发要注意孩子思维能力的培养，提高其社交能力，还应重视聋儿手工能力和计算能力的培养。

9.2 成人佩戴助听器后的适应及训练

许多耳聋患者对助听器佩戴效果的理解存在误区，他们往往希望一戴上助听器就能听到所有声音，并能听清言语，事实上，这是不可能的。作为专业人员，可以根据患者的要求提出建议，帮助他们建立合理的期望值，使他们能够重新学习听声音并逐渐从助听器上得到更多的帮助。佩戴助听器与镶牙齿、戴眼镜一样，需要一段时间的逐步适应，才能达到理想的效果。不同的人戴上助听器后会有不同的反应，适应所需的时间也有长短，因此，必须有计划地进行训练和适应。目前一般建议分四个阶段进行，总共需一个月左右的时间，每个阶段一周左右。

1. 第一阶段

先在安静的环境中使用，主要待在家中，每天戴上 1～2 个小时来重新熟悉和分辨各种声音，例如在厨房的做饭声、家里的闹钟声，并逐渐习惯与家人交谈或读报纸。初戴助听器时，不要到闹市区或马路上，这样会感到耳内嘈杂、不舒服。因为耳朵寂静了很长时间后，忽然听到很多嘈杂的声音，一下子难以适应。初戴时间也不宜过长，刚戴助听器时，可能会觉得耳内有堵塞感而不舒服，这也需要有一个适应过程。慢慢地就会发现听到的声音增多了，即使觉得有些声音和以前不一样，有些陌生，这也是正常现象，一定要坚持，不要灰心。

在这一阶段，由于对助听器的使用不熟悉，可能出现各种问题。比较多见的问题是患者觉得助听器有杂音或杂音较大，其原因主要有以下几种。

(1)助听器佩戴者初戴时的不适应

耳聋患者平时因为听阈较高，除普通声强的谈话声听不到外，对外界环境的噪声也听不到，所以耳聋患者平时感到外界环境是一个“寂静”的世界。当戴上助听器后，助听器在放大谈话声的同时，必定对外界环境噪声也有所放大，这是助听器正常工作时的必然现象，因此，初戴助听器者要有一个逐渐适应的过程，并逐步培养区分谈话声和噪声的能力。

(2)选配调试不当

感音神经性聋的患者，其听力曲线的特点多数为下降形曲线，其低频听力相对较好，而环境噪声主要频率为低频，因此，在选择助听器时，应选择信噪比高的助听器，并在兼顾患者听力损失类型的同时，尽可能利用助听器的频响曲线，抑制低频噪声。

(3)盒式助听器本身的特点

盒式助听器一般功率较大，其输入噪声也相对较大。

另一常见的问题是啸叫，其主要原因有：

①耳道式助听器的位置没有放好。初次使用助听器的患者，对佩戴助听器的操作还没有完全掌握，因而佩戴不熟练导致助听器佩戴不到位，产生反馈啸叫。

②耳背式助听器，可能是助听器的耳塞没塞紧，或所选的耳塞与外耳道直径不匹配导致产生啸叫。

③耳聋太严重，助听器音量开的太大或助听器外壳不适合引起的啸叫。

④患者听到外界环境中较尖细的声音而误认为是啸叫声。例如，在夏天，患者听到知了的叫声而误认为是助听器在啸叫。

在此阶段，患者初戴耳道式助听器或戴配有耳模的助听器，外耳道常会产生压迫、疼痛、闷或痒等感觉。一般而言，外耳道出现均匀的较紧压迫感是正常现象，这是因为耳道式助听器或耳模在制作时，要比外耳道的直径略大一些，以防止佩戴时放大的声音泄露而出现啸叫，经过两周左右的佩戴，就会渐渐适应。如果是局部某一部位压迫过紧，甚至疼痛，可能是制作工艺的问题，可对助听器外壳或耳模作适当的修整。初戴没有安装通气孔的耳道式助听器或耳模时，会有外耳道发闷的感觉，也是一种必然的正常现象，经过一段时间佩戴后，就会适应。有极少数患者外耳道皮肤会对助听器外壳或耳模出现变态反应(过敏)，如确实为过敏反应，只有更换机壳或耳模的材料。

2. 第二阶段

在对助听器有了初步的适应后，可以戴上助听器到户外比较安静的地方，利用街道等提供的声音背景，观看街上所有事物并把所听到的声音合理地分配到这些事物上，再闭上眼睛重复这个过程，看能否分辨这些声音。这时，可能会发现听到了一些原来听不到的声音或者比以前听得更清楚。在这一阶段，每天可适当地延长佩戴时间。这时，患者除可能会出现上述的一些问题外，还可能会出现另一些问题。例如，助听器突然没声音了，可能是因为助听器的出声孔或麦克风口被耵聍堵塞。有些患者耳道内分泌物较多，而平时未注意清洁耳道，也没有对助听器进行清洁处理，经过一段时间的使用，这些分泌物容易堵塞出声孔及麦克风口，而导致助听器无声。另一导致助听器无声的可能原因是电池电压太低或没电。

3. 第三阶段

在第三阶段，患者对助听器可能已基本适应，可以走入公共场所，如菜场、商场等，调节助听器的音量直到听起来舒服为止(电脑编程全数字式助听器会自动调节)。到了这一阶段，应尽量多地和别人交流，比如和朋友交谈或和一些陌生人谈话，但要让对方知道自己的情况，让对方讲话速度尽可能慢点，发音清楚，这样有助于熟悉他人的言语声以及认识和控制自己的音量。不过，每次交谈的时间还不宜太长，否则，可能会产生听觉疲劳现象。

4. 第四阶段

经过前三阶段的使用，多数患者对助听器已完全适应，这时，除了晚上睡眠时间或洗头、洗澡等特殊情况外可整天佩戴。患者可适应看电视、打电话或参加音乐会等多种活动，并会发现看电视的声音音量比以前轻了、更清楚了，与别人交流也轻松多了。打电话时，要适当调节一下电话的听筒与助听器的距离与角度，使之听得清楚又没有杂音。在这一阶段，还需适当地进行一些交流技巧的训练，使患者在交流时，能够通过改变交流环境(聆听环境)而提高聆听条件，从而获得交流所需的信息。

虽然对多数患者建议以上四阶段康复计划，但个人对助听器的适应能力的差别较大，因此，不一定严格按照此过程。例如，小孩比较容易适应，可适当缩短适应期；而对于老年人，由于老年性聋的听觉特点，可适当延长适应时间，在三个月内逐步递增佩戴的时间，并进行言语训练，建立患者的信心、耐心，以获得最佳的助听效果。

对康复训练感兴趣的读者，可参阅相关专业书籍。

第 10 章　助听器康复效果评估

选配好助听器后，还应了解所选择的放大线路是否能达到听力补偿的要求和目标，助听器能否使患者受益并满意，这样，就要求对助听器的效果进行评估。评估可分阶段进行，并有多种评估方法。一个满意的患者，其期望值应与实际相符合，并同助听器的表现一致。

10.1　初期评估

10.1.1　助听前后阈值的比较

助听器是否能有效补偿听力，可通过真耳测试和声场测听来验证。关于真耳测试的具体方法见本书§7.2.2。在不具备进行真耳增益测试的情况下，可用功能性增益来反映助听器对听觉损失的补偿。功能性增益即未助听听阈与助听听阈之差值。助听后听阈的测定可通过耳机进行，或通过声场测听。对于耳背式助听器，助听后听阈的测定要通过声场测听，在声场中，用啭音作为测试音；对于各种耳道式助听器，一般可采用耳机（耳罩式耳机或压耳式耳机）进行助听后的听阈测定，其前提是戴上耳机后，助听器不会产生反馈啸叫。将助听后的听阈值与助听前的听阈值进行比较，差值反映了助听器提供的增益情况。

此外，正常人的语声在强度和频率上都有一定的范围，这就是正常人长时间平均会话声谱（average speech spectrum，SS），如果将对语声的测量以 SPL 为单位换算成 HL，SS 表现为一个香蕉状的区域，通常形象地称之为“香蕉图”。若助听后的听阈在各频率处都落在香蕉图内，是比较理想的状态；若个别频率的听阈落在香蕉图之外，可通过修改助听器的参数或耳模等方法来改进。

10.1.2　言语测试

佩戴助听器的主要目的是为了改善患者的言语听力，因此，佩戴助听器后言语分辨能力的提高程度，是判断助听器效果的最直接的依据。对于听力障碍者来说，他们寻求帮助的一个主要原因是希望能更清楚地听到别人的讲话。要评估患者戴与不戴助听器时的言语理解能力，言语测试是一种较直接客观的方法。

简单的言语测试方法包含大量的词条，测试结果应该具有可重复性，言语测试因此为助听器的有效性评估提供了一条可行的途径。此外，它们也可以评估听力障碍导致的言语理解能力的下降。

言语测试在评估助听器的好处时有以下几个方面的作用：

①言语测试能够对助听器改善患者听觉功能的程度作出明确的评估。

②如果他们中有人怀疑助听器所能给予的帮助，言语测试能够为患者或者其家属提供令人信服的证据，并提供有价值的结论。

③言语测试能够直观地向患者及其家属演示理解的重要性。

④言语测试被用于推测患者佩戴助听器时在某些特殊环境下言语交流困难的程度，这些信息能帮助听力学专业人员决定患者是否需要一些交流方法的训练或者为使用其他的辅助听力设备。

⑤言语测试有助于帮助决定为患者选配一只还是两只助听器，选哪只耳朵佩戴助听器等。

言语测试也有缺点，具体如下：首先，言语测试依赖测试环境，助听器所能提供的帮助与周围的环境有关。简单地说，当干扰信号低且限定在患者的听阈之内时助听器最为有效。在嘈杂的环境下，助听器的效果最差，患者的可听度受到背景噪声的限制。例如，两个患者具有同样的听力损失、听觉处理能力，并选配相同的助听器，如果他们中的一个花大部分时间处在嘈杂而且有回声的环境中聆听，而另一个则大部分时间处在安静的环境下听柔和的言语声，他们对助听器的效果的评价将会有极大的差异。

其次，测试的有效性与测试方法有关。助听器增强言语识别的能力主要是靠提高声音的可听度，而可听度的提高程度又依赖于言语声的强度和频谱、背景噪声的强度及频谱、患者在每个频率上的听阈以及助听器在每个频率上的真耳增益。

最后，助听器能帮助人们感知和认识周围环境的声音，从而使听障者有了生命安全感，尤其是对那些重度和极重度听力损失的患者。但言语测试不能测得助听器佩戴者获得的安全感。

10.1.3 调查表方法学

另一种评价助听器效果的方法就是通过调查表来询问患者。调查表要求患者回答在一些特殊环境中的听力情况，例如在超市与售货员的讲话。另外，简单的图画可以帮助患者确认被描述的任何环境。调查表的每一条都有数个答案可供选择或者限定几个答案。用调查表评价助听器的效果通常有两种方法。

1. 直接评估

直接评估要求患者估计在各种环境中助听器所带来的好处的程度，患者只需用简单的言语来表达助听器的好坏之别。用调查表做直接评估的优点是只需要回答一次，而这是患者选配助听器以及康复行为所必需的。助听器效果评估表就是这种方法的一个例子，对每个问题都进行评分，最后汇总或取平均分来评价助听器的最终效果。

2. 未助听及助听后得分

本方法需询问两次，即未助听及助听后的情况。使用同一份调查表的内容，分别在未助听和助听的情况下，让患者回答所有的问题，并分别进行记分。通过比较未助听和助听后的得分区别，判断助听器所带来的好处。

这种方法的未助听评估可在患者佩戴助听器之前进行，而助听后的评估应在几个星期后、等患者适应助听器后再进行。但也可在同一天比较未助听和助听后的问卷得分。

这两种方法评价助听器的效果各有优缺点：直接评估的方法不能全面反映患者的情况，而第二种方法，助听后对未助听得分的评估方法比较不精确，在前后得分相减时，可能有随机性错误，最好两种方法结合起来评估。但总的来说，调查表只能反映某一个方面的情况。

10.1.4 自我测试报告

自我测试报告的评估方法也有多种调查问卷供选择，通过这种调查问卷评估残疾和伤残，获得对助听器效果的评估。有些调查问卷同时包括未助听和助听后的交流能力，这些调查表主要适合于成年人，如助听器效果缩略简表(abbreviated profile of hearing aid benefit，APHAB)、老年听障调查表(hearing handicap inventory for the elderly，HHIE)、患者导向的听觉改善分级(client oriented scale of improvement，COSI)等；适合于儿童的测试方法见本书§7.5儿童助听器的选配。

1. 助听器效果缩略简表(APHAB)

APHAB是由Cox和Alexander在1995年提出的，可用于评估助听器的效果，比较不同助听器的优劣或鉴别患者在使用过程中存在的问题。问卷要求患者对在日常生活的各种场景中交流的难易程度作出分级。

APHAB共有两套问卷，每套问卷有24个问题，这些问题可分成4类，即交流的难易、混响条件对交流的影响、背景噪声对交流的影响、对厌恶声或对一些刺耳声音(如警报)的耐受，每类问题有6项。

APHAB测试了答卷人在各项目所描述的情形下其面临的听力问题的时间百分比。每个题目都是一个陈述句，如"当我在一个小办公室与人见面时，我感到谈话困难"。患者必须在7种可能的选择中选出自己的答案。APHAB的7种选择答案从"总是"到"一半的时间"到"从来没有"。使用这24个题目和7种选择，分别在未使用助听器和使用助听器情况下回答。可以使用纸笔作答，也可直接用电脑键盘作答，现在已经把APHAB软件化了，每一类问题的分数用图示标出。一般完成测试需要10～15分钟。助听器的效益评分由助听前后的评分相减而得。

2. 老年听障调查表(HHIE)

HHIE可以使我们了解到听力损失与心理/情感以及和社会交往能力之间的关系，共25个项目，以个人问卷的形式将与听力损失有关的情感(13项)和社会/处境(12项)问题予以定量。回答"不"，得分为0；回答"有时候"，得分为2；回答"是"，得分为4。HHIE的总分从0到100，高分意味着较大程度的听力障碍。简略本的HHIE(HHIE-S)由10个问题组成，用于临床筛选。

3. 患者导向的听觉改善分级(COSI)

COSI由澳大利亚人H. Dillon在1997年首次提出。一开始患者选定5种他/她所能够应付的情形，要求患者按重要性予以分类。在其后的随访中(如助听器试用期)，要求患者判断试用助听器所带来的改变程度。对每一种情形，患者要说明试用助听器以后(问题b)比试用助听器以前(问题a)改善了多少。改变的程度分5级，从"变差"到"轻度变好"到"变得很好"。5分表明很好，而1分表明变差。

自我测试报告也可采用直接评估方法，直接评估助听器所带来的好处。例如，助听器性能目录(hearing aid performance Inventory，HAPI)，由Walden、Demorst和Hepler在1984年提出，共包括64个问题；简略助听器性能目录(shortened hearing aid performance inventory，SHAPI)由38个题目组成，主要考虑了三种因素：安静状态下听言语、噪声环境下听言语和减低视觉信息的状态下听言语。要求受试者直接评估助听器在各种状态下给予的帮助，得分高的表明助听器效果差。还有老年简略助听器性能目录(shortened hearing aid performance inventory for the elderly，SHAPIE)由HAPI缩减而来，SHAPIE包括25个问题，直接评估助听器的好处所带来的改变，因此，在评估的敏感性及可靠性方面，优于HHIE。

10.1.5 全球通用的效果测定

Robyn Cox等12位1999丹麦会议的全体与会者，在经过了认真讨论后，列出了7个基本核心效果问题(a minimal set of core outcome items),起名为助听器效果国际条例(the international outcome items for hearing aids, IOI-HA),比较适合运用于世界不同国家的各种研究。该条例主要包含助听器的使用情况,如每天使用的时间、对生活质量的改善程度等。这套核心条例并不试图取代现有的效果测定,而是试图作为现有的研究测试方法的补遗,也可能成为一种质量评价的单独工具。

10.2 中期评估

10.2.1 了解助听器的使用情况

患者选配了助听器以后,他们对助听器的使用情况到底怎样呢?这是我们应该了解的内容之一。在早期,患者对助听器的使用及适应有很大的差异,有些患者坚持康复计划,循序渐进,使助听器发挥最大作用;而有些患者,则因为初次佩戴助听器的不适或其他原因,只是偶尔戴一下甚至束之高阁。虽然我们无法确切知道助听器给患者所带来好处的程度,但如果他们不戴,我们可以确信助听器没有为他们带来丝毫好处。如果患者很少用助听器或者根本不用,我们应寻找原因:是因为患者本人的问题,还是我们在选配时出现了差错。

当我们询问患者对助听器的使用情况时,多数会如实回答,"经常使用"或"较少使用",但也有些患者可能会隐瞒其很少使用助听器的情况。为什么会这样呢?他们可能对专业人员非常信任,不想让其失望,或者还没有学会使用助听器,例如佩戴助听器、更换电池、开关操作、音量调节等,或者他们认为自己没有能力使用助听器,而又不希望获得帮助。如果患者不承认自己很少使用助听器,我们可通过询问电池的使用时间来推测其对助听器的使用情况,因为一颗电池的总使用时间是恒定的,如果电池使用时间很长,说明患者使用助听器的时间较少。同时,还应了解患者在各种不同环境中使用助听器的时间比率以及对各种环境的适应情况。

10.2.2 发现助听器的问题

助听器在使用过程中,不可能一点问题都没有,但应尽量避免出现过多的问题,这也是保证助听器的使用及增加助听器给患者所带来的帮助的重要方法。我们应该知道,助听器若经常出现各种问题,无疑会影响到患者对助听器的受益情况及对助听器的满意度。专业人员应了解常见的问题,并及时帮助解决,以免这些问题对助听器产生负面影响。

助听器使用过程中的常见问题有以下几个:

1. 佩戴困难

如果患者拿助听器有困难,或者以一种不适当的方式拿助听器,我们应教会他们认识助听器或者耳模上的标记以及佩戴的手法。若耳模或者外壳在佩戴过程中太紧或者很痛,在开始使用时可以用石蜡油,直到患者学会佩戴助听器。另外,如果不会产生反馈啸叫,可以去除一点耳模或者外壳。

2. 取下助听器困难

很多耳道式助听器没有装拉线,使患者抓不住助听器或者耳模。如果实在不方便,也可以使用拉线,或者改变助听器类型。

3. 换电池有困难

对于一些老年人来说，由于双手不灵活，换电池时会存在困难，这时可使用戴磁性的工具拿电池，或重新选配使用较大电池的助听器。

4. 耳模和外壳不适

耳背式助听器的耳模或耳道式、深耳道式助听器的外壳，若在外耳道内任何点的压力过大，都会引起不适。如果完全耳道式助听器太松，可能会出现反馈啸叫，患者为了阻止反馈的发生，总是要把助听器往里推，这样也会引起不适。

5. 耳模和外壳不牢固

有些患者佩戴完全耳道式和耳道式助听器时，由于谈话、咀嚼或打哈欠，有时助听器会从耳道中滑出。在取耳印模时，可让患者张大嘴巴，以加宽耳道灵活部分的宽度，或者在重新制作耳模或外壳时，加长耳模或外壳耳道部分的长度。

6. 反馈啸叫

有时患者会反映助听器在安静环境下有啸叫，但在噪声环境下无啸叫。这多发生在非线性助听器中，因为它们在安静环境中的增益会增加，也有可能与助听器内部结构中麦克风与受话器的位置有关。或者因为耳模或外壳太松，使声音从耳道漏到麦克风，又被助听器放大，从而产生反馈啸叫。

10.2.3　评估助听器的满意度

评估患者对助听器的满意度可体现患者对使用助听器的快乐程度以及助听器对他们在各种环境下的帮助程度。患者对助听器的满意度受多种因素的影响，其最大决定因素可能是在选配前患者的期望值，以及专业人员改变他们期望值的程度。

对助听器的满意度进行评估，还可根据患者在应用助听器的过程中，对助听器使用的难易程度以及经济和心理上的情况，确定患者的期望值。若因为期望值过高而导致满意度下降，可对患者进行心理咨询，转变其不恰当的观念。

评估满意度可大致判断助听器的有效性，具体问题有：美观和自我形象上的考虑，助听器的音质和声学效果，助听器的好处，助听器佩戴时的舒适性及使用的方便性，对于助听器的费用的感受，以及服务质量的好坏。

虽然满意度可大致判断助听器的有效性，但也不能只以满意度来衡量，这主要存在两方面的问题。首先，患者不知道最好甚至最完美的助听器是怎样的，助听器应能让听障者更轻松地聆听，而不只是感觉较好。

在对不同助听器的研究比较中，若使用者认为后来的助听器比以往的都要好，那并不奇怪；相反，有些患者的期望值可能过高，希望其听力恢复至正常或更好，即使对他们来说已是最佳选配，并已极大地提高了其听觉能力，但他们仍然对助听器不满意，这种情况下，就不能用满意度来评估助听器的效能。

其次，满意度的总体率并不能直接说明满意或不满意的原因。如果患者对助听器不是非常满意，我们可在随访时问一些问题，让患者自由回答，或许能提示不满意的原因。所问的问题可以是“你对助听器的哪一方面最不满意”，或者“你对助听器的哪一方面最满意”等。

通过对助听器满意度的评估，我们可在随访时有针对性地解决助听器使用过程中出现的问题，使患者有正确的态度，增加助听器的使用效果及满意度，最大限度地改善听障者的生活质量。

10.3 定期随访

选配助听器后对患者进行定期随访是很重要的，患者在助听器的使用过程中会出现各种问题，及时帮助他们解决问题可增加患者对助听器使用的信心，使他们尽快适应，从而提高对助听器的满意度。

患者在佩戴经过专业人员选配的声学性能良好并精心调试的助听器，并进行听觉言语康复一段时间后，原来的助听器系统是否仍然合适的问题会重新被提出来，这也要求对使用助听器的患者进行定期随访。

定期随访还有以下几方面的原因。

1. 听力变化

一些耳聋患者，随着时间的推移，其听力损失会加重。如遗传性聋，不少患者在婴幼儿时期听力障碍并不明显，但随年龄的增长，其听力呈下降趋势。又如耳硬化症的患者，其硬化的范围和程度均可能会发展，进而影响到听力的变化。近年来，随着 CT 等影像技术的发展，大前庭导水管综合征逐渐被认识，并被认为是最常见的先天性内耳畸形，其症状以进行性听力下降、高频听力损失为主，部分可表现为波动性，且可出现骤然听力下降。有些聋儿伴有本病，只是开始未被发现，在听力突然下降时才被发现。再如老年性聋，随着年龄的增长，其听力损失曲线的类型，多数从高频下降的陡降形，再向平坦形发展，而且重振现象会加重。

2. 早期正确检测聋幼儿听力的困难性

对聋幼儿的早期听力检查，虽然目前有比较先进的客观检查方法和多种行为及游戏测听法，但要精确客观地反映聋儿残余听力情况，仍是当今世界尚未解决的一项重大研究项目。这是因为：①各种电反应测听有一定的局限性。例如，听性脑干反应（ABR）受短声频率的限制，短声的能量集中在 2000～4000Hz，不能很好提供低频听觉状态。所以使用 ABR 时，需要具有频率特性的气骨导测试，且小儿在 2 岁前，听觉系统未发育完全，ABR 各波潜伏期及振幅与成人有差异。婴儿的 ABR 波形过一段时间后会发生变化，将会影响阈值的鉴别。所以，过一段时间后一定要重复测试，以确保结果的准确性。②各种行为及游戏测听时所测的是聋幼儿原始无发育状态的残余听力，是从未被开发利用或得到有效声刺激的残余听力，而经过一段时间的康复训练，残余听力得到了有效开发，仍用以前选配好、调试好的助听器，显然是不合适的。

3. 聋儿外耳道、耳模变化

随着聋儿年龄的增长，外耳道直径会变大，常需重做耳模。更换耳模时传声孔的变化，会引起助听器声学特性的改变。这种变化是否使聋儿的听力补偿处于最佳状态，是可以通过助听器的再调整和声学处理的弥补来实现的。

4. 助听器性能的变化

一台原先调试合适的助听器，经较长时间使用后，其声学性能不可能仍保持原有状态，必然要发生某些变化，就像所有检测仪器需要经常校正一样，助听器使用时间一长，当其声学性能改变时，也需进行检测调试。

对助听器的再调整，应以多少时间间隔为标准，要根据耳聋患者的实际情况而定。一般来说，中老年人少于聋幼儿，年龄较大的聋儿少于年龄较小的聋儿，听力波动较小的少于听力波动可能性较大的耳聋患者。对成年人可根据听力变化情况，对助听器及耳模进行再调整。

另外，患者对助听器存在的问题或充分感受到其好处都要在患者有足够的使用经验后才能表现出来。随着助听器的使用，助听器对患者的帮助程度会有所改变，选配效果评估的结果也随着改变。随访过程中，可根据具体情况选择时间作评估。

关于评估选配效果的时间，一方面，评估应该在选配后不久进行，因为如果发现效果不满意，可尽早解决；但是另一方面，助听器的有些问题一下子难以发现，只有在患者有足够经验后才表现出来。因此，需要选择一个合适的时间来对助听器进行效果评估。有研究显示，在选配后六周，患者对助听器的使用和受益情况已基本稳定，虽然随着时间还会有些微的变化，但不会相差太大。因此，一般认为选配后的最初几周不是最佳评估时间。

在助听器选配后，随着对助听器的逐渐适应，患者会发现越来越离不开助听器的帮助，助听器的价值也就体现出来了。

10.4　助听器对健康和生活质量的影响

助听器的使用能改善患者的生活质量，促进其身心健康。听力障碍者由于受到听力的限制，交流能力较差，而与别人交流越少，越容易封闭自己，逐渐变得孤僻、抑郁、脾气暴躁、易怒，且性格多疑。久而久之，会失去朋友之间的亲密感，加上生活中缺乏安全感，不利于其身心健康，尤其对于聋幼儿，更加不利于其身心的成长。

佩戴助听器可减少因此而引起的不利，能增强患者的交流能力，减少与听力损失有关的抑郁和其他不良情绪。多项研究发现，佩戴助听器的听觉障碍者比未戴助听器的听觉障碍者生活得好。选配助听器后能提高患者的社会参与能力，提高警觉，使其更多地参加娱乐活动，因而改善情绪，减少狂躁和抑郁，改善记忆力并提高学习能力。

总之，佩戴助听器的患者会有更好的心情，可以更多地参与社会活动，且有更好的人际关系，因而更能自我满足，有更积极的自我形象，减少受歧视感。这样，他们的情绪就会比较稳定，能更好地安排生活，改善生活质量。

听力康复会影响患者的精神及身体的健康，但仍有许多其他因素也会影响其健康，而助听器对患者的帮助也不只是改善听力，因此，评价听力康复效果时，不能只根据普遍健康来评价，同时也不能忽略助听器对健康的正面影响。

第11章 助听器常见故障、解决方法及维护与保养

11.1 助听器常见故障与解决方法

助听器是一种集电子、机械、声学等高技术为一体的精密电子医疗产品，由于其使用环境的特殊性，在交付使用后或多或少会出现一些问题，如选配调试问题、外壳问题、机器故障等问题。一般来说，患者使用初期碰到最多的是选配调试问题和外壳问题，真正助听器故障的只占极小一部分，但在使用一段时间(多为1～2年)后，大多需要进行一些不同程度的维修，其中一部分是助听器本身的故障，但还有一部分是患者使用不当造成的，本节将讲述助听器的一些常见问题及相应的处理方法。

11.1.1 常见故障

临床上常见的一些助听器故障和相应的处理方法如表11-1所示。

表11-1 助听器的常见故障及处理方法

故障	原因	处理方法
啸叫	1. 音量开得太大	1. 减小音量
	2. 助听器内部啸叫	2. 送厂重装机器
	3. 声管脱落或助听器内部零件损坏	3. 送厂维修
杂音	1. 电池夹接触不良	1. 用小刀刮去电池夹表面氧化物或用无水酒精清洁干净
	2. 音量电位器磨损	2. 送厂修理，更换电位器
	3. 电池电量不充分	3. 更换电池
	4. 数字助听器有低电压提示(嘟嘟声)	4. 更换电池
	5. 初戴助听器的患者一下子听到的声音太多，不适应	5. 重新调节
	6. 助听器有故障	6. 送厂修理
耗电快	1. 电池品质不良或电量不足或存放时间过久	1. 更换质量好的电池
	2. 耳聋严重，助听器功率大，但新电池应可使用两天以上	2. 属正常现象
	3. 部分全数字助听器，由于运算量大及采用CLASS A受话器，耗电相对较大，但新电池应至少可使用两天以上	3. 属正常现象
	4. 在湿热的夏天及干冷的冬天，电池寿命短，但新电池应至少可使用两天以上	4. 属正常现象，可用高品质电池试一试
	5. 助听器故障，新电池使用不足两天	5. 送厂修理

续　表

故障	原　因	处理方法
失真	1.刚戴助听器不适应 2.进声孔或出声孔堵塞 3.助听器电池电量不足 4.助听器受过强烈撞击 5.油性耵聍或中耳炎分泌物进入受话器内部，使受话器受损 6.助听器受潮或受电池漏液腐蚀，损坏芯片	1.需适应一段时间 2.清除异物 3.更换电池 4.送厂修理 5.送厂修理 6.送厂修理
无声	1.开关没有打开 2.电池电压太低或没电 3.电池与电池夹接触不良 4.出声孔堵塞 5.麦克风口堵塞 6.助听器故障	1.打开开关或关紧电池门 2.更换电池 3.将助听器电池夹或电池表面氧化物刮去 4.清洁出声孔或耵聍挡板 5.清除麦克风口异物或送厂修理 6.送厂修理
助听器佩戴不舒适	1.耳聋严重 2.耳印没有取正确 3.外壳制作不良	1.助听器密封程度要求高，需要适应2～3周 2.模型不准，重取耳印、外壳重做 3.送厂重做外壳
声音断断续续	1.电池电量不足 2.助听器电池夹接触不良 3.对于耳背机，耳模导声管扭曲，导声管内的阻尼器因潮湿或尘埃堵塞 4.开关接触不良 5.定制式助听器安装时损伤了导线	1.更换电池 2.用小刀片刮去电池夹表面氧化物，建议3～6个月定期到服务中心清洗助听器 3.更换导声管 4.送厂修理 5.送厂修理重新安装
声音轻	1.进声孔堵塞 2.出声孔堵塞 3.音量设置偏低或助听器功率不够 4.电池电量不足(低于1.1V)	1.清除异物或送修 2.清除异物或送修 3.调高音量，也可重新检查听力，选用更大功率的助听器 4.换电池，清洗或更换耵聍挡板
声音听不清楚	1.电池电量不足 2.脏物堵塞进声孔或出声孔 3.用户将音量开得过大 4.用户期望值过高 5.未调节好。随着助听器档次的提高，助听器可调节的内容也相应增加，因而增加了助听器调节的难度 6.机芯不适合该用户 7.外壳与耳道不适配，开大引起啸叫 8.助听器有故障	1.更换电池 2.清除脏物 3.减小音量 4.多做解释工作 5.重新调节 6.更换机芯 7.重取耳样，送厂修理 8.送厂修理

续 表

故 障	原 因	处理方法
无法编程	1. 左右耳选择不正确 2. 编程软件故障 3. 编程线不良 4. 助听器编程极片接触不良 5. 助听器与编程器连接不良 6. 助听器故障	1. 正确选择左右耳 2. 检查软件与电脑系统是否有冲突，或重装软件 3. 在专业人员指导下修理 4. 清洗极片或送厂修理 5. 重新连接 6. 送厂修理

11.1.2 耳道式助听器外壳不良引起的故障与解决方法

由于耳道式助听器还存在外壳与耳道的适配问题，如果助听器外壳在外耳道任何点的压力过大，就有可能导致佩戴不适。专业人员可以询问患者不适的部位，也可以通过电耳镜或其他可视的工具检查是否有红肿或感染。通常的解决方法是修改或重做有问题的外壳。

但完全耳道式助听器外壳太松也会引起不适。如果患者为了阻止反馈的发生，总是需要把助听器往里推就会引起不适。

1. 外壳偏小

助听器，尤其是完全耳道式和耳道式，有时会从耳道中掉出。患者下巴运动，如谈话、打哈欠、咀嚼时外耳道壁会把助听器往外推。此情况往往存在于那些耳道外小内大、锥型很明显且耳道弯度不够的耳道类型。解决的方法包括：

①加长外壳耳道部分的长度。增加第二弯的厚度，使其有更好的保持度。

②让患者张大嘴巴，重取耳印，重新制作外壳，可以加宽耳道灵活部分的宽度，助听器的深度尽可能超过第二弯道。

③如外壳修整和重做都不能解决问题，那只能更换佩戴牢固度更好的助听器类型。比如，可以把完全耳道式换成耳道式，耳道式换成耳内式。

2. 外壳不适

为中重度听力损失患者选配的助听器，为了防止反馈，往往会比一般听力损失患者的助听器制作得更大、更长，耳道更深，这时出声管或某些突出的耵聍挡板就容易碰到外耳道壁，这样引起患者佩戴不适几率也就增加了。有些需要使用石蜡油才勉强戴入，并有疼痛感，不能长时间佩戴，患者往往怕痛而不敢往内推，从而引起反馈。解决的方法包括：

①在不引起反馈的基础上把外壳多余部分打磨掉，或缩短耳道长度。

②重新取耳印制作外壳，但应避免过小引起声反馈。

③修正出声管角度或更换其他耵聍挡板。

3. 反馈啸叫

助听器外壳与耳道不适配，会引起声反馈啸叫。常见的啸叫现象有：

①患者咀嚼、谈话、戴帽子，把手接近耳部时产生啸叫。

②打电话时产生啸叫。

③助听器在安静环境下啸叫，但在噪声环境下无啸叫。这通常发生在非线性助听器中，因为

它们在安静环境中的增益会增加。

④助听器好像出现了问题，或者声音变轻了，有失真。这种情况多出现在高频听力损失较重的患者身上，他们自己听不到啸叫声，但能知道增益下降了，这是因为反馈存在。

如果助听器本身没有问题，我们可以试用以下方法解决。

①提高助听器与耳道的密封度，不过可能会产生或增加堵耳效应。如果助听器有通气孔，减少通气孔的大小或者在通气孔中放置密闭的材料，或者让外壳加厚或者重做外壳。

②降低助听器的高频增益，如降低多通道非线性助听器的高频压缩比，或者增加高频压缩阈。但可能会降低言语可懂度或者牺牲音质。

③选配有反馈控制能力的助听器。如果是助听器内部啸叫，可能是在使用过程中受过震动使内部的受话器和麦克风发生偏移导致的，或是助听器零件有故障，需要送厂维修。

11.2 助听器的维护与保养

助听器不像电视机、电话机等电器那样长时间固定在一个地方，可避免因搬动而导致的损坏。日常生活环境中，空气的潮气与灰尘都有可能损坏助听器。保护好助听器，做好防潮、防尘、防电池漏液等保养工作将会大大提高助听器使用的效果，延长使用寿命。

11.2.1 助听器电池的使用

电池是助听器的能源，电池电能耗尽时，会出现音量不够、音质不清晰或沙哑声等现象，有些助听器电量不足时有“嘟嘟”提示声。

更换电池的方法是：把新电池正极(+)朝上，放入电池仓内，然后合上即可。如果电池门合不上，一般都是电池正负极放反了，这时不应强行合上电池门，这样会将电池门拉断。

必须使用助听器专用电池。不同助听器选用相应型号的电池。注意电池有效期，过期电池电量不足。新电池刚揭开封条，要过一会才可使用。

已用完的电池应及时处理掉，以免今后使用时混淆。

11.2.2 助听器的日常维护与保养

如果助听器有耳垢、污物、细菌等积聚，会导致耳道感染；如污物、耳垢堵塞助听器出声孔，会使助听器无声，因此必须做到：

①定制式助听器至少一周清洁两次，对于油耳朵，每天都应清洁一次。用棉花球或柔软的棉纸(布)将助听器擦干净，然后用配套的软刷清除出声孔或耵聍挡板上的耳垢或其他阻塞物。如耳垢过多或呈油性耵聍，请使用有防护网的耵聍挡板，也可从您的助听器专家处得到帮助。助听器外壳可用含75%酒精的棉球消毒。

②对于化脓性中耳炎，在流脓期间，尽可能不要戴助听器，以免加重炎症及损坏助听器。因为分泌物易使助听器受潮，同时它具有腐蚀性，极易损坏助听器的受话器。另外，可在外壳上打一个通气孔，有助于透气，降低耳道湿度。

③助听器严禁进水。洗澡、洗头时，应取下助听器。洗完后，要待耳道干燥，再戴助听器。

④及时更换已不能使用的旧电池，禁止使用劣质电池。

⑤不要试图向电池充电。

⑥若在一段时间内不使用助听器，请务必将电池取出，以防电池漏液腐蚀机芯。

⑦在喷发胶时，不要戴助听器，以免堵塞进声孔。

⑧如果去医院做微波理疗，不要把助听器带进理疗室。

⑨夏天应防止汗水进入助听器。

⑩千万不要用尖物去捅进声孔与出声孔。

⑪不要用水或其他可能引起危险的溶剂擦洗助听器。

⑫远离高温。不要将助听器暴晒在强烈阳光下或靠近热源，不要用电吹风、烤箱或微波炉等热源来烘烤助听器，过热将很容易损坏您的助听器。

⑬避免跌落。小心轻放您的助听器，防止跌落在硬物上，避免助听器受到强烈碰撞或冲击。助听器由精密的声学元件组成，特别是受话器易受振动损坏。强烈振动会缩短元件的寿命，剧烈振动会导致助听器损坏。

⑭耵聍挡板如有松动，请及时更换。

⑮取助听器时，不要捏着音量调节器，以免损坏。

⑯请把助听器以及配件、电池放置在小孩拿不到的地方，以防吞入腹中，引起事故。

⑰助听器必须保持干燥，特别是在雨水多、湿度大的季节，要避免淋雨。将助听器放置在一个有干燥剂的密封容器中，如助听器干燥盒内吸潮。

⑱经常注意干燥剂有否受潮。干燥剂受潮时会有颜色变化，需要把它烘干后再使用或及时更换。

⑲沿海地区空气中盐分较多，容易腐蚀助听器，导致助听器维修频率增加。

第 12 章　辅助听觉装置

辅助听觉装置(assistive listening device, ALD)或辅助听觉系统(assistive listening systems, ALS),即一些能够帮助听障者与人沟通,或能增强他们独立生活能力的装置。

ALD 可分为两种。一种称感官性装置(sensory aid),主要为了增加患者的独立生活能力。这种装置就是将声音转换成触觉、振动或视觉的感官方式,提醒患者某些声音的出现。听力损失较重的患者在家中有很多声音是听不到的,如电话铃、门铃、闹钟等。听不到这些声音,独自生活的能力就大大地降低。所以,最常见的解决方法就是使用如电话、门铃警示灯、警报(如火灾)警示灯、闹钟连接到振动床等装置。这些装置对听力损失较重患者的日常生活帮助很大。

另一种 ALD 包含感应线圈系统、红外线助听器系统、调频系统,硬线系统和声场放大系统,是为了减小空间因素对听障者与人沟通的影响。这种 ALD 的原理就是将声音的来源拉近或者直接将声音传送到听障者耳中。

对于一个听障者,即使已佩戴助听器,以下空间因素依然影响着他对声音信号的接收。

首先是声源与听障者之间的距离问题。声强的衰减速度随传播距离的增加而增加,即距离每增加一倍,声强降低 6dB。因此,在距离声源稍远的情况下,即使听障者戴有助听器,效果也未必很好。对于听力损失较重的聋儿,其个人助听器的接受声源范围通常以 1m 左右为理想,超过 1m 距离聋儿就可能难以听到或听不清。然而,聋儿尤其是聋幼儿,常常需要在游戏和活动中接受声音和言语信号,他们与声源之间就无法保持有效的距离。例如,一个老师在聋儿面前 50cm 处,用一个响度为 60dB SPL 的声音讲话,助听器的有效增益为 30dB,那么聋儿可获得一个 90dB 的言语声,但是如果聋儿离开老师 3m 处听同样的声音讲话,聋儿通过助听器获得的言语声响度只有约为 75dB。

其次,环境噪声的干扰。虽然目前有许多助听器可提供降噪功能,但是对听力损失较重的听障者及信噪比较低的情况下,其效果仍不能令人满意。

空间声回响是另一种常见干扰因素。它是指声信号在物体表面反射(包括窗、墙、未经处理的家具等),从而产生多个"复制"却延后的声信号,这些声信号相互干扰使收听者无法满意地获得及处理声音信息。这时,最好的方法就是将声音的来源拉近,或拾取最强、最清晰的信号(接近谈话者的嘴部),把这个最强、最清晰的信号传送给助听器佩戴者耳中,那么信噪比(signal to noise ratio)就会大大地提高,听障者就能听得更为清楚。

12.1　感应线圈系统

感应线圈系统(induction loop systems, IL)又叫闭路电磁感应集体助听系统,它是最早使用的一种集体助听技术。此种助听系统由主控台(包括放大、调频部件)及预先安置在教室、家庭等室内场所的环状感应线圈、个体助听器(带 T 档)组成。它可以传输外接有线话筒或调频无线话筒的言语信号,也可以传输收录机、电子琴、电视机的音频信号,如图 12-1 所示。

图 12-1 感应线圈系统

12.1.1 感应线圈系统的原理

由电磁学原理我们知道，长直导线有电流通过时，其周围就会有磁力线产生。根据右手定则确定磁力线的方向，形状如图 12-2 所示。

磁力线为同一平面同心圆且垂直于导线。磁力线从圆心向外由密到疏，磁场由强变弱。如果导线通过的电流是固定不变的，即直流电流，则产生的磁场也是恒定的。而当一个闭合回路中的电流发生变化时，随着电流的变化，电流产生的磁场也在变化。如果导线通过语音电流，则产生的磁场也随语音的变化而变化。这种变化的磁场将在它附近的其他回路中产生感应电流。如果把一个线圈回路放置在磁场中，磁力线通过线圈回路时，线圈回路有电流产生。如磁场是由语音信号所产生，那么在此磁场中线圈感应的电流即是语音电流。电场转变磁场，磁场转变电场的过程，是电磁感应基本原理的实际应用。由此我们可知道，磁感应线圈助听系统信号发送与接收的过程是，将放大的音频信号电流，通过长直导线形成随音频变化的交变磁场，由接收耳机中的线圈感应出微弱音频电流，经放大后，耳机恢复成语音信号。

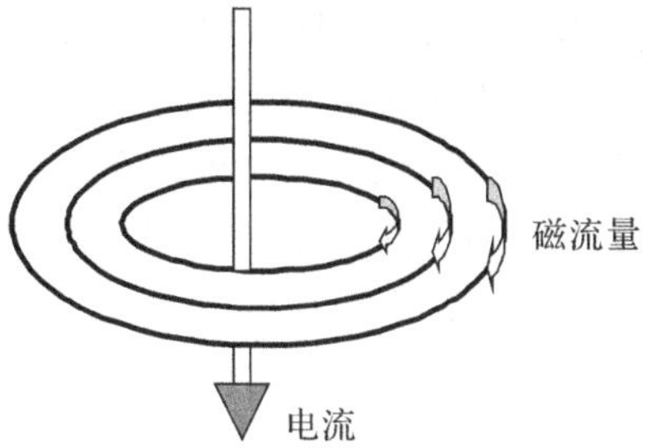

图 12-2　磁力线

来自录音机、收音机、电视机或教师的声音经麦克风、放大器、调频部件以交流电的形式直接传递到线圈内，电流在线圈周围产生了一个电磁场，这种带有声音信号的电磁波可以在空间传播并为助听器上的拾音线圈（telecoil，即 T 档）所接收。在拾音线圈里电磁波又转换为音频电流，电流再经过助听器的放大处理，还原成声音信号。即声音输入→放大→感应线圈电流→环绕线圈的电磁场→拾音线圈感应电流→声音输出的过程，如图 12-3 所示。

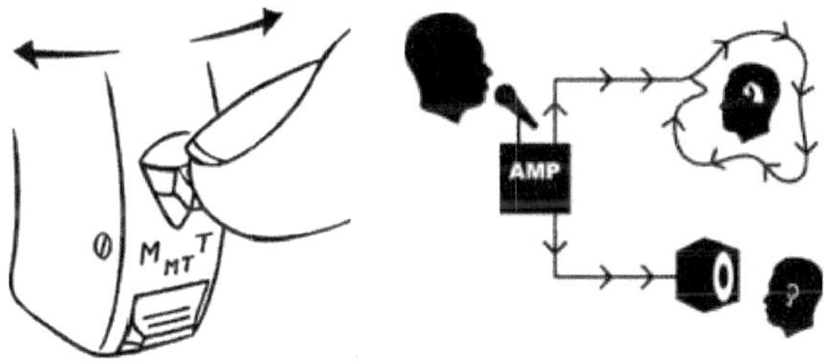

图 12-3　声音输入—输出

这样一来，听障者可充分利用助听器的 T 档，在进入预先铺设有线圈的室内时，通过电磁感应原理，接收到清晰的声音，而不受距离和人数的限制。在绝大多数耳背式及一部分耳内式助听器中，都装配有感应线圈，即助听器上的 T 档。当助听器的输入选择开关置于 T 档，该线圈就可以拾取周围的电磁信号并把它转换成电信号进行放大。这一设计的本意是帮助患者更好地接听电话。感应线圈从电话听筒的电磁式耳机中拾取电磁信号，而不需由电话听筒中的耳机把电信号转换成声信号，再由助听器的麦克风将其转换成电信号。省去这样两个多余的中间步骤，有助于提高信噪比，但目前电话机的磁场比较弱，用 T 档听电话会觉得声音很微弱，需在听筒上配备其他一些专用器件将磁场信号放大。而环路感应线圈的磁场信号较强，可铺设在一些专用场所，如在某些影戏院、礼堂、会议室、教室、教堂内，声音以电磁信号方式散布于环路之内，使听障者可以清晰地听到声音。

12.1.2　感应线圈系统的构造

1. 场的均匀和方向

直线电流的磁场是从产生磁场的电流朝外扩展的，磁场的方向（也就是磁力线的方向）是环绕着电流的一些闭合曲线。磁力线和由此产生的磁流量(可以被看做磁力的流动),是一些位于垂直于电流的平面上的同心圆,是围绕产生它们的电流呈环形流动的。靠近电流的地方磁场较强,离电流越远,磁力和磁流就越弱。磁力线方向与电流方向的关系可以用右手螺旋法则来判定。将右手握住导线,拇指伸直,拇指代表电流方向,弯曲的其余四指就代表磁场环绕的方向。

当线圈安装在地板上,而助听器佩戴者坐着或站着时,在回路中,在头部高度的磁力线以水平为主。这样,在头部高度,磁场的垂直部分就有一个近乎持续的量覆盖几乎整个房间。刚进入回路处是个例外,那里,除了垂直部分很弱外,整个磁场都较强。以上特性很重要,因为助听器中的接收线圈是垂直安装的,它仅能拾取磁场的垂直部分。

这里已经讨论了沿着回路一个方向的电流,然而声音是音频信号,相对于原始声波中的正压和负压,方向每秒会倒转许多次。因此,循环的磁场每秒也会倒转许多次。事实上,根据电磁场理论,正是持续改变的磁流使拾音线圈感知,产生一个音频电流(地球的磁场不会影响线圈,正是因为地磁场有持续的力量和方向)。

2. 磁场的强度

在近房间中心的磁场强度与回路中电流的大小和回路数成正比,与回路的直径成反比。国际标准(IEC 118-4,BS7594)指出:一个磁场的长期平均输出功率值应为 100mA/m(指每米毫安培),不得低于 70mA/m 或高于 140mA/m。该值是在回路内,距离地板 1.2m 时测得的磁场垂直面上的强度。允许在言语中出现达到 400mA/m 的强度峰值。频率范围应当覆盖 100～5000Hz。

在回路中心的直径 am,其周围有 n 个磁感应线圈,其磁场强度可以用下式计算:

$$H=nI/a$$

式中:H 为磁场的强度,用每米毫安培表示;I 是电流值的均方根,用安培表示。对一个正方形的回路,大小用 am 表示,其磁场强度要比计算的值少 10%。如果磁场的长期平均输出功率强度要达到 100mA/m,则回路输出的值至少要在 400mA/m(最好 560mA/m),这样可以避免在更大强度的言语声音中产生过多的削峰。

根据电磁原理我们可以看到,感应回路线圈并不是在建筑中产生磁场的唯一的一条电线,所有建筑中的电线都会产生磁场,因此,助听器不仅能收到语音信号,也可以接收到其他磁场信号,如 50Hz 的电源电压信号等。因此,在布线的时候要充分考虑到干扰源的问题。如果音频磁场太弱,信噪比就不够大。提高信号发射功率,可以抑制干扰。在一些体积较小的助听器中(其线圈亦小),电感线圈的敏感性要通过使用单独的前置放大线圈获得。当然,对于弱的磁场,使用者也可以通过增加音量来弥补。但是这样不太方便,尤其是需要经常切换麦克风档和电感档时。此外,就需要助听器有足够的音量保留,同时在获得足够的增益时不会引起啸叫。在电感位置,如果增益太大,也会引起啸叫。就像声波从受话器出声口漏回麦克风会引起反馈一样,磁场引起的啸叫也是从受话器出声口漏回到电感线圈引起的。

3. 感应线圈回路的频率响应

助听器通过麦克风接收到的频率响应与通过感应线圈得到的频率响应之间存在着匹配的问题。助听器的响度通常都通过仔细的调整,以适合佩戴者。假设助听器在声音输入是 70dB SPL 时和磁场强度是 100mA/m 时的输出功率是一样的话,助听器佩戴者就可以方便地从麦克风档切换到电感档,而无需改变音量。然而感应线圈回路和助听器电感系统的频响有时仍不能令人满意。但回路响应和助听器电感响应结合时产生的声音,不能与原来的声音响应区别太大。只有一个例外，即 500Hz 以下声音的频率响应，因为这个频率范围的信号磁场干扰最容易发生。所以当助听器使用者所在环境有许多磁力干扰（如荧光灯、有调光器的灯运行时），部分助听器就允许使用者根据需要来衰减低频。但在某些情况下不能衰减低频，比如低频部分的信号对重度听力损失患者而言非常重要，那我们可以通过在多记忆助听器上分开调整麦克风和电感的频率响应，根据不同的使用需要，把助听器调整到麦克风响应状态或者是电感响应状态来满足不同的聆听要求。

使用者之所以感觉在电感档和麦克风档有不同的响应，原因有两个：第一，回路对高频声音产生的磁信号要比低频声音时弱。第二，助听器本身。助听器内的感应线圈，其固有产生电压随频率升高而升高。助听器设计者可以通过把电感与助听器的放大器相连，对此进行部分的或全面的补偿。电感响应以及相对于与麦克风的响应等具体情况，可以在助听器的说明书中看到，或者在测试箱中测量。

12.1.3　感应线圈系统的安装

1. 技术要求

在环路线圈内，音频电流通过时所产生的电磁场的强度应该是大致均匀的，这样听障者在该磁场内活动就不会感到声音时大时小、时有时无。而在环路线圈以外，电磁场应有明显的衰减，教室外的空间声强至少应比教室内衰减 20dB，否则，教室与教室之间及楼层上下会存在明显的干扰现象，妨碍听障者正常收听。

2. 环路线圈铺设时需注意的问题

架设时应注意导线的走向，保持在环绕范围内各点磁场方向一致，使环绕范围内各点的磁场强度增强（见图 12-4、12-5）。

在图 12-4 中的 *B* 点，磁场强度将成倍增加。如果双线平行电流方向相同，在两线之间范围内某点磁场强度将被减弱或抵消，图 12-5 中 *C* 点与两线距离相等，磁场强度被抵消为零。这一点尤为重要。

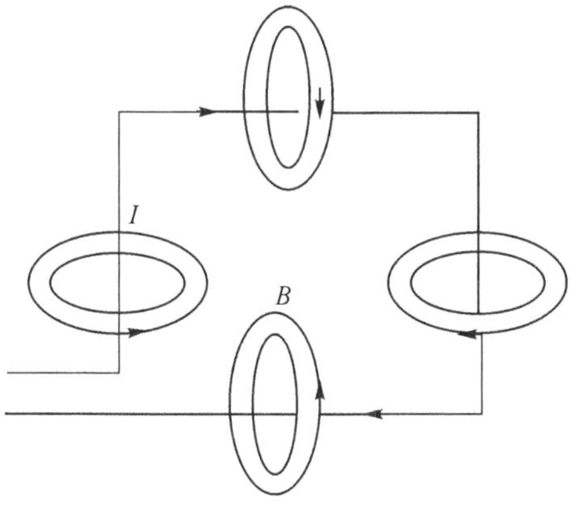

图 12-4　环路线圈 Ⅰ

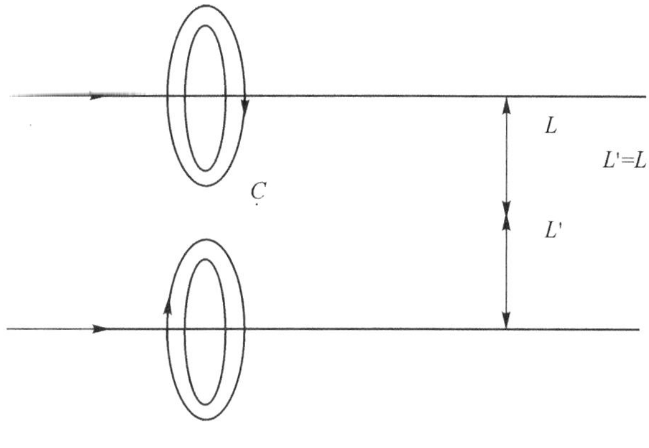

图 12-5　环路线圈 Ⅱ

线圈通常被安装在地板和天花板上，以使信号在系统空间内均匀，强度最大。至少 80% 的线圈要避免金属物的影响。具体标准和影响因素包括以下几方面。

①磁场强度。参考 IEC118-4 的标准。

②输入压缩。为了补偿输入信号的波动影响，在输入时必须进行自动增益控制、信号压缩和(或)可调整的非削峰限制等处理。推荐的压缩比是听音乐时 4∶1，谈话时 20∶1。

③周围电磁场的影响。那些靠近线圈系统的电器都会发出电磁波，从而影响线圈系统，包括有缺陷的照明灯、灯光亮度调节器、电线、电视、电脑、电流保护器等。因此，在安装一个线圈系统前必须对周围情况有所了解，以避免周围电磁噪音的影响。周围电磁波的干扰不得超过25mA/m。

④信号的溢出。当附近地区也安装有感应线圈系统时，信号溢出必须小于 12.5mA/m。系统的信噪比在 1000Hz 环路放大器的输出信噪比必须不少于 30dB。

⑤失真。输入一个 1000Hz 的信号，系统输出达到 100mA/m 时，谐波失真不得大于 3%。

3. 感应线圈系统的优点与存在的问题

感应线圈系统最大的优点在于：使听障者能够使用自己的助听器(带 T 档)作为接收器，听障者所需做的只是在进入系统时将助听器拨到 T 档。只要安装了有效的拾音线圈，听障者就能获得适当的、个体化的频率响应。

而存在的问题在于：

①目前在美国只有 30%的助听器带有拾音线圈(而欧洲超过 60%，因此，感应线圈系统在欧洲较普及)。随着助听器的小型化，这一数字在将来不太可能提高。另外，即使助听器带有 T 档，能和它相配的也只有安装了感应线圈的房间或电话，而大多数声音设备无法与之相配。

②即使助听器带有 T 档，它也不太可能给出与助听器麦克风一样的声响(Rodriguez, Holmes & Gerhardt, 1985; Culpepper, 1986; Thibodeau & Abrahamson, 1988)。最新的技术避开了这个问题，即设计与麦克风匹配的拾音线圈(Davidson & Noe, 1994) 或增强型拾音线圈。

③要使感应线圈系统处于最佳的接收状态，在助听器当中理想的拾音线圈位置应当是与安装在地板上的线圈垂直。然而，要对电话产生的电磁波达到最佳接收，又必须将拾音线圈水平放置。因此，拾音线圈的位置只能采取折衷方案(Preves, 1994)。

④最新的拾音线圈标准(ANSI 3.22 版，美国国家标准化组织)规定了这种折衷的程度：无论在感应线圈系统内还是打电话时，高频的平均增益必须接近麦克风档(Preves, 1996)。M 档与 T 档两者之间的差距用 STS (simulated telephone sensitivity)表示，数值 0 表示高频的平均增益控制在 T 档和 M 档时相同。但是，当 STS 为 0 时，在 T 档和在 M 档的频响仍然明显不同，因此 STS 通常为负值，表示为了获得一致的效果，T 档的增益必须大于 M 档。

⑤Oval Window 公司发明的"3-D"环路系统声称可以最大限度地减轻"溢出"问题与解决拾音线圈位置问题。

12.2 调频助听系统

近年来，无线调频助听系统技术发展迅速，比如最新的芯片设计和制造技术能将 PSP 芯片嵌入到 FM 的发射器里，从而实现对声音发送时的实时处理，包括对混响声处理、降噪处理等。比如无线调频发射器可以在不同的情况下发射不同的信号。使用者可选择不同的指向性传声器，可以在噪声的环境下更有效地进行交流，这样对提高信噪比非常有效。

无线调频助听系统的另一个特点是利用蓝牙技术、无线通信技术等将其他人际交流装置连接起来，比如与手机、电视、助听器、遥控器等，达到真正的无线连接与无线使用，最终将无线通信完全融入为听障人士服务设计的专门的听障设备。

图 12-6 为不同类型无线调频系统及组成部件。

（a）声场调频发射系统

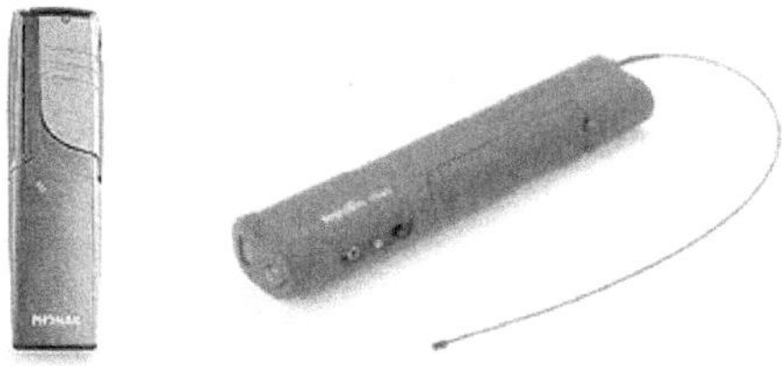

（b）手持式发射器

（c）其他各种发射器

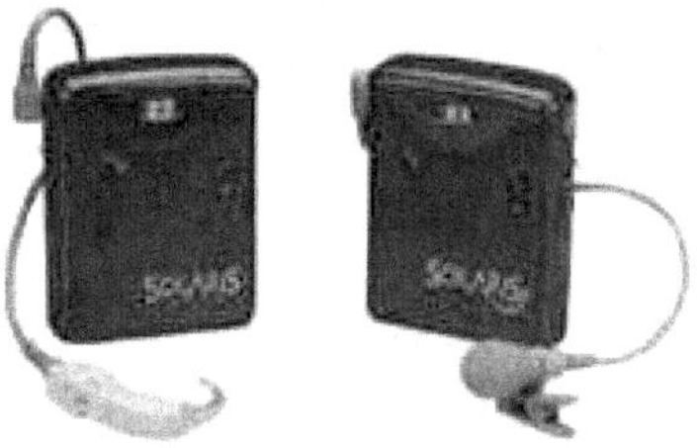

（d）口袋式调频接收器与调频发射器

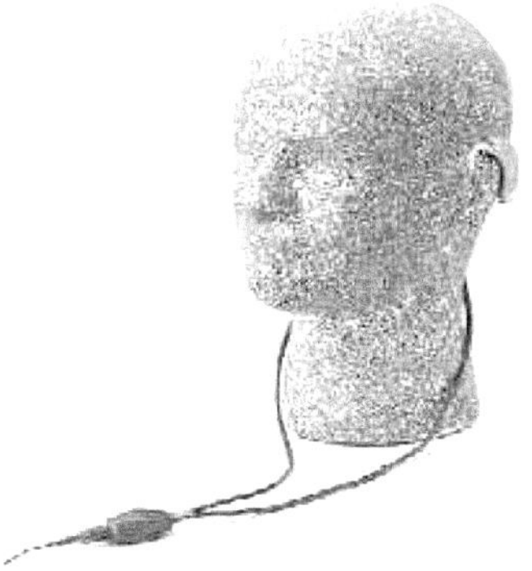

（e）感应项圈式接收器

（f）Y 线与音靴

（g）手持式发射器/麦克风

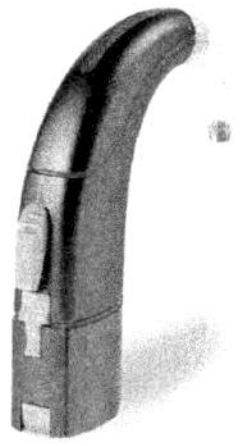

（h）无线调频助听器

（i）插入式音靴

(j)音频输入接收器

(k)用于人工耳蜗的接收器

图 12-6　调频助听系统

12.2.1　无线调频助听系统的原理

调频助听系统(FM)就像一套小型的无线电广播系统，有两种形式：一种是个人系统，用于一对一的交流；另一种是接下来将要介绍的集体调频助听系统，即用于一人传送到多人的大场地交流，如会场、教室、剧院、教堂等。该系统由发射器和接收(转换)器两部分组成。谈话者佩戴的发射器是一个小型万向话筒，可系在口袋或衣领上，通过话筒将谈话者的说话声转换成电信号，然后输入发射器，发射器再将电信号变换成调频电波信号，发射器利用话筒的连线作为天线，发射出言语电波信号，听障者佩戴的助听器通过耳机的连线作为天线，接收到发射器发来的言语电波信号，然后将电波信号还原成声音。在接收器内同时也装有话筒及发射系统，可以将听障者的说话声通过发射天线传送出去，使听障者之间互相交往成为可能。另外，在会场、剧院听演奏或看表演时，只要将发射器的话筒放在舞台或讲台上，就可以使听障者在会场的任何位置都听到较清晰的声音了。同样，也可以将发射器的话筒靠近电视机或录音机的喇叭，以收听较好的音响效果。

在无线频率转换中，音频电信号不是直接转换成另一种形式的能量(像在感应回路线圈和电感中)，而是调制电磁波的特性。这里，电磁波被称为载波。当没有音频信号时，载波是正弦曲线。只有当音频信号改变了载波时，它才能传送音频信息。在助听器领域，载波的频率是最常被改变的，我们称之为频率调制或者 FM。

接收器的工作是探测载波，并产生与原始信号成比例的电压。调制波的取出称为解调制。也有另外形式的调制，最常见的是振幅调制：音频信号调制的是振幅，而不是载波的频率。使用调制的优点是从接收器出来的音频信号不依赖于载波的强度，因此，在一定距离内与发射器和接收器的距离无关。当载波变弱时，转换器处理会逐渐把噪声加在音频信号上。当载波变得极弱，接收就停止了。

在一个房间里可能有几百种发射器发射的几百种电磁波经过。在解调音频信号前，接收器如何来选择其中的一种呢？首先，接收器被调成对特定的载波频率敏感。只有当接收器的频率与发射器的输出频率相匹配时，接收器才会拾取转换信号。如果两个发射器输送相同频率的信号，又会发生什么呢？在接收器中肯定有潜在的混淆。管理当局为避免这个问题，对不同类型的发射器设计不同的电磁频谱(如不同的载波)。在有些国家，助听器上可使用的频率带是 37MHz，43MHz，72～76MHz，173MHz，183MHz，216MHz。在每一个频带中，许多不同转换频率可以使用，这些频率附近的窄带频率称为传输通路。

其次，接收器会锁定在较强信号上。在频率调制传输和接收时，会遇到接收器暴露在两个有相同载波频率的不同的发射器中，或者两个载波频率的差别很小的情况。这时，调制工作是通过锁定载波进行的，测量随时间改变的频率的量，然后锁定在较强的载波上，而不是弱的载波上。这种仅调制强的信号的现象称为频率调制捕获效应。如果两个相同频率输出的发射器产生两个信号，接收器就锁定来自较近的发射器发射的那个较强的信号。同声波一样，来自发射器的场强度的下降与发射器的距离的平方成反比（反平方法则）。

频率调制捕获效应的这一优点通常应用在学校里。如果两个教室足够远，可以使用相同的传输通路，在教室中的学生接受他们自己老师的信号远比另一个教室中老师的信号强，因此，尽管使用相同的频率也不会相互干扰。但是，目前还不清楚到底需要多大的距离。此外，如果附近有大的金属物，反平方法则就无法应用。这是因为，第一，较大的金属物可以使从远处传来的发射器信号的接受增强。第二，金属物可以引起电磁波的反射，这些反射可以抵消直接来自发射器的信号，使得在房间中的有些地方的信号强度很低，在这些部位的接收器就不能充分地探测到载波，信息就遗失了，这时只能听到噪声。接收器会探测信息的遗失，从而减弱或压制输出信号，当接收器探测到所接受的不是载波时，就无信号输出。

无线电波能很好地通过非导体的障碍（如砖墙），但它们会被大的导体衰减，如金属墙，而人体的衰减则略少一点。

12.2.2 调频系统与助听器的耦合

从接收器来的信号只有当它被送至使用者的耳朵时才是有用的。接收器最简单的输出形式是耳机，通常为纽扣形式的耳机，主要缺点是接收器不含复杂的音调控制、压缩、调整形式，这样就不可能按佩戴者的需要来调整放大特性。如果频率调制接收器与个人的助听器相连，就可以更精确地进行单独的放大需求。这种耦合可以通过线与助听器的音频输入连接器相连，也可以驱动佩戴在使用者脖子上的感应线圈回路，该回路可以向助听器的电感输送磁信号。还有，调频接收器可以驱动一个小的线圈，该线圈安装在一个小的塑料盒里，塑料盒在佩戴者的耳朵边上，在耳背式助听器的边上。这个线圈称为轮廓线圈，与耳背式助听器有相同的优点。

上述的每种方法都有优缺点，对于连接不同的放大系统可能会产生不同的频率响应。直接的电线连接可提供明确的信号，尽管电线很不方便，也不美观，且容易断。端部的连接器在频繁使用后也会变得不可靠。脖子上的回路美观一点（对十几岁的青少年尤其重要），在衣服外没有连线，不会影响活动，也不会被小手缠绕。它的缺点是低频会被衰减，当头部倾向于另一侧时耦合磁信号会减弱。还有，磁信号容易被附近的电设备干扰。轮廓线圈有着电线连接的所有缺点，因此不是很好的耦合选择方式。

最可靠、美观的连接方式是将调频接收器安装在助听器中，或用音靴与助听器底部相连来进行直接的输入。在最近几年，两者都已实现。

如果听障者在某些频率上接近正常，可以通过开放的耳模或耳壳将调频接收器与耳朵相配。开放的耦合使助听器佩戴者可以通过好耳的非助听声听到邻近的声音。也就是说，可用在FM系统直接与耳耦合，也可用在与助听器的耦合。

12.2.3 调频系统与方向性麦克风的结合

当小孩在一个小组中，或需要听其他小孩的谈话时，仅接受来自调频发射器的信号是不够的，因为有的讲话者可能离发射器较远。调频系统用几种方法来解决这个问题。常用的方法是把开关打到接收器和助听器结合的位置。在这个位置，佩戴者听到来自发射器和被助听器麦克风拾取的混合的声音。这样就能听到附近的谈话(尽管其音量有所下降)。但这种情况下,即使老师对着发射器讲话,助听器的麦克风也会同时拾取噪声和回响,这就降低了调频的优势。有些调频系统,在调频接收器上安装了局部麦克风(也称为环境麦克风),但在结合位置有着相同的优缺点。这里就出现了一个两难的情况:在单独使用调频的情况下老师的言语信号最清晰,在使用局部麦克风时接受的信号最差,在结合位置信号的清晰度中等。可是问小孩们最喜欢哪个时,小孩们往往选后者。这可能是当局部麦克风不起主要作用时,小孩会觉得与周围的环境分离了。

要解决这个问题必须依靠调频系统中的自动开关:当信号来自发射器时,它选择单独使用调频;当发射器没有这样的音频信号来时,它就选择局部麦克风。另外,自动开关也可选择结合位置模式。这些系统有许多名字,如言语操作开关、声音操作开关、优先频率等。

12.3 红外助听系统

红外线辐射与无线电波、电磁波的能量形式相同,只是它具有很高的频率(约 10^{14} Hz)。对略高于此的频率电磁辐射,人类就感觉为红光,因此称为红外线。音频信号要转换成红外电磁波,也需要被音频波调制的载波(即红外载波)。其原理是将音频信号先调制在载波信号上,红外线发射二极管再将调制的载波信号发射出去,从而使音频信号转换为红外线并"照射"到聋儿活动的范围。红外接收器先探测到脉冲的红外载波,然后又将不同波动改变的红外线脉冲波解调,恢复音频信号。红外系统通常直接与一个耳机或多个耳机相连。红外线几乎与光波有相同的频率,红外辐射与光波一样以直线方式传播,因此很容易被不透明物阻挡,被表面平的、淡颜色的物体反射,如天花板等。

红外线助听系统具有以下优点:

①频率范围为 100～7000Hz,失真一般小于 1%,最大不超过 3%,信噪比高于 50dB,使用插入式耳机的最大输出 136～140dB,最大放大 58～69dB,不使用脉冲转发器时的使用面积为 $30m^2$。以上技术参数是一般助听器和各类其他助听系统所不能达到的。

②邻近房间和上下楼层不存在相互干扰。与个人助听器联合起来配套运用,不仅适用于聋儿康复训练、学习,而且适用于家庭内的生活、劳动需要。

③系统内部的可交换性,不必使用不同的发射频率。

12.4 教室声场放大

与上述三者不同,声场放大系统是使用声波把声音传送给听者。当信噪比受背景噪声和谈话者距离影响时,我们可以通过放大需要的信号,或者把扬声器靠近听者来减小影响。最常用的是在教室里,因为小孩在教室中的位置较固定,几个扬声器可以被固定在墙壁上。最基本的系统包括一个麦克风、一个放大器、一个或多个扬声器。这个基础系统的明显缺点是老师必须靠近固定的麦克风,或者携带有线的麦克风。当然,也可以通过频率调制或红外线的方式来连接教师和放大器,可以让教师在教室中自由走动。

声场放大系统较上述三者的优点有:第一,它们不需要听者佩戴任何设备。这简化了设备维护的工作,增加了系统的可靠性,不必担心小孩会搞坏什么设备。第二,教室中所有的小孩都能听到清晰的声音,而不是仅佩戴助听器的能听到,因为一个更清晰的信号对于听力正常的小孩也很有帮助的。第三，对暂时的传导性听力损失的患者有用，尤其是传导性聋发生率较高的地区。第四，适用于由于听力损失的波动而无法在所有时间佩戴助听器的小孩。另外，在有些地方，文化因素会导致拒绝佩戴个人装置。还有，可能会减少老师的讲话疲劳，降低其声带病变的发生率。

当然，声场也有缺点。在安装声场系统的教室中，在不发生啸叫的情况下，增加的声强大约只有 10dB。如果不做其他的改变，信噪比也只能提高 10dB。如果使用该系统时背景噪声增加，信噪比会下降；背景噪声降低，则信噪比会增加，但后一种情况很少有。如果教师在头部使用麦克风，可以大大提高信噪比。注意麦克风要靠近唇部但不要直接放在唇部前面。

声场可以增加小孩直接接收的声音与回响声音的比例，增加的量与小孩和最近的扬声器的距离及小孩和教师的距离有关。如果结合先进的处理方案，声场可以提供更多的增益而不会引起反馈。

与其他系统相比，基础声场系统多用于一个谈话者形式的集体教育。如果教师和小孩之间需要交流，就需要有两个同步的转换发射器，这是可以做到的，但第二个发射器必须在谈话的小孩周围。

12.5　感应线圈、音频转换、红外线转换、教室声场放大系统的比较

我们通过以下几点作比较：提高信噪比的效果、提供直接信号与回响信号比例的效果、方便性、可靠性和费用。我们假设声场系统安装了频率调制来连接教师和放大器。假设在应用的教室里有听力损失的儿童，他们都佩戴助听器，助听器上有适当的直接音频输入接口或电感档。图 12-7 显示了各系统在上述几个方面的比较。

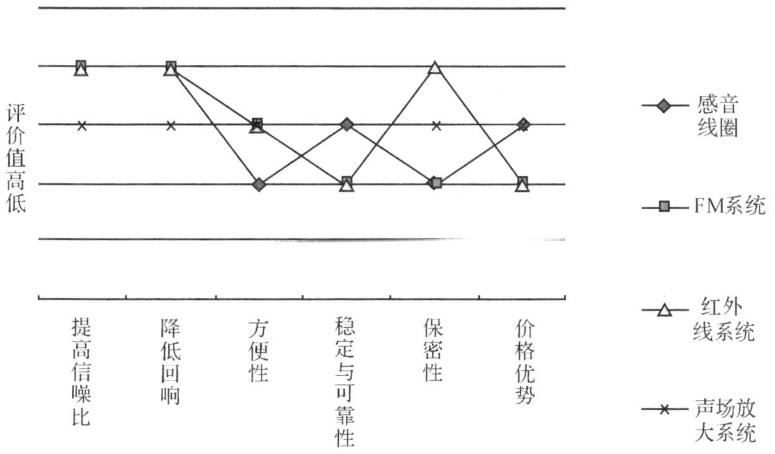

图 12-7　各放大系统的比较

1. 提高信噪比与降低回响

感应线圈、无线调频和红外线系统，因为它们转换能量是非音频的形式，能够很大地增加信噪比，对回响能量的降低也很大。假定麦克风与教师的嘴部很接近，信噪比的提高有 20dB 或者更多，因此比声场放大系统好。

2. 方便性

声场放大系统在使用上最方便。接收器、扬声器、放大器不需要接触，只需要处理一个转换发射器。但如果有两个或更多的谈话者，方便性就大大降低，除非系统的设计包括两个同步的转换发射器。磁回路系统最不方便。传统的磁回路装置，教师必须与固定的麦克风距离很近或者用有线的麦克风(当然，可以使用 FM 系统将教师的信号传送到回路放大器)。所有小孩可以把助听器拨到 T 档与周围的局部声音环境分离来接受回路信号。如果他们的助听器有 MT 档(同时有 M 档和 T 档功能)，可以同时接受回路信号和声信号，但与 FM 在结合档时有相似的缺点。

3. 稳定与可靠性

声场放大系统提供的性能最稳定，因为它只有一个可移动的元件，如果系统不好，教师会马上知道，可以采取正确的措施。假定安装的磁回路系统可以产生充足的磁信号，由于它的可移动元件少，所以在稳定性上排第二位。然而，磁感应线圈回路可能会受磁干扰，但磁干扰源通常不会变化，这样也使系统不至于受干扰。频率调制系统的稳定性更小，容易有信息丢失，有干扰(不预期的，来自远处)，主要因为它有几个接收器和转换发射器，每个都有各自的线、接口和电池。在教室中，红外线系统受到的干扰较少，但当发射器和接收器不是面对面时，信息会丢失较多。红外系统特别适合听者都面向一个方向，发射器总是面对听者。红外系统在室内环境下，通常无干扰和信息丢失。

4. 保密性

在保护隐私方面，红外系统有其明显的优点：在发射器安装的地方没有信号漏出房间。除此之外，没有泄露意味着同一建筑的许多房间可以安装相同的系统，邻近房间不会有干扰。而另外三个系统使用时都会朝房间外辐射信号，调频系统的辐射最大。当然，偷听要求有正确的载波频率进入接收器。如果不存在机密问题，调频系统设备安装在不同教室使用不同的频率，那么电磁波的溢出就不是问题。调频系统的优点是有不同频率的选择，可以有效避免干扰。

5. 经济性

磁回路和声场放大系统在安装和维护上最便宜，每个教室仅需要一套系统，而不是每个小孩一套系统。而只有声场系统可以同时对不佩戴助听器的小孩提供更佳的信号。

12.6 其他助听装置

任何能帮助听障者接收声音或提高理解言语能力的装置，都是 ALDS(但不包括助听器、人工耳蜗)。除了前面提到的之外，还包括许多类型的与声场相连的感受器(如烟、钟、响亮的电话、门铃按钮)，容易被听力损失者探测到的闪光、振动，或者强的低频声音。麦克风、放大器、耳机有时也被称为帮听装置。如图 12-8 所示为各种类型帮听装置。下面主要介绍帮听装置的分类。

1. 增加言语可懂度的装置

①个人无线系统(红外和 FM 系统)，接收器与助听器相连，或与无助听器者的耳机相连。

②个人无线系统，转换发射器与电耦合到电视声音回路，或者转换发射器麦克风安装在与电视扬声器接近的位置。

③感应线圈(房间大小、椅子大小、耳朵大小)与放大器和麦克风相连或者辅助输入插孔。

④放大电话机。

⑤电话放大器插入常规电话和墙壁的插座之间，或者安装在电话中。

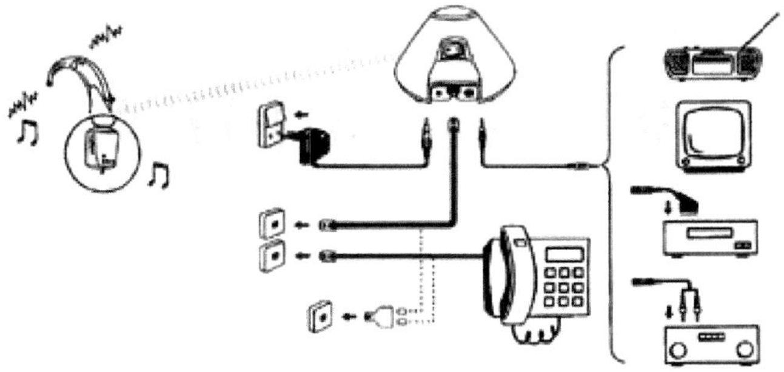

图 12-8　帮听装置

⑥电话耦合器或放大器捆绑在电话的接收器上。麦克风拾取来自接收器的声信号，并把它放大，可以产生一个更强的声音输出或者对使用电感的有磁输出。比先前讲的电话装置容易携带。

⑦声场放大系统的教室。

⑧电话、应答机，或者任何可以被安全地耦合到助听器的音频输入接口上的音频产品。

直接将装置（如 110～220V）与助听器音频输入相连会有危险。这样会损坏助听器，对助听器佩戴者有潜在的触电危险。

2. 探测环境声音的装置

①有振动警告的闹钟，可以安放在床上。

②门铃，可以发出闪光和很大的低频音。

③电话外延装置，能发出闪光和很大的低频音，同时启动安装在床内的振动器。

④闹钟，能发出闪光和很大的低频音，启动安装在床内的振动器。

⑤婴儿报警器，能发出闪光。

3. 其他装置

安装在电话话筒上的声音吸收垫可以使话筒靠近助听器而不产生啸叫。

第 13 章　人工耳蜗

人工耳蜗(cochlear implant)是一种为重度、极重度或全聋的成人或小儿恢复或获得听力的高科技电子装置,可以完全代替受损的内耳毛细胞,它可以将外界的声音转化为神经电脉冲信号,绕过听觉系统里坏死的毛细胞,直接刺激听觉神经的螺旋神经节,将信息传递到大脑。在听力损失严重的情况下,人工耳蜗是耳聋患者的唯一希望和选择。本书简略从人工耳蜗的部位、原理,手术适应证作一简单的陈述。感兴趣的读者可参阅关于人工耳蜗的专业书籍。

13.1　人工耳蜗的部件及工作原理

13.1.1　人工耳蜗的组成部件

整个人工耳蜗系统可分为放置体部件及外部装置两个部分。

植入体(见图 13-1)包括一细长的电极系列,置于内耳耳蜗里。电极系列联系接收/刺激器,这部分植入在耳后的头盖骨上。接收/刺激器负责接收从外部装置传入的信息,并将这些资料传送到电极系列。此外,接收/刺激器上安装了一枚磁铁,把外装部分的传输线圈吸附在头颅适当的位置上,确保数据传送的准确性。

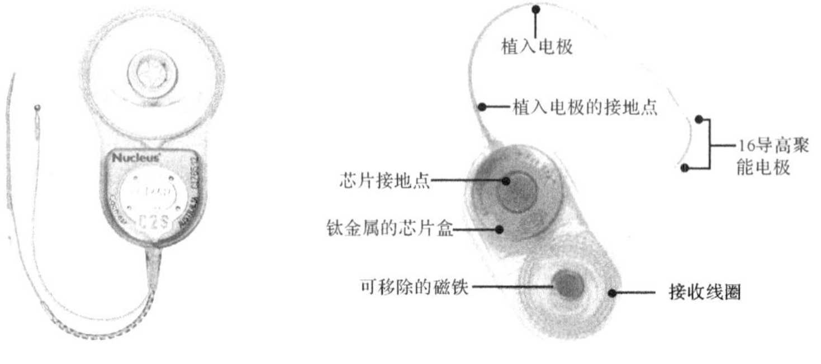

澳大利亚宝迪康植入体　　美国AB植入体

图 13-1　人工耳蜗植入体

外部装置(见图 13-2)主要包括传输线圈、言语处理器及全方向性麦克风。传输线圈中心亦安装一磁铁,接收/刺激器上的磁铁相吸。把传输线圈放在适当的位置上,传输线圈将言语处理器的资料传送到电极系列。全方向性麦克风放置在言语处理器的前上方。麦克风收集周边环境的声音,传送到言语处理器。言语处理器将收集来的声音信号进行数码化处理,犹如一台随身携带的计算机。处理好的数据经导线送到传输线圈和接收/刺激器,最后到植入体的电极,刺激听神经。言语处理器有体配式的,也有耳背式言语处理器,既方便又美观,但目前总体上信息的处理能力不如体配式。

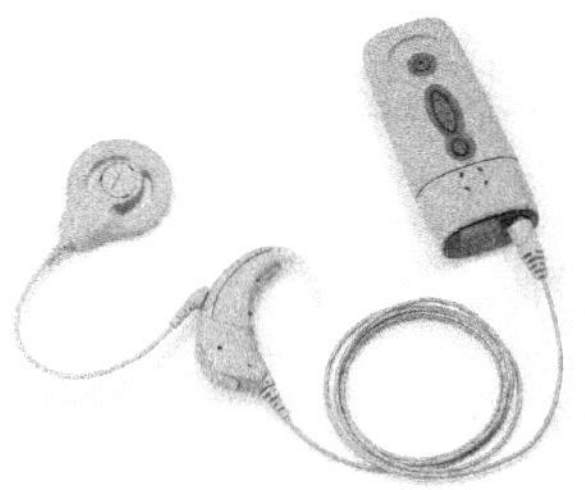

Esprit 3G言语处理器（耳背式）

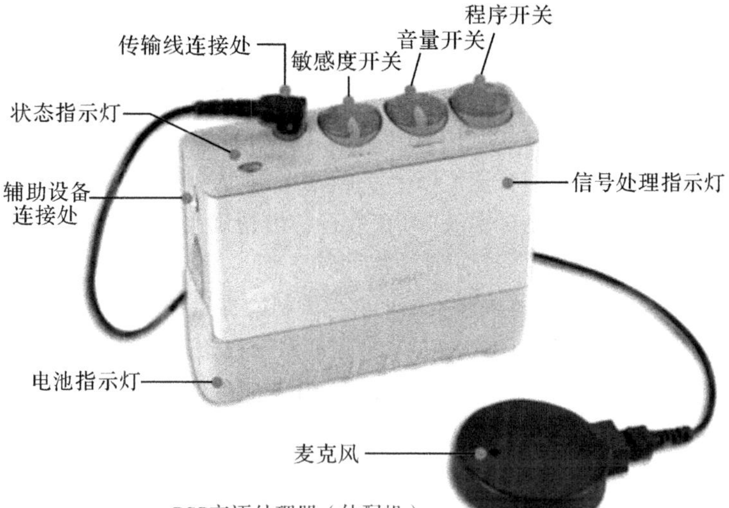

PSP言语处理器（体配机）

图 13-2　人工耳蜗外部装置

13.1.2　人工耳蜗的工作原理

人工耳蜗的工作原理如图 13-3 所示。

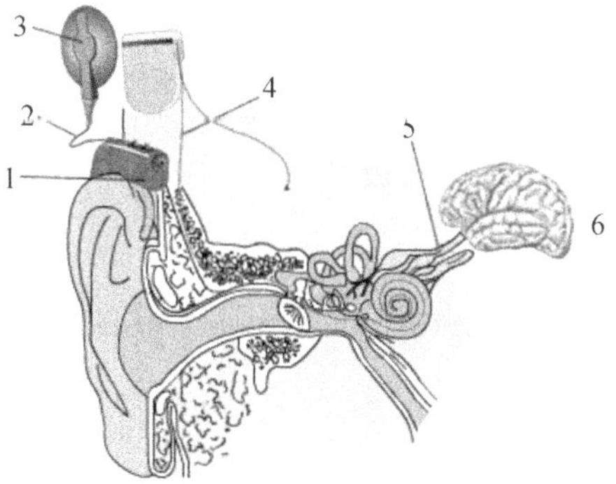

图 13-3　人工耳蜗工作原理

1—全方位麦克风收集声音并转换成电流信号传递给言语处理器　2—言语处理器将此电信号“滤波”“编码”(转换成特定模式电流脉冲)　3—脉冲传送至感应线圈,经由无线电波感应至皮下的植入体　4—植入体将此脉冲送至耳蜗内的电极　5—听觉神经拾取这些电流脉冲并传送至大脑　6—大脑确认这些信号为所谓的“声音”

13.2 常用的人工耳蜗装置简介

13.2.1 几种常见的人工耳蜗装置

目前全世界有数十个人工耳蜗研究小组,已研制出的装置多达数十种,能够作为临床应用的主要有以下几种。

1. MEDEL 装置

该装置为奥地利维也纳科技大学 Hochmair 小组研制,由 MEDEL 公司制造。Hochmair 小组于 1977 年研制成功世界上第一个多装置的单位。经过 20 多年改进、完善发展的多道装置称为COMBIC40+,其特点是电极采用 24 线(双面触点)12 通道单极刺激模式,以保证电极与可兴奋神经成分有效接触。由于电极制作应用特殊工艺,电极植入耳蜗的深度可达 31mm,能使 2/3 的耳蜗接收电刺激。语音处理采用快速 CIS+方案,速度可达每秒 18180 个脉冲,是一般装置传递速度的数倍。该装置内设遥控测试系统,可在数秒钟内精确测量出电极的阻抗值。

2. Cochlear 装置

该装置是最初由澳大利亚墨尔本大学 Clark 小组研制的多道装置,并于 1982 年与 Cochlear 公司合作进入市场。1985 年 10 月得到美国 FDA 的许可用于极重度听力损失成人,1989 年被 FDA 许可用于极重度听力损失儿童,1995 年 8 月 FDA 同意用于重度听力损失成人。Cochlear 装置是世界范围内使用最广的装置。植入电极为 22 通道环状电极(植入深度 25mm)双极刺激,发展为双极和单极两种刺激模式的新一代 C24M 装置,输入方式为电磁感应。言语处理装置可选择 SPFAK、CIS 和 ACE 三种方案。

3. Clarion 装置

该装置是在美国加州大学旧金山医学院 Schindler 小组的研究基础上,经 ABC 公司与加州大学旧金山医学院、美国 Research Tranggle 研究所合作研制成的人工耳蜗装置。最新装置的体内植入部分称为 CII,电极为 16 通道预弯电极,可采用双极或单极刺激模式。内部设有存储单元并由一微处理器控制。与外部计算机连接后可任意改变内部参数。根据用户的设想和要求,能够随意进行言语编码。主要采用的编码方案为 CIS 方案、PPS 方案和 SAS 方案,可输出模拟或脉冲信号。

13.2.2 几种不同类型的人工耳蜗电极

1. 标准型电极

标准型电极的电极数组拥有最长的电极,它可深入至耳蜗深层刺激耳蜗顶部的听神经,如图 13-4 所示。

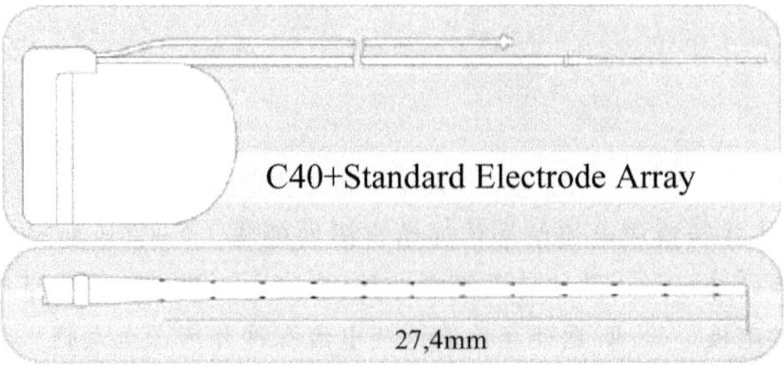

图 13-4 C40+标准电极

2. 短电极

短电极为耳骨钙化或耳朵畸形的个案特别设计，如图 13-5 所示。

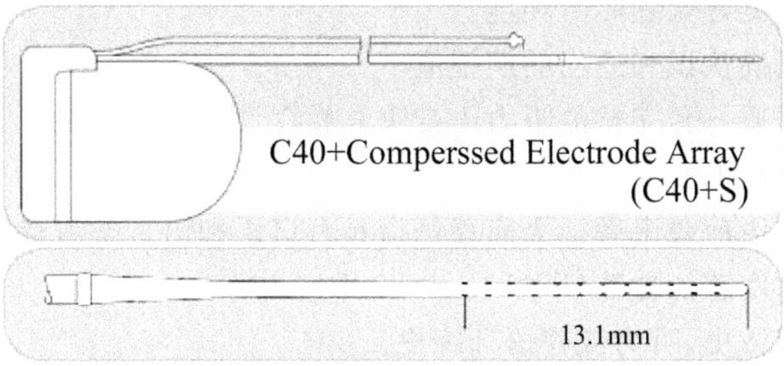

图 13-5　C40＋S 短电极

3. 分离式电极

分离式电极为严重耳骨钙化的个案设计，如图 13-6 所示。

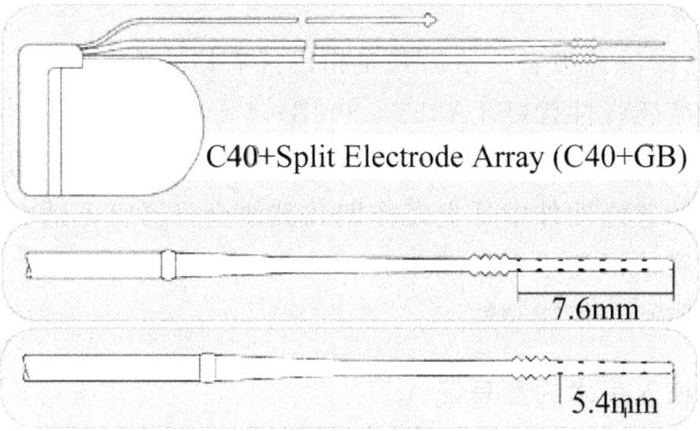

图 13-6　C40＋GB 分离式电极

人工耳蜗的技术进步很快，目前有声电联合刺激的人工耳蜗，适用于高频降低型听力损失的患者，其为人工耳蜗的适应人群又添加了一个新的类别。

13.3　人工耳蜗植入手术的适应证与禁忌证

13.3.1　人工耳蜗植入手术的适应证

对于双耳重度或极重度聋患者，不能受益于特大功率助听器，诊断病变位于耳蜗，可以选择人工耳蜗植入。

1. 小儿患者选择标准

①双耳重度或极重度感音性聋（PTA3＞80dB）。

②年龄在 10 个月（美国 FDA 通过）至 9 岁。

③佩戴 3～6 个月合适助听器听力康复训练后听力改善基本无效或微效：即 5 岁以下患儿，不能建立有效的听觉交流能力；5 岁以上患儿，开放式言语认识＜50％；2000Hz 及以上频率的助听听阈在言语谱范围之外。

④无手术禁忌证。如急慢性中耳炎发作期和其他全身器官不适合手术。

⑤父母及家人对小儿改善听力具有强烈愿望。

⑥良好家庭支持和良好家庭聆听环境。

⑦对人工耳蜗有正确认识和适当的期望值。

⑧针对小儿患者需要一套完整的听力语言康复教育计划。

2. 青少年患者选择标准

一般指 9～20 岁的语前聋患者。语前聋是指具有口语和语言学习经验之前发生的耳聋。

①双耳重度或极重度感音性聋(PTA3Fs＞80dB)。

②自幼有助听器佩戴史、听力或言语训练史。

③助听器无效或效果很差，在最好聆听环境下言语识别率测试得分＜40％。

④可利用口语/听交流或唇读交流。

⑤无手术禁忌证。如急慢性外中耳炎发作期和其他全身器官不适合手术。

⑥对人工耳蜗有正确认识和适当的期望值。

3. 成人患者选择标准

一般指 20 岁以上的语后聋患者。语后聋是指已经有语言和口语学习经验之后发生的耳聋。

①双耳重度或极重度感音性聋(PTA3Fs＞80dB)。

②助听器无效或效果很差，最佳助听的聆听环境下，句子认知测试得分＜40％。

③无手术禁忌证。如急慢性外中耳炎发作期和其他全身器官不适合手术。

④对人工耳蜗有正确认识和适当的期望值。

⑤有适当的心理素质和主观能动性。

13.3.2 人工耳蜗植入手术的禁忌证

人工耳蜗是通过电刺激听神经而使患者感知声音，主要适合耳蜗性聋，而不适合蜗后性聋；听力损失的程度为重度和极重度聋。

①耳蜗及听神经因素。从影像学角度认为，人工耳蜗手术的相对禁忌证应该为耳蜗完全缺失和内听道严重狭窄。一般认为内听道直径不足 2mm 时是对人工耳蜗植入的禁忌证，这是因为内听道内缺乏听神经和前庭神经。

②中耳感染因素。对于化脓性中耳炎患者，植入电极会把感染灶带入内耳，这是非常危险的。如果要植入人工耳蜗，首先要将中耳炎病灶彻底清除。因此，化脓性中耳炎发作期是人工耳蜗手术的禁忌证之一。

③耳蜗骨折。耳蜗骨折很可能损失前庭耳蜗神经，使人工耳蜗植入无效。因此，耳蜗骨折导致听神经损害是人工耳蜗植入手术的禁忌证。

④精神病。电刺激可能会刺激大脑皮层，因此精神病是人工耳蜗植入手术的禁忌证。

⑤其他外科常规手术禁忌证，也不考虑人工耳蜗植入。

13.4 人工耳蜗植入手术简介

13.4.1 人工耳蜗植入手术选择标准和评估

在整个人工耳蜗植入活动过程中，术前患者的选择和评估是至关重要的步骤，其主要目的是从医学、听力学等多方面综合评价和决定患者是否适合实施人工耳蜗植入手术。

1. 医学和影像学评估

通过术前的医学评估，可以确定患者目前的身体情况是否可以做手术等。术后患者定期检查，以便观察是否有继发其他耳科疾病的可能。术前影像学评估也是术前检查的一项重要内容，对耳蜗发育和结构进行计算机辅助断层成像(CT)或磁共振成像(MRI)，了解耳蜗结构发育的完整性以及有无畸形，为选择合适手术方案或手术耳别提供依据。

2. 电生理评估

电生理检查可以验证其他听力学检查结果，尤其对幼儿患者十分有益，并且可以排除功能性耳聋存在的可能。

3. 听力学评估

人工耳蜗植入术前听力学评估的主要目的是，确定听力损失的程度及类型，常规应包括裸耳电测听、声阻抗、声反射、耳声发射和脑干诱发电位等。

13.4.2 人工耳蜗植入手术

1. 手术方法

耳蜗电极系统的接收装置放置在耳后区乳突骨皮质表面，电极部分植入耳蜗骨阶内。手术一般采用全麻。手术方式以面隐窝进路术式为主。大致步骤为：耳后沟做一切口，切口分为两层，表层为皮肤皮下，深层为颞筋膜。整个皮瓣向后翻开，暴露乳突区骨皮质。用电钻于颞骨鳞部和乳突部磨出一与电极接收装置形状、大小相同的骨槽，深大约 2～3mm。将接收装置放入骨槽内。植入物在乳突的位置要选择好，使之离开耳后沟，而且要在切口缘内侧 2cm，以免日后脱出。用切割钻开放乳突腔但保留完整外耳道后壁，用金刚石钻(或切割钻)从面隐窝处进入后鼓室，此时可见圆窗。去除圆窗龛前缘，使电极易于植入。用特制小叉将电极由圆窗慢慢植入鼓阶。需要参考电极者，将其置于骨膜下。

2. 手术并发症

人工耳蜗手术并发症较常见的有伤口感染、皮瓣坏死、面瘫、脑膜炎和电极脱出。中耳的感染一般不会影响植入装置，用常规方法可以得到控制。少数耳蜗内埋植电极者手术后有轻度眩晕感，数日内多自行消失。长期观察前庭功能无明显改变。

13.5 人工耳蜗植入手术后的听觉言语康复训练

近几年人工耳蜗技术在我国发展很快，给重度聋、极重度聋甚至全聋患者带来了福音，许多经过康复训练的小儿取得了很好的效果，已进入普通幼儿园和小学学习。成功的手术是使这些聋儿回到有声世界的基础，术后长期科学的康复训练是使他们回归和参与社会的必备条件。

聋儿的听觉言语训练，应符合小儿语言发展规律，按聋儿“听力年龄”分阶段从浅到深逐步进行。大体可分为三个阶段，即听觉训练阶段、词汇积累阶段和语言训练阶段。

听觉训练阶段主要是利用聋儿的残余听力去倾听各种声响，唤醒其“沉睡状态”，并经常给予刺激，反复训练，反复强化，使聋儿逐渐适应日常各种声音，步入有声社会。

术后听觉训练过程大致遵循声音察觉、分辨、确认和理解几个阶段。

声音察觉是指让小儿感觉声音是否存在，即声音的“有”与“无”。在开机后的最初一个星期，家长开始注意小儿对环境中声音的反应。分辨是指分辨两组声音是否相同，“一样”与“不一样”。在有选择或无选择的情况下，确认是什么声音，如封闭项测试和开放项测试。可在有选择的情况下确认数目(一、二、三)、形状、颜色、大小、长短、多少、高低、方位等，以后逐渐过渡到在无选择的情况下进行开放式训练。中国聋儿康复研究中心总结多年语训的经验，得出听觉训练阶段基本遵循的过程：察觉声音的存在，即有声无声；分辨声音；确认，能说出所听到的生字、句子；理解，即能明白所确认生字或句子的意思，理解是听觉学习的核心，是基础，不管如何分解、组合，对听觉进行研究，没有理解是无意义的。理解能力的训练包括聆听和思考能力的训练，包括有交往形式的对答、增加听力记忆等。

词汇的积累阶段是在听觉训练的基础上辅助以视觉和其他感觉，使他们知道更多的社会事物，把看到、触到的东西与声音信号结合在脑子里形成信号，使他们逐渐理解语言含义。

语言训练阶段是在词汇积累的基础上，训练聋儿多说，由单字到短句，由简到繁，有少到多，逐渐做到能听懂别人的语言，使别人能听懂自己的语言。

人工耳蜗在未来的十年孕育着数方面的突破。首先，目前最紧迫的问题是解释和预测人工耳蜗存在的大量个体差异，尤其是如何能在术前预测术后的效果，以减轻植入者的心理压力和对植入效果有个理性的期待。除了对耳聋病因、年龄和时间等因素的分析外，使用术前的蜗外电极刺激测量到的电生理和心理物理参数也能帮助预测术后的植入效果。其次，未来的十年里，语音处理器的设计将会因人而异，着重于如何提高效果不好患者的语音识别率，以及对效果好的患者如何增进在噪声中的语音识别率和如何提高声音的质量，包括欣赏音乐在内。未来的人工耳蜗调配，首先是决定每个患者所能承受的最大通道数目，然后针对个体特征再决定语音处理器和刺激蜗内电极的数目。未来的十年里，大规模集成电路的发展将导致人工耳蜗的微型化，使全植入式的人工耳蜗成为可能。全植入式的人工耳蜗可能使用患者本身的鼓膜作为麦克风，利用人体的生物电或体内埋藏电池作为转运体内语音处理器的动力。听觉系统可分为外周和中枢处理两部分，人工耳蜗绕过外周系统，直接刺激连接中枢的听神经。未来人工耳蜗可作为一项极有效的工具帮助理解正常听觉功能。

参考文献

[1] 卜行宽,杨舜英,乔明哲.真耳测量和助听器选配.听力学及言语疾病杂志,1993(1).

[2] 曹永茂,吴展元,黄治物等.耳模和声管长短的声学效果评估.听力学及言语疾病杂志.2001,9(2).

[3] 曹永茂,罗志宏.高频测听及其应用.中国听力语言康复科学杂志,2005(4).

[4] 窦红伟,王永华.全耳道内助听器的声学特点与选配.听力学及言语疾病杂志,1997,5(2).

[5] 樊忠,等.实用耳鼻咽喉科学.济南:山东科学技术出版社,1997.

[6] 冯定香.助听器验配的新进展——开放耳选配技术.中国听力语言康复科学杂志,2006,3:51—53.

[7] 高建林,杨月珍,梁晨,等.168 耳选配的耳内式助听器特性分析.听力学及言语疾病杂志,2000,8(2).

[8] 顾瑞,曹克利,高成华.我国听力学研究的进展.中华耳鼻咽喉科杂志,1999,34(5).

[9] 广华平,等.耳蜗性聋患者在噪声竞争下言语测听的探讨.听力学及言语疾病杂志.1998,6(1).

[10] 韩德民.人工耳蜗.北京:人民卫生出版社,2003.

[11] 韩睿,巴重惠,高成华,等.108 例重及极重度聋幼儿助听效果观察.听力学及言语疾病杂志,2000(8).

[12] 姜泗长,等.现代耳鼻咽喉科学.天津:天津科学技术出版社,1994.

[13] 姜泗长,顾瑞.临床听力学.北京:北京医科大学中国协和医科大学联合出版社,1999.

[14] 蒋涛,兰明,刘莎,等.美国听力学会最新颁布的儿童助听器验配指导方案简介.听力学及言语疾病杂志,2004,12(2).

[15] 金星明.听力障碍儿童的语音和语言干预.中国临床康复,2003,7(3).

[16] 兰明.软体助听器,让您佩戴更舒适.中国听力语言康复科学,2003(1).

[17] 兰明,蒋涛.软体助听器技术临床研究报告.中国听力语言康复科学,2004(4).

[18] 兰明.助听器的按比例频率压缩——为重度听力损失者设计的"移频"助听器.听力学及言语疾病杂志,2002(3).

[19] 李永华,郭泓,王春红,等.助听器助听效果的客观评价.临床耳鼻咽喉科杂志,1999,13(3).

[20] 李富德,等.老年人重度和极重度聋双耳助听效果评价.中国中西医结合耳鼻咽喉杂志,2000,8(5).

[21] 李鹏,王力红,李劲松.全数字助听器的验配和真耳测量.华西医学,2003,18(1).

[22] 李炬,胡苛,陈振声.常用的助听器验配公式.听力学及言语疾病杂志,1998,6(2).

[23] 梁勇.移频助听技术与移频助听器.中国听力与言语康复杂志,2005(3).

[24] 梁勇,吴燕君,等.重度聋者佩戴移频与非移频助听器的对比研究.听力学及言语疾病杂志,2003,1(11).

[25] 刘冰,等.老年聋及助听器选配的效果分析.四川医学,2000,21(7).

[26] 毛荣清，唐安洲，谭颂华，等. 陡降形听力曲线者助听器选配效果观察. 听力学及言语疾病杂志. 2003，11(4).
[27] 倪道凤，宋木兰，梁兴群. 中耳植入式助听装置的实验研究. 中华医学杂志，1995，75(6).
[28] 任彩华. 老年性聋助听器选配的辅导训练. 中国中西医结合耳鼻咽喉科杂志，2002，10(2).
[29] 孙喜斌，李芷汀，郭占东. 硬质耳模声学特性的研究. 现代康复，1999(3).
[30] 孙玉芹，张敏. 脑干诱发电位在婴幼儿听力筛选中的应用. 滨州医学院学报，2002，25(4).
[31] 屠理强，仇毅，等. 移频助听器在极重度听力损失耳中的应用. 中国听力语言康复科学杂志，2006(16).
[32] 王春华，杜国凤. 聋幼儿助听器选配的体会. 听力学及言语疾病杂志，2000，8(3).
[33] 王洪田，郗昕，王荣光. 回眸助听器的发展史. 国外医学耳鼻咽喉科学分册，2002，26(6).
[34] 王岩，云中燕，金绍萍. 言语测听评价聋幼儿助听效果分析. 现代康复，2001，5(2).
[35] 王永华，李经，甘雨. 65 耳全耳道式助听器(CIC)验配及其效果的分析. 听力学及言语疾病杂志，1998，6(1).
[36] 王永华，刘金洪，李经，等. 440 例聋儿教育康复的效果. 中国康复，2001，16(2).
[37] 王迎姿，刘世文. 聋儿言语康复方式与康复效果研究. 中国康复医学杂志，1999，14(4).
[38] 吴胜虎综述，颜崇淮，沈晓明审校. 儿童期听力障碍的研究现状. 国外医学儿科分册，2000，27(5).
[39] 肖宪波. 数字助听器中若干主要算法的发展和现状. 生物医学工程学志，2004，21(4).
[40] 许时昂. 助听器的基本知识及应用(上). 听力学及言语疾病杂志，1996，4(04).
[41] 许时昂. 助听器的基本知识及应用(下). 听力学及言语疾病杂志，1997，5(01).
[42] 徐廷贵，高建林，杨莉，等. 深耳道助听器的验配与应用. 听力学及言语疾病杂志，2000，8(1).
[43] 伊丹永一郎. 耳模对助听器频响特性的影响. 听力学及言语疾病杂志，1994(2).
[44] 余金宝，孙振声. 先天性耳聋的早期干预. 河南预防医学杂志，2002，13(2).
[45] 张华. 新一代助听器. 听力学及言语疾病杂志，2002，10(3).
[46] 张华. 助听器. 北京：人民卫生出版社，2004.
[47] 张华，汪若峰. 助听效果的测定. 听力学及言语疾病杂志，2002，10(1).
[48] 张华，等. 言语测听与助听器选配，2003，11(4).
[49] 张道行，等. 助听器佩戴与感音性聋患者的言语识别. 耳鼻咽喉—头颈外科，2000，7(6).
[50] 仉丹，王树峰. 助听器反馈消除系统. 中国听力语言康复科学杂志，2006(4).
[51] 兆翦. 从滤波器到声反馈抑制器[J]. 电声技术，2002，5:17.
[52] 邹建华，邱素梅，郭在祥. 言语测听评价聋幼儿助听效果分析. 听力学及言语疾病杂志，2001，9(4).
[53] Andrew Dittberner and Ruth Bentler, Interpreting the Directivity Index(DI), Hearing Review, Volume 10, Number 6, June 2003.
[54] Auriemmo J, Kuk F. Criteria for Evaluating the Performance of Linear Frequency Transposition in Children. Hear J. 2008, 61(4).
[55] Brian Csermak. A Primer on a Dual Microphone Directional System. Hearing Review, January 2000.
[56] Bustamante D K, Worrall T L, Williamson M J. Measurement and Adaptive Suppression

of Acoustic Feedback in Hearing Aids, in: Proceedings of the IEEE International Conference on Acoustics, Speech, and Signal Processing (ICASSP), Vol. 3, Glasgow, Scotland, 1989.

[57] Chalupper J, Powers T A. Sound Smoothing™: A New Algorithm to Reduce the Annoyance of Noise. Hearing Journal, 2007, in press.

[58] Cox R M & Alexander G C. Acoustic Versus Electronic Modifications of Hearing Aid Low-Frequency Output. Ear & Hearing, 1983,(4).

[59] Cox R,Hyde M,Gatehouse Stuart,et al. Optimal Outcome Measures, Research Priorities, and International Cooperation. Ear Hear, Suppl, 2000,21.

[60] Cremers C W, Snik F M, Beynon A J. Hearing with the Bone-anchored Hearing Aid (BAHA, HC 200) Compared to a Conventional Bone-conduction Hearing aid. Clin Otolaryngol,1992(17).

[61] Chang Sungwook, Kwon Y, Yang Sungil. Speech Enhancement for Non-Stationary Noise Environment by Adaptive Wavelet Packet. ICASSP. 2002.

[62] Dittberner A B. Misconceptions When Estimating the Directivity Index for Directional Microphone Systems on a Manikin. Int J Audiol. 2003 Jan, 42(1).

[63] Dillon H, Birtles G, Lovegrove R. Measuring the Out Comes of a National Rehabilitation Program: Normative Data for the Client Oriented Scale of Improvement (COSI) and the Hearing Aid User's Questionnaire (HAUQ). J Am Acad Audiol. 1999,10:67—79.

[64] Dillon H. Hearing Aids. Sydney, Australia: Boomerang Press, 2001.

[65] Douglas L. Jones, Christopher D. Schmitz, Nandini Iyer. High Performance Directional Microphones for Hearing Aids. Presented May 28, 2004 147th ASA Meeting, New York, NY.

[66] Dillon H,James A,Ginis J. Client Oriented Scale of Improvement,(COSI) and Its Relationship to Several Other Measures of Benefit and Satisfaction Provided by Hearing Aids. J Amer Acad Audiol,1997, 8(1).

[67] Francis Kuk,etc. Linear Frequency Transposition: Extending the Audibility of High-Frequency Information,The Hearing Review,2006(10).

[68] Francis Kuk, Design Considerations in Directional Microphones, Hearing Review, Volume 7, Number 9, September 2000.

[69] Harvey Dillon. Hearing Aids. New York : Thieme Medical Publishers,Thieme,Stuttgart, Boomerang Press,2001.

[70] Hernandez A, Saltykov O, Doudoukjian G & Lin M. A directional-plus-omni system: An Improved Design for Directional Hearing Aids. Hear J our 2000,53.

[71] Jennifer Groth, M A. John Nelson, PhD. Asymmetric Directionality Solutions. Natural Directivity. 2008,15(2).

[72] Kompis M. New Developments in Hearing Aid Technology. Ther Umsch,2004(61).

[73] Kuk F, Keenan D, Peeters H, et al. Critical Factors in Ensuring Efficacy of Frequency Transposition Part 2: Facilitating Initial Adjustment. Hearing Review, 2007, 14(4).

[74] Kochkin S. Markettrak VI-16 year Trends in the Hearing Health Industry. Paer presented at Annular Convention of American Academy of Aduioogy, Philadelphia,2002.

[75] Kuk F, Keenan D, Lau C. Vent Configurations on Subjective and Objective Occlusion Effect. J Am Acad Audiol. 2005,16(9).

[76] Kuk F, Keenan D, Peeters H. Ampclusion 103: Managing High Frequency Hearing Loss. Hearing Review. 2005,12(4).

[77] Kuk F, Keenan D, Sonne M, Ludvigsen C. Efficacy of an Open Fitting Hearing Aid. Hearing Review. 2005,12(2).

[78] Kuk F, Keenan D. How do Vents Affect Hearing Aid Performance? Hearing Review. 2006,13(2).

[79] Kuk F, Lars Baekgaard, M S. Hearing Aid Selection and BTEs: Choosing Among Various "Open-ear" and "Receiver-in-canal" Options. Hearing Review. March 2008.

[80] Marshall Chasin, AuD., M. Sc. Open Fit Hearing Aids. The Canadian Association of Speech-Language Pathologists and Audiologists. Communiqué Volume 21, No. 3, Summer 2007.

[81] Maxwell JA, Zurek PM. Reducing Acoustic Feedback in Hearing Aids Speech and Audio Processing, IEEE Transactionson,1995,3(4).

[82] Mueller H G, Ricketts T. Open-canal Fittings: Ten take-home Tips. Hearing Journal. 2006,59(11).

[83] Mudry A, Dodele L. History of the Technological Development of Air Conduction Hearing Aids. J Laryngol Otol, 2000.

[84] Marshall C. CIC Handbook . Singular Publishing Group,Inc,1997.

[85] Miller-Hansen, Denise R. Evaluating the Benefit of Speech Recoding Hearing Aids in Children. American Journal of Audiology,2003,Dec.

[86] Martin Lenhardt, PhD, AuD. High-Frequency Stimulation in Sensorineural Hearing Loss. Hearing Review,2007,11(1).

[87] Michael Valente. Strategies for Selecting and Verifying Hearing Aid Fittings, Second Edition,Thieme New York,2002.

[88] Mueller H G, Ricketts T A. Directional Microphone Hearing Aids: An Update. Hear Jour. 2000,53(5).

[89] Nielsen J L, Svensson U P, Performance of Some Linear Time-varying Systems in Control of Acoustic Feedback, J. Acoust. Soc. Am. 1 (106),1999.

[90] Olsen H L, Hagerman B. Directivity of Different Hearing Aid Microphone Locations. Int J Audiol. 2002 Jan, 41(1).

[91] Olsen L, Usch H M, and Struck C. Digital Solutions for Feedback Control. The Hearing Review, May 2001.

[92] Olsen S O, Dyrlund O. Feedback Suppression in a Digital Poer Hearing Aid. Paper Presentedat 3rd International Congress of Pediatric Audiology, 2002.

[93] Palmer C V, Mormer E A. Goals and Expectations of the Hearing Aid Fitting. Trends in

Amplification,1999,4(2).
[94] Pedersen B D, Groth J. GN ReSound's Warp Open: A High Definition Compression System for Open Fitting. 2004.
[95] Priwin C, Stenfelt S, Granstrom G, et al. Bilateral Bone-anchored Hearing Aids (BAHAs): An Audiometric Evaluation. Laryngoscope, 2004, 114.
[96] Powers T A, Hamacher V. Three-microphone Instrument is Designed to Extend Benefits of Directionality. Hear Jour. 2002, 55(10).
[97] Ryan J. Mills, M A. Why don't Directional Microphones Work Better? The Hearing Review. 2007.
[98] Renberg A, Lemons J,Sia C,et al. Pediatrics,1999,103(2).
[99] Sarli C C, Uchanski R M, Heidbreder A, et al. 19th-century Camouflaged Mechanical Hearing Devices. Otol Neurotol. ,2003 , 24.
[100] Saltykov O. Design of a Directional Half-shell Heating Aid. Hear Rev 2001,8(10).
[101] Speech Enhancement for Hearing Aids. Douglas R. Campbell,Department of Electrical and Electronic Engineering, University of Paisley,High Street, Paisley, Scotland, UK, PA1 2BETel/Fax: +44 (0)141 848 3400/3404, email: d. r. campbell@paisley. ac. uk.
[102] Strom K E. Slower Growth in the First Half of '07. Hearing Review. 2007,14(9).
[103] Trenas, Maria A. , Rutledge, Janet C. , Whitmal III, Nathaniel A. Wavelet-based Noise reduction and Compression for Hearing Aids(1999) Annual International Conference of the IEEE Engineering in Medicine and Biology-Proceedings, 1, p. 670. Univ of Malaga, Malaga, Spain.
[104] Thompson S. Dual Microphones or Directional-plus Omni: Which is best? In S Kochkin & KE Strom's High Performance Hearing Solutions (V3), Suppl to Hearing Review: 6 (1).
[105] Wouters J, Berghe J V, Maj J B. Adaptive noise suppression for a dual-microphone hearing aid. Int J Audiol. 2002 Oct,41(7).
[106] Wengen D F. Implantable middle ear hearing aids. Ther Umsch,2004,61.
[107] Wendy E. Davis, M S. Proportional Frequency Compression in Hearing Instruments. Hearing Review, 2001,8(2).
[108] Klinkby Kristian Tjalfe; Norgaard Peter Magnus; Cederberg Jorgen; Widex A/S; PCT 2005/096670-Hearing Aid Comprising Adaptive Feedback Suppression System (2005-10-13).
[109] Klinkby Kristian Tjalfe; Widex As; Europe EP1992194-Hearing Aid With Adaptive Feedback Suppression (2008-11-19).
[110] Nielsen Kim Hjortgaard; Jensen Lars Baekgaard; Widex As; Europe EP1276349-A Hearing Aid with a Self-test Capability (2003-01-15).
[111] Klinkby Kristian Tjalfe; Norgaard Peter Magnus; Pontoppidan; Föh Helge; Thiede Thilo Volker; Widex A/S; PCT 2007/098808-Hearing Aid and Method of Utilizing Gain Limitation in a Hearing Aid(2007-09-07).

[112] Nordahn Morten Agerbak; Widex A/S; PCT 2008/017326-Hearing Aid, Method for in-situ Occlusion Effect and Directly Transmitted Sound Measurement and Vent size Determination Method(2008-02-14).

[113] Klinkby Kristian Tjalfe; Norgaard Peter Magnus; Foeh Helge Pontoppidan; Widex A/S; PCT 2007/113282-Hearing Aid, and a Method for Control of Adaptation rate in Anti-feedback Systems for Hearing Aids (2007-10-11).

[114] Kilsgaard Soren; Widex A/S; PCT 2006/074655-Apparatus and Method for Operating a Hearing Aid(2006-07-20).

[115] Paludan-Müller Carsten; Hansen Martin; Widex A/S; PCT 2005/051039-Hearing Aid and a Method of Noise Reduction (2005-06-02).

[116] Jensen Lars Baekgaard; Klinkby Kristian Tjalfe; Widex A/S; PCT 2005/029914-A Method for Controlling the Directionality of the Sound Receiving Characteristic of a Hearing Aid and a Signal Processing Apparatus for a Hearing aid With a Controllable Directional Characteristic(2005-03-31).

[117] Nielsen Kim Hjortgaard; Widex As; Europe EP1920633-Hearing Aid with Increased Acoustic Bandwidth(2008-05-14).

[118] Nordahn Morten Agerbak; Paludan-Muller Carsten; Widex As; Europe EP1992195-Method and System of Noise Reduction in a Hearing Aid (2008-11-19).

[119] Paludan-Mueller Carsten; Ludvigsen Carl; Vikar Damsgaard Anne; Widex As; Europe EP1932389-Method and Apparatus for Controlling Band Split Compressors in a Hearing Aid (2008-06-18).